普通高等教育"十一五"国家级规划教材

测量学实验与实习

CELIANGXUE SHIYAN YU SHIXI

（第三版）

李晓莉　主编

测绘出版社
·北京·

内容简介

本书是"测量学"及"数字测图原理与方法"等相关课程教材的配套辅助教材,是测绘类专业及相关专业测量基础课程实践性教学环节重要的、不可缺少的指导性教学资料之一,既可作为测量实验与实习的指导书,也可作为测量实验与实习的课堂教程使用。内容包括六大部分:绪论、测量实验与实习的基本方法、测量误差和数据处理的基本知识、测量实验与实习的基本仪器、测量学基础实验、测量教学实习。另外,在附录一及附录二中的测量实验报告和测量实习技术总结报告可配合相关课程基础实验及测量教学实习使用。

全书对测量学实验与实习的理论、仪器、方法、数据处理,以及实验与实习的实践性环节进行了较完整介绍。在内容取舍与章节安排上与多种版本的现用《测量学》及《数字测图原理与方法》等教材相配套,兼顾各类专业(测绘、土建、市政规划、道桥、水利、交通、电力、农林、地信、资源等)和不同层次(本科、高职及职业培训)的教学要求,可作为高等院校测绘类及相关专业的测量学实验与实习教材,也可作为从事测量工作人员的参考用书。

图书在版编目(CIP)数据

测量学实验与实习 / 李晓莉主编. -- 3 版. -- 北京 : 测绘出版社, 2024. 11. --(普通高等教育"十一五"国家级规划教材). -- ISBN 978-7-5030-4507-3

Ⅰ. P2—33

中国国家版本馆 CIP 数据核字第 20248FT374 号

责任编辑 云　雅	**封面设计** 李　伟		**责任印制** 陈姝颖
出版发行	测绘出版社	**电　话**	010—68580735(发行部)
社　址	北京市西城区三里河路 50 号		010—68531363(编辑部)
邮政编码	100045	**网　址**	https://chs.sinomaps.com
电子信箱	smp@sinomaps.com	**经　销**	新华书店
成品规格	184mm×260mm	**印　刷**	建工社(河北)印刷有限公司
印　张	19	**字　数**	467 千字
版　次	2024 年 11 月第 3 版　2013 年 12 月第 2 版　2006 年 8 月第 1 版	**印　次**	2024 年 11 月第 1 次印刷　累计第 8 次印刷
印　数	14301—15300	**定　价**	56.00 元

书　号 ISBN 978-7-5030-4507-3

本书如有印装质量问题,请与我社发行部联系调换。

第三版编写组

主　编： 李晓莉

副主编： 张晓明　陶庭叶　谷双喜

参编者：（按姓氏笔画排序）

李书群　吴兆福　余　敏　张怀亮

张春菊　周志易　徐　胜　殷志祥

彭　程

第二版编写组

主　编： 李晓莉

副主编： 张晓明

参编者：（按姓氏笔画排序）

杜国标　李卫国　周志易　陶庭叶

彭　程　彭景晶　廖振修

第一版编写组

主　编： 李晓莉

副主编： 张晓明

参编者：（按姓氏笔画排序）

沈诗文　张志慧　张克森　周利利

高　飞　高旭光　彭　程　彭景晶

第三版前言

当前，数字化测绘技术赋能推动测绘教育信息化变革正驶入快车道。人工智能、大数据、移动通信等技术的快速发展从不同层面影响着测绘科学。创新技术的浪潮为测绘教育及人才培养带来了新的发展契机，并得到了国家层面的高度关注，提出以造就规模宏大的科技人才队伍，加强创新型、应用型、技能型人才培养，壮大高技能人才队伍，培养大批卓越工程师为目标，为进一步支撑人才培养及创新创业计划、助力测绘教育改革发展奠定了坚实基础。

在新的发展格局下，进行测量课程体系建设，从教学理念、教学方法、教材等方面精心搭建测量课程结构，培养和造就工程素质高、工程能力强的创新型人才，是《测量学实验与实习》第三版编写的指导思想。

本次修订力求做到以数字化及信息化实践性教学为主线，提高学生的数字化及信息化应用和开发能力，构建布局合理、结构优化，能主动适应现代测绘技术发展需要，具有特色的测量学实验与实习教材。修订的内容主要包括以下几方面：

(1)以培养现代工程型人才为主线，充实数字化及信息化测绘内容，保证教材的先进性、实用性。

(2)为了突出重点，删减一部分旧的方法和内容及相关的文字、图、表、公式。书中仪器、软件相关插图为示意图。

(3)对有关技术规范标准进行补充与调整。

(4)为相关专业学生创新、创业提供辅助手段。

(5)为满足全国大学生测绘学科创新创业智能大赛测绘技能竞赛要求，补充了相关内容。

本书由李晓莉(合肥工业大学)担任主编，张晓明(安徽建筑大学)、陶庭叶(合肥工业大学)、谷双喜(滁州学院)担任副主编。本书第一章、第二章、第三章由李晓莉、彭程[合肥工业大学设计院(集团)有限公司]编写，第四章、第五章、第六章由陶庭叶、余敏、张春菊、周志易、谷双喜、吴兆福(合肥工业大学)、张怀亮(合肥财经职业学院)、殷志祥(安徽大学)、李书群(合肥大学)、徐胜(千寻位置网络有限公司)编写，插图由彭程、李晓莉绘制。

本书编写过程中得到千寻位置网络有限公司在各方面的大力支持，在此表示衷心感谢。

信息工程大学翟翊教授及安徽省测绘总院(省测绘局)张耀波总工程师对全书进行了评审，在此表示感谢。

本书编写过程中，曾得到王侬教授的全力支持及细致审阅与指导，在此向已过世的王侬教授表示深深的敬意。另外，在本书的编写过程中还收到其他学校、企业等单位提供的资料，在此表示感谢。

对于本书存在的问题和缺点，欢迎批评指正。

作　者

2024 年 9 月于合肥

第二版前言

《国家中长期教育改革和发展规划纲要(2010—2020年)》和《国家中长期人才发展规划纲要(2010—2020年)》对高等工科教育提出了新的要求。新的要求对专业人才工程能力的培养提出了新的标准,结合"卓越工程师教育培养计划"进行测量系列课程体系建设,就是要从教学理念、教学方法、教材等方面精心搭建测量课程结构,以达到培养和造就工程素质高、工程能力强的人才。《测量学实验与实习》的再版正是在这一形势下展开的。

本次修订力求做到以"卓越计划"为主线,以提高学生的工程意识、工程素质和工程实践能力、创新能力和国际竞争力为重点,构建布局合理、结构优化,主动适应经济社会发展需要,具有特色的测量学实验与实习教材。修订的内容主要包括以下几方面:

(1)以工程为主线,充实最新的测量技术和方法,保证教材的先进性和实用性。

(2)突出重点,删减一部分旧的方法和内容,压缩书中的文字、图、表和公式。

(3)对原有的有关技术规范标准进行了调整。

本书由合肥工业大学李晓莉担任主编,安徽建筑大学张晓明担任副主编。本书第一章、第二章、第三章由李晓莉、彭程(合肥工业大学)编写,第四章、第五章、第六章由陶庭叶(合肥工业大学)、廖震修(安徽建筑大学)、李卫国(石家庄经济学院)、周志易(合肥工业大学)、李晓莉编写,附录由彭程、彭景晶、杜国标(浙江科技学院)编写,书中插图由彭程、李晓莉绘制。

信息工程大学翟翊教授及安徽省第一测绘院张迁教授级高级工程师对全书进行了审阅,在此表示感谢!

本书编写过程中,曾得到王侬教授的全程支持及细致审阅与指导,在此向已过世的王侬教授表示深深的敬意!另外,在本书的编写过程中还收到其他学校、单位提供的资料,在此表示感谢。

欢迎对本书存在的问题和缺点批评指正,以便改进!

编　者
2013年10月于合肥

第一版前言

测绘科技广泛应用于各个领域。目前，全国数百所大专院校的百余个专业将测量学列为技术基础课程之一，测量学教材也已有多种版本。然而，与之配套的实验与实习类辅助教材却相对匮乏。虽然也有一些为教学工作需要而编写的实验、实习指导资料，但大多内容相对陈旧或覆盖面较窄。许多院校的测量教育工作者都渴望用上通用性强、覆盖面大、内容新颖的高质量的统编测量学辅助教材。

在科学技术日新月异的今天，测量学教材改革和建设的步伐也随之进一步加快，在测量学教学实验与实习中体现新仪器、新理念、新技术，是培养新时期综合型人才的基本要求，也是广大学生所希望的，《测量学实验与实习》正是为了满足这一要求和希望而编写的。

本书既重视新仪器设备及技术的介绍，又兼顾常规仪器设备及技术。这样既能满足对新仪器、新技术的实验、实习需求，又能兼顾到不同院校仪器设备更新的现状，反映生产单位对仪器设备的实际使用情况。不同专业在使用本书时，可根据需要有所侧重。

本书在附录中安排了“测量学实验报告”和“实习技术总结报告”，以方便教学。在进行实验与实习时，直接填写相应的报告即可。

本书主编为合肥工业大学李晓莉老师，副主编为安徽建筑工业学院张晓明老师。其中：第一章、第二章、第三章由李晓莉、彭景晶编写；第四章由张志慧、李晓莉编写；第五章由李晓莉编写；第六章由张晓明、李晓莉、高旭光、周利利编写；附录由彭程、高飞、张克森、沈诗文等提供；书中插图由李晓莉、彭程绘制。全书由李晓莉统稿，王侬教授进行了审阅。在本书编写的过程中收到全国许多院校同行的建议，在此，谨表示衷心的感谢！

由于作者水平有限，书中难免不足或欠缺之处，诚挚希望本教材的使用者批评指正，以便改进！

作　者

2005 年 10 月于合肥

目 录

第一章　绪　论

第一节　概　述

测量学是对地球整体与其表面和外层空间的各种自然和人造实体，利用接触式或非接触式测量仪器、传感器及其组合系统，对其进行信息的采集、量测、存储、管理、更新、分析、显示、开发和利用的一门科学和技术。测量学的产生和发展是由生产决定的，它是人们认识自然和改造自然所产生的结晶。测量学所获得的研究成果，以及为研究地球上的自然、有关的社会现象、社会的可持续发展所提供的基础信息具有极大的普遍性和应用性，在全球科技、经济、社会、政治的建设发展中起着重要的作用，对人类文明的发展有着巨大的影响。

测量实验是人们根据一定的科学研究目的，运用一定的测量仪器和设备，在人为控制或变革客观事物的条件下获得科学事实的方法。测量学从本质上讲是一门实验科学，对对象的研究都以严格的测量观测实验事实为依据，并且不断地被加以验证，如牛顿测算出的地球扁率(约为 1/298.3)，经 100 多年后的天文测量观测实验被证实后，该理论得到普遍的承认和广泛的应用，当测量实验结果与测量理论发生矛盾时，还需要进行进一步的测量实验观测，以便修正理论。测量实验通常由三部分组成：测量实验者(主体)、测量实验对象(客体)和测量实验系统(根据测量实验设计而选择的测量仪器、方法等组成的系统)。测量总是在主客体相互作用中进行的。测量系统在与测量实验对象的相互作用中，对来自客体的信息进行“编码”，然后又将经“编码”后的信息传递给测量者。当然，在进行测量实验时也要求：①测量实验的结果可以用某种标准的方法进行重演；②应以正确反映客观事实本质的测量理论为指导；③应使用先进的测量仪器和技术；④要求测量工作者有严谨的、实事求是的作风。只有这样才能保证测量实验的客观性与科学性。

在测量学的发展中，人类积累了丰富的测量理论和测量方法，设计制造出了各种测量仪器、设备、工具，涉及空间、地面及地下的信息，这些都极大地充实了测量实验和实习的教学内容。测量实验与实习在测量学、数字测图原理和方法、数字测图及数字地形测量学等相关课程的学习中是必修内容，其权重系数超过测量学课程学习的 50%。测量实验与实习既是学生系统学习测量实验知识和技术的开端，也是后续其他课程实验的基础，对培养学生用实验方法去发现、观察、分析和研究工程实践中的问题，提高学生的工程意识、工程素质和工程实践能力、创新能力和国际竞争力及解决工程问题的能力起着至关重要的作用。另外，作为一门实践性课程，测量实验与实习大部分是在野外进行的，这对培养学生发扬艰苦奋斗的作风、吃苦耐劳的精神，以及提高学生克服困难的能力、扣好人生的第一粒扣子将有着正面和积极的引导作用。再者，测量实验与实习均以团队作业的方式进行，通过测量实验与实习，可以培养学生的大局意识、协作精神及团队服务意识。

第二节 测量实验与实习的目的与主要教学环节

一、测量实验与实习的目的

测量实验与实习的目的综合起来,体现在如下三个方面:

(1)测量实验与实习的目的,一方面是通过对测量对象的观测和分析,运用课堂理论解决实验与实习的问题;另一方面是通过实验与实习加深对测量概念的理解,验证和巩固课堂所学知识;掌握测量仪器的操作、数据采集、软件应用、数据处理、施测计算、绘图等技能,全面提升学生的工程实践能力。

(2)培养学生从事科学实验的初步能力。这些能力包括:通过阅读教材和资料,以及在网上查阅、检索测绘信息,概括出测量实验与实习原理和方法的要点;正确使用测量仪器,掌握测量对象的测量方法和实验操作技能;正确记录和处理测量实验与实习所采集的数据,分析测量实验与实习结果,通过分析、查找,排除出现在测量实验及实习中的问题,撰写实验与实习报告;自行设计(编程)施测方案,并正确实施;完成一定难度的综合性实验,全面提升学生工程设计能力与工程创新能力。

(3)培养学生实事求是的科学态度,严谨踏实的工作作风,勇于探索、坚韧不拔的钻研精神以及遵守纪律、团结协作的团队精神。

二、测量实验与实习的主要教学环节

为达到测量实验与实习的目的,在学习过程中应注意以下三个环节。

(一)测量实验与实习的预习

测量实验、实习前应认真、仔细地阅读教材及相应测量技术规范等有关的资料,从中整理出具体测量实验与实习项目的原理、方法、实验条件及注意事项,熟悉测量数据采集的记录及测量数据处理的流程。对于一些综合性或设计性测量实验与实习,还需要自拟测量实验与实习技术方案、设计流程等。因此,充分的课前预习是测量实验与实习取得主动与成功的关键因素。

(二)测量实验操作

在进行测量实验与实习的操作之前,应认真学习测量实验与实习须知,了解测量实验与实习的目的及要求,掌握测量仪器、工具的使用方法。在进行测量实验与实习操作时,应严格要求自己,井井有条地设置仪器、工具,正确操作,注意细心观察测量实验与实习采集的数据,认真研究和探索实验中的问题。在遇到难点时,做到冷静地分析和处理。测量仪器和工具发生故障时,要在教师的指导下学习排除故障的方法。总之,要把实验、实习的重点放在测量实验能力的培养上,而不是测量出了几个数据就认为完成了任务。测量实验与实习是以小组为单位的团队活动,在测量实验与实习中每个人都应各司其职。在测量实验与实习中养成规范操作的习惯,培养良好的、严谨的科学实验作风,是造就 21 世纪高素质、高层次、科研及创新型、应用型人才的关键之一,在测量实验与实习中应注意强化这方面的意识。测量实验与实习结束后,应做好技术总结工作。

(三)测量实验与实习总结

测量实验与实习观测工作完成后,应对数据进行及时处理。数据处理过程有熟悉处理软件、计算、绘图、精度分析等。计算的理论依据是公式,数据来源应清楚,以便于批改、检查。绘图应遵循作图规则,达到清晰、规范、美观的要求。数据处理后应给出实验结果,做出实验与实习结论,对实验与实习提出自己的见解和体会。以上要求都应以测量实验报告或实习技术总结报告的形式给出。

测量实验报告的内容包括实验名称,实验性质,实验日期(包括天气状况,仪器设备号,班级,小组,观测、记录成员),实验目的与要求,实验仪器和工具,实验原理、方法和步骤,实验数据及数据处理,实验结论与建议(对一些实验现象或问题提出的见解和体会,实验的收获及建议等),教师批改意见。

测量实习技术总结报告的内容包括测量教学实习的准备工作、控制测量、碎部测量成果、数字地形图的应用(如工程项目的图上布置及实地测设等)、测量教学实习的技术总结等。

第三节 测量实验与实习依据的基准、系统及标准

测量实验与实习应依据我国建立的测绘基准、测绘系统和测绘标准。

一、测绘基准

测绘基准是指一个国家的整体测绘的起算依据和各种测绘系统的基础,包括大地测量参数、起算基准点、起算方位及有关地点设施和名称。我国的测绘基准包括大地基准、高程基准、重力基准和深度基准。大地基准是建立大地坐标系统及测量空间点位坐标的基本依据,高程基准是建立高程系统及测量空间点位高程的基本依据,重力基准是建立重力测量系统及测量空间点的重力值的基本依据,深度基准是测量海洋深度和海图上图载水深的基本依据。

二、测绘系统

我国的测绘系统有大地坐标系统、高程系统、深度基准和重力系统。大地坐标系统是用来表述地球点位置的一种地球坐标系。我国的大地坐标系统有 1954 北京坐标系、1980 西安大地坐标系、2000 国家大地坐标系。1954 北京坐标系与 1980 西安大地坐标系属参心坐标框架,即传统的大地坐标测量框架,是由天文大地网实现和维持的,一般定义在参心坐标系中,是一种区域性的、二维静态的地球坐标框架。2000 国家大地坐标系属地心坐标框架,即定义在 ITRS 2000 地心坐标系统中的区域性地心坐标框架,是一种动态的、现势性较强的、高精度的地球坐标框架,2008 年 7 月 1 日开始启用,2019 年 1 月 1 日起全面启用取代参心坐标系统。高程系统有正常高系统(基准面为我国似大地水准面)、大地高系统(基准面为椭球面)。我国的正常高系统采用 1956 黄海基准(1956 黄海平均海水面)和 1985 黄海基准(1985 国家高程基准)。深度基准面是按潮汐性质确定的一种特定深度的基准面,是海洋测绘基准面。重力基准是标定一个国家或地区的绝对重力值的标准。城市及地方相对独立平面坐标系统是用来表述点位的一种平面坐标系统。

三、测绘标准

我国的测绘标准分为国家标准、行业标准、地方标准和团体标准以及标准化指导性技术文件。强制性国家标准编号表示形式为“GB ××××(顺序号)—××××(发布年代号)”,如《国家基本比例尺地图测绘基本技术规定》(GB 35650—2017);推荐性国家标准编号表示形式为“GB/T ××××(顺序号)—××××(发布年代号)”,如《1∶500 1∶1000 1∶2000 外业数字测图规程》(GB/T 14912—2017)。行业标准目前都是推荐性标准。推荐性测绘行业标准编号表示形式为“CH/T ××××(顺序号)—××××(发布年代号)”,测绘行业标准化指导性技术文件编号为“CH/Z ××××(顺序号)—××××(发布年代号)”,如《全球定位系统实时动态测量(RTK)技术规范》(CH/T 2009—2010)。

测绘标准是我国测量工作的技术标准和依据,它的发布与实施对加强测量管理,规范测量行为,提高测绘工作的现代化水平,促进我国测绘事业的发展具有十分重要的作用。因此,要切实掌握并正确应用测量知识,首先必须具备测绘标准的意识,熟悉测量工作规范。

第四节 测量实验与实习须知

测量学是一门实践性很强的技术基础课,测量实验与实习是测量学教学中不可缺少的环节。只有通过对测量仪器的亲手操作,包括仪器安置、观测、记录、计算、分析、填写实验报告、绘图的全过程,才能真正掌握测量的基本方法和基本技能,并为深入学习测绘专业理论或解决工程问题打下基础。测量实验与实习是以测量小组为单位共同完成的集体行为,因此,必须对测量实验与实习做出相应的规定。

一、测量实验与实习的一般规定

(1)在测量实验、实习前,必须复习《测量学》或《数字测图原理与方法》或《数字测图》或《数字地形测量学》等相关教材的有关章节及本书的相应项目以明确实验、实习目的,了解实验、实习任务,熟悉实验、实习步骤及有关注意事项。实验时,必须携带本书及所需的文具用品,以便参照、记录有关数据,进行计算。

(2)测量实验、实习按小组进行,组长负责组织管理和协调实验、实习工作,办理所用仪器和工具的借取和归还手续。

(3)测量实验、实习应在规定的时间内进行,不得无故缺席或迟到早退;应在指定的场地进行,不得擅自改变地点或离开现场。

(4)必须遵守实验室的测量仪器工具的借领规定。听从教师的指导,严格按照实验、实习要求,认真、按时、独立地完成任务。

(5)测量中观测数据记录与计算均用硬性(硬度大于 3H)铅笔记载。字体应端正清晰,字高应与格子的一半高持平。一旦记录中出现错误,便可在留出的空隙处对错误的数字进行更正,并在备注栏注明(避免连环涂改)。

(6)表格上各项内容应填写齐全,并由观测者和记录者负责签名。

(7)观测数据必须直接填写在规定的表格中,不允许用其他纸张记录再行转抄。

(8)观测者读数后,记录者应立即回报读数,经确认后再记录,以免听错、记错。记录数字发现有错误时，不得涂改、擦拭或挖补。发现错误应在错误处用细横线划去，在原记录数字上方写出正确数字，并在备注栏内说明原因。

(9)每一测站观测完成后，必须立即进行计算和检核，确认无误后，方可迁站。

(10)根据观测结果，应当场做必要的计算和检核，以决定观测成果是否合格，是否需要进行重测(返工)，并写好应在当场完成的实验报告。

(11)实验结束时，应把观测记录和实验报告交指导教师审阅。经教师认可后，方可收拾仪器和工具，进行必要的清洁工作，去实验室归还仪器和工具，办理归还手续。

二、测量仪器使用规则和注意事项

测量仪器属于比较贵重的设备，有精密光学的、机械的、电子的，结构相对复杂，价格也较为昂贵。对测量仪器的正确使用、精心爱护和科学保养，是从事测量工作的人员必须具备的素质和应该掌握的技能，也是保证测量成果质量、提高测量工作效率、发挥仪器性能和延长其使用年限的必要条件。为此，在测量实验、实习中应严格遵守测量仪器使用规则和注意事项。

(一)仪器和工具的借用规则

(1)以实验、实习小组为单位借用测量仪器和工具，按小组编号在指定地点凭学生证向实验室人员领取实验仪器和工具，并办理借用手续。

(2)借用时，按本次实验的仪器工具清单当场清点检查，检查实物与清单是否相符，仪器、工具和附件是否完好、齐全，电池电量是否充足，背带及提手是否牢固。

(3)搬运前，应检查仪器箱是否锁好；搬运时，应轻拿轻放，避免剧烈震动和碰撞。

(4)实验、实习结束后，应及时清点收装仪器、工具，清除接触土地部件(脚架、尺垫等)上的泥土，送还借用处检查验收。如有遗失或损坏，应写出书面报告说明情况，进行登记，并应按有关规定进行赔偿。

(二)仪器的架设

(1)先将仪器的三脚架在地面安置稳妥，架头大致水平。若为泥土地面，则应将脚尖踩入土中；若为坚实地面，则应防止脚尖有滑动的可能性。

(2)开箱取仪器。仪器从箱中取出之前，应看清仪器在箱中的正确安放位置，避免装箱时发生困难。架设仪器时，应先松开制动螺旋，用双手握住支架或基座，轻轻安放到三脚架头上，一手握住仪器，一手拧连接螺旋。拧紧连接螺旋，使仪器与三脚架连接牢固。

(3)架设好仪器以后，应及时关闭仪器箱盖，防止灰尘等进入箱内。严禁踩踏、坐卧仪器箱。

(三)仪器的使用

(1)仪器架设在三脚架上之后，不论是否操作，都必须有人守护，禁止无关人员拨弄，避免路过行人或车辆碰撞。

(2)仪器镜头上的灰尘，应用仪器箱中的软毛刷拂去或用镜头纸轻轻擦去，严禁用手指或餐巾纸等物品擦拭，以免损坏镜头上的药膜。观测结束后，应及时套上物镜盖。

(3)在阳光下观测，应撑伞防晒，大风及雨天应停止观测。对于电子测量仪器，在任何情况下均应撑伞防护。

(4)转动仪器时，应先松开制动螺旋，然后平稳转动。使用微动螺旋时，应先旋紧制动螺旋(但切不可拧得过紧)。微动螺旋不要旋到顶端，即应使用中间的一段螺纹，以免损伤螺纹。

(5)仪器在使用过程中发生故障时,应及时向指导教师或实验室工作人员报告,不得擅自处理。

(四)仪器的搬迁

(1)在行走不便的地段搬迁测站或远距离迁站时,必须将仪器装箱后再搬。

(2)近距离迁站时,可以将仪器连同三脚架一起搬迁。先检查连接螺旋是否拧紧,松开各制动螺旋,均匀收拢各三脚架腿,一手托住仪器的支架或基座,一手抱住脚架,稳步行走。严禁斜扛着仪器行走,以防碰撞。

(3)迁站时,应带走仪器所有附件及工具,防止遗失。

(五)仪器的装箱

(1)实验、实习结束,仪器使用完毕后,应清除仪器上的灰尘及脚架上的泥土,套上物镜盖,松开各制动螺旋,将脚螺旋调至中段并使其大致同高。一手握住仪器支架或基座,一手旋松连接螺旋使其与脚架脱离,双手从脚架头上取下仪器。电子仪器应将电池取下。

(2)仪器放入箱内时,应使之正确就位,试关箱盖,确认放妥后(若箱盖合不上口,则说明仪器位置未放置正确,应重放,切不可强压箱盖,以免损坏仪器),再拧紧仪器各制动螺旋,然后关箱、搭扣、上锁。

(3)清点仪器附件和工具。

第二章　测量实验与实习的基本方法

测量泛指以测量理论为依据，以一定的测量仪器及工具和测量实验技术为手段进行观测的过程。待测量的内容非常广泛，它包括一系列物理量，如长度、方向、相位、频谱、温度等。对于同一对象，通常有多种测量方法。测量方法的分类繁多，如按测量数据获得的方式来分，可分为直接测量、间接测量和组合测量；按测量方式来分，可分为直读法、比较法、替代法和差值法；按测量内容来分，可分为电量测量和非电量测量；按被测量与时间的关系来分，可分为静态测量、动态测量、积算测量等。本章将对测量实验与实习中最常用的几种基本测量方法进行简单的介绍。

第一节　比较法

比较法是将相同类型的待测量与标准量直接或间接地进行比较，测出其大小的测量方法。比较法可分为直接比较法和间接比较法两种。

一、直接比较法

将被测量直接与已知其值的同类量进行比较，测出其大小的测量方法，称为直接比较测量法。它所使用的测量仪器、工具通常是直读式设备，它所测量的物理量一般为基本量。例如，用钢卷尺、螺旋测微器测量长度，用温度计测量温度，用水平、竖直度盘量取方向，用水准仪在水准尺上进行读数。测量仪器设备的刻度预先用标准设备进行分划和校准，在测量过程中，指示读数的标志在设备上相应的刻度值就表示出被测量的大小。这种方法由于测量过程简单方便，在测量中的应用较为广泛。

二、间接比较法

当一些待测量难以用直接比较法测量时，可以利用测量值之间的函数关系将被测量与同类标准量进行间接比较测出其值。图 2-1-1 是在高程测设中，将所测设的高程点与一个可调整的高程进行间接比较的测量示意图。当已知水准点 A 的高程，水准仪仪器高 H_i 保持不变，调节 B 处水准尺的高低位置，当读数 b 满足 $b=H_i-H_B$ 时，则测设高程 H_B 与 B 处水准尺零点高程 H_0 满足

$$H_B=H_0=H_A+a-b \qquad (2\text{-}1\text{-}1)$$

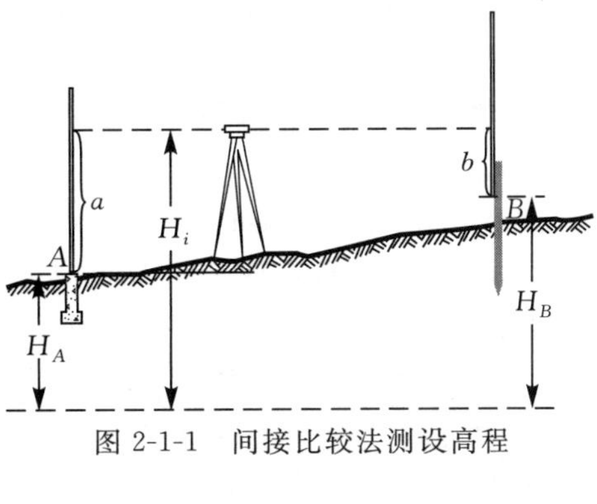

图 2-1-1　间接比较法测设高程

第二节 放大法

测量实验与实习中常遇到一些微小量的测量。为提高测量精度,常需要采用合适的放大方法,选用相应的测量装置将被测量进行放大后再进行测量。常用的放大法有机械放大法、光学放大法、电子放大法等。

一、机械放大法

螺旋测微放大法是一种典型的机械放大法。水准仪、经纬仪、全站仪等内调光光学仪器的望远镜、读数显微镜等的测量系统的机械部分都是采用螺旋测微装置进行测量的。例如,常用的读数显微镜的测微丝杆的螺距是 1 mm,当螺旋转动一圈时,目镜就沿轴向前或后退 1 mm;测量仪器上的脚螺旋每旋转一圈,就会沿轴向方向上、下位移一定量;机械求积仪计数器的测轮每转动一周,计数盘变化一格。这些都是测量实验与实习中使用的机械放大法的典型例子。

二、光学放大法

常用的光学放大法有两种:一种是使被测物通过光学装置放大视角形成放大像,便于观察判别,从而提高测量精度,如望远镜、显微镜;另一种是使用光学装置将待测微小量进行间接放大,通过测量放大了的物理量来获得微小物理量,如测量微小长度和微小角度变化的光学测微器装置。

三、电子放大法

在测量实验中往往需要用设备测量变化微弱的光、电信号(光波的相位、电脉冲等),如测距仪、全站仪、卫星定位设备等,或者利用微弱的电信号去控制某些测量实验系统(如测量机器人),必须用电子放大器将微弱电信号放大后才能有效地进行观察、控制和测量。电子放大作用一般采用集成电路中的三极管完成。

第三节 补偿法

补偿测量法是通过调整一个或几个与被测量有已知平衡关系(或已知其值)的同类标准量,去抵消(或补偿)被测量的作用,使系统处于补偿(或平衡)状态。处于补偿状态的测量系统中,被测量与标准量具有确定的关系,由此可测得被测量值,这种测量方法称为补偿法,也称为平衡测量法。

图 2-3-1 所示是一种自动安平水准仪的补偿器原理图,它采用水平视线折射补偿的原理。该补偿器的主要零件由两个直角棱镜 1、2 和一个屋脊棱镜 3 构成(图中虚线框内的部分)。屋脊棱镜固定在调焦透镜和十字丝分划板之间的望远镜筒内,在屋脊棱镜的下方,用交叉的金属吊丝吊挂着两个直角棱镜,它可在重力的作用下,与望远镜做相对偏转,达到视线自动补偿的目的。

图 2-3-1(a)是仪器处于水平状态时的情形。此时,视准轴水平,水平光线经过补偿器五次折射后,仍然沿水平方向通过十字丝中心 Z。 图 2-3-1(b) 是望远镜视准轴倾斜微小的 α 角度时的情形。如果两个直角棱镜随着望远镜一起倾斜一个角 α,则原来的水平光线经两个直角棱镜反射后,并不通过十字丝中心 Z,而通过 A 点,所以无法读出视线水平时的读数 L_0。此

时，通过十字丝中心的读数为 L_0'，它不是水平视线的读数。但是，实际上吊挂的两直角棱镜在重力作用下，并不随望远镜倾斜，而是相对望远镜的倾斜方向做反向偏转，直角棱镜相对偏转了 α 角，使得经过物镜光心的水平光线经偏转过的直角棱镜反射后，仍通过十字丝中心 Z，所以仍能读到视线水平时的读数 L_0，如图 2-3-1(c)所示，从而达到了补偿的目的。这是测量实验仪器中所采用的一种典型的补偿法。

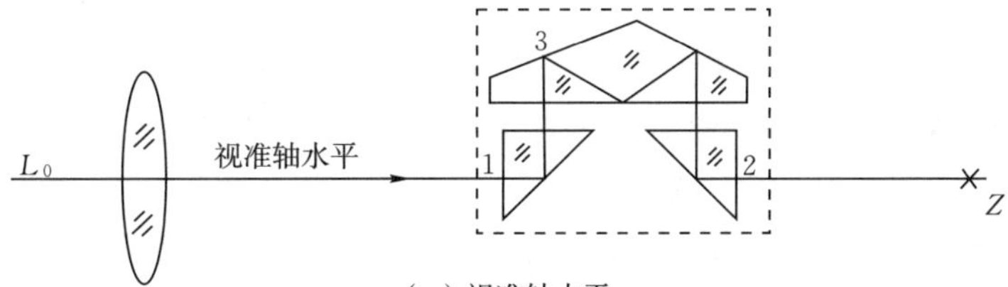

(a) 视准轴水平

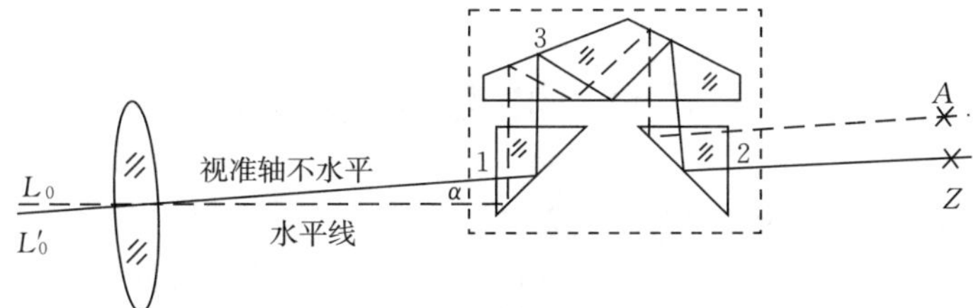

(b) 视准轴不水平

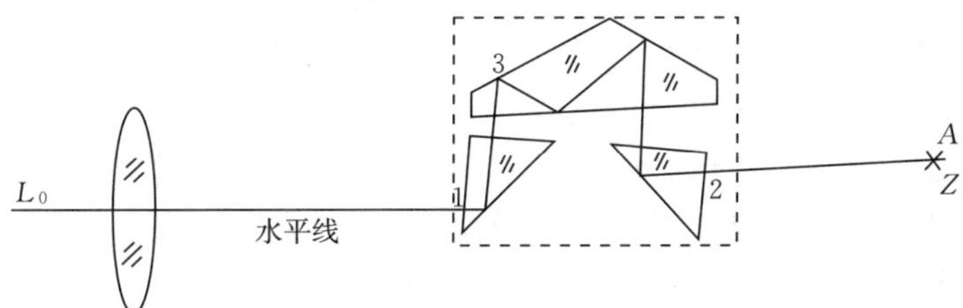

(c) 通过物镜光心的水平光线

图 2-3-1　自动安平水准仪的补偿原理

第四节　模拟法

对于一些测量实验而言，顾及内外部环境因素的影响十分重要，如在气温、气压、湿度、照明、气流、磁、电等因素影响的情况下，对测量对象难以进行直接研究和实地测量。于是人们以相似理论为基础模仿实验情况，制造一个与研究对象的物理现象或过程相似的模型使现象重现，从而进行研究和测量，这种方法称为模拟法。模拟法可分为物理模拟法和数学模拟法两类。

一、物理模拟法

物理模拟就是重现与实际研究或测量对象相同本质的测量现象或过程的模拟方法。例如，物理测距，测定测距时的温度、气压、湿度等，在计算过程中重现它们的影响后，加入气温、气压、湿度等的改正数；在卫星定位测量中加入电离层、对流层改正，便可方便地在较短的时间内以较小的代价取得可靠的有关测量数据。

二、数学模拟法

数学模拟是指在测量中把两个物理本质完全不同，但具有相同的数学形式的物理现象或过程进行模拟的模拟方法。例如,在水准测量中地球曲率对读数的影响 C 与大气折光对读数的影响 r 的规律相同,具有相似的数学形式,即

$$C=\frac{D^2}{2R} \tag{2-4-1}$$

因此,可以用

$$r=K\frac{D^2}{2R} \tag{2-4-2}$$

来模拟大气折光对读数的影响 r。式中,D 为水准仪与水准尺间的距离,R 为地球的半径,系数 $K=1/7$。

把上述两种模拟法很好地配合使用,其成效更佳。随着计算机技术的不断发展和广泛应用,用计算机进行模拟实验更为方便,并能将两者很好地结合起来。

第五节 非电量电测法

在科学研究、工农业生产、国防建设和日常生活中,人们得到的信息绝大多数是非电量信息,这些信息许多难以精确测量,即使能被检测出来,也难以放大、处理和传输。为此,需要有一种特殊功能的装置来灵敏、精确地检测有关信息并把这些信息变成便于处理的物理量。由于电信号易于放大、处理、存储和远距离传输,因此目前大多是将被测的非电量信息转换为电量信息进行测量的,从而形成非电量电测技术。非电量电测技术具有测量精度高,反应速度快,能自动、连续地进行测量,便于远距离测量,等优点,所以在现代科学技术的各个部门都得到广泛的应用。非电量电测系统一般包括传感器(信息的获得)、测量电路、放大器(信息的转换)、指示器、记录仪(信息的显示)等部分。

传感器是一种能以一定的精度把被测量转换为与之有确定对应关系的、便于应用和处理的某种物理量(主要是电量,如电流、电压、电阻、电容、频率和阻抗)的装置。其功能是检测被测物体固有的某一被测量,这一被测量可能是物理量也可能是其他形式的量,但是经过传感器的转换,便得到某种物理量的输出结果,这种量便于传输、处理和显示。

传感器种类繁多,在测量实验与实习中接触到的有用于线位移测量的电感测微仪传感器,用于动态位移检测的电容式传感器,用于全站仪光栅度盘的光栅传感器,用于数字水准仪及全自动全站仪的图像传感器,等等。

如图 2-5-1 所示,传感器一般由敏感元件、转换元件、转换电路组成。敏感元件直接接收被测量的输入,然后把接收的信号传输给转换元件,转换元件再把输入量转换成电量信息,同时将其输出给转换电路,经过处理后,输出电信号信息(电量)。

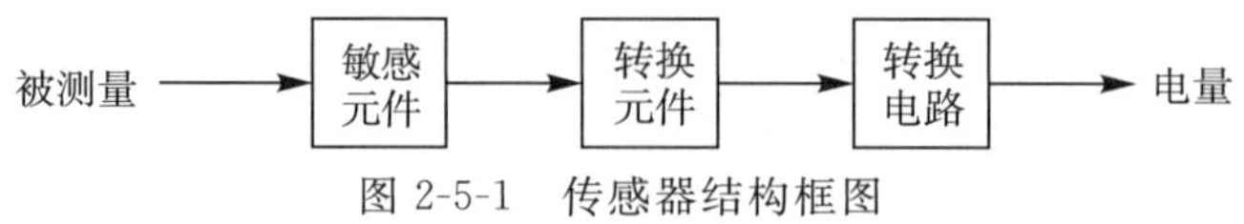

图 2-5-1 传感器结构框图

除以上所介绍的测量实验与实习的基本方法外,测量实验中还有其他一些方法,如干涉法,限于篇幅和实际应用的关系,本章不再赘述,如有需要可查阅相关参考书。

第三章　测量误差和数据处理的基本知识

测量实验与实习的任务不仅是定性地观测各种人为的或自然的现象，而且更重要的是定量地测量相关量。而对事物的定量描述又离不开用数学方法对测量实验与实习采集的数据进行处理。因此，测量误差分析和数据处理是测量实验与实习的基础。本章将从测量与测量误差的概念开始，简单介绍有关误差理论和测量实验与实习数据处理方法的基本知识。

第一节　测量与测量误差

一、测量与测量误差的基本概念

(一)测量

测量实验与实习的内容大致包括三个部分：第一部分是根据实验与实习的要求设计或选用测量实验与实习的仪器和方法，为测量准备条件；第二部分是测量过程；第三部分是数据处理，找出观测量之间的数学关系，从而得出结论。可以说，准备工作是测量实验与实习的基础，进行测量是测量实验与实习的中心，数据处理是测量实验与实习的结果。

1. 测量

测量就是将待测量与选作计量标准的同类量进行比较，并得出其倍数的过程。倍数值称为待测量的数值，选作的计量标准称为单位。因此，一个待测量的测量值是由数值和单位两部分组成，缺一不可。

2. 单位

按照中华人民共和国法定计量单位的规定，我国法定计量单位是以国际单位制(SI)为基础，加上我国选定的一些非国际单位构成的。其中，米(长度)、千克(质量)、秒(时间)、开尔文(热力学温度)、安培(电流)、摩尔(物质的量)和坎德拉(发光强度)是基本单位，其他量的单位可由这些基本单位导出，称为导出单位。

3. 测量的分类

从测量方式上，测量可分为直接测量和间接测量。

(1)直接测量。可以用测量仪器或工具直接读出测量值的测量称为直接测量。例如，用尺量测长度、用温度计测温度、用压力表测大气压力等都是直接测量，所得的物理量如长度、温度、气压等称为直接测量值。

(2)间接测量。有些物理量无法进行直接测量，需依据待测量与若干个直接测量值的函数关系求出，这样的测量就称为间接测量。大多数的物理量都是间接测量值。例如，用水准测量法测高差 h 时，$h=a-b$，后视读数 a、前视读数 b 是直接测量值，而高差 h 是间接测量值。

从测量条件上，测量可分为等精度测量和不等精度测量。

(1)等精度测量。在对某一待测量进行多次重复测量过程中，每次测量条件都相同的一系列测量称为等精度测量。例如，由同样技术水平的人员，采用同一精度的测量仪器，按同样的测量方法,在同样的外界条件下对同一待测量进行多次测量,每次测量的可靠程度都相同,这些测量就是等精度测量。

(2)不等精度测量。在对某一待测量进行多次测量时,测量条件完全不同或部分不同、各测量结果的可靠程度自然也不同的一系列测量称为不等精度测量。例如,在对某一待测量进行多次测量时,在选用的测量仪器的精度、测量方法、测量人员技术水平中,有任何一个不同的测量都属于不等精度测量。

一般来讲,在测量实验与实习中,保持测量条件完全相同的多次测量是极其困难的。但当某一条件的变化对结果影响不大时,仍可视这种测量为等精度测量。等精度测量的数据处理比较容易,所以在绝大多数测量实验与实习中都采用等精度测量,除非不得已,一般情况不采用不等精度测量。本书只限于等精度测量的数据处理。

(二)测量误差

1. 真值

在某一时空状态下,待测量所具有的客观实际值称为真值,用 x_0 表示。例如,一个平面三角形内角和的真值为 180°,即 $x_0=180°$。

2. 测量误差

测量是在一定条件下,使用一定精度的测量仪器和工具,通过一定的方法,力图获得待测量的真值的过程。在测量过程中由于测量者的感官分辨能力、测量仪器的精度、环境的不稳定等因素的影响,待测量的真值是不可能测得的,测量值 x 和真值 x_0 之间总存在着一定的差异,记为 Δ,这种差异 Δ 被称为测量值的误差,即

$$\Delta = x - x_0 \tag{3-1-1}$$

误差存在是一个客观的现象,并因测量理论、测量环境、测量精度等不同而有所差异。

3. 误差的分类

为了研究误差的影响,根据误差对观测结果影响性质和产生原因的不同,可将误差分为以下几类:

(1)系统误差。在相同的测量条件下,多次测量同一被测对象时,误差的符号和绝对值保持不变,或按某一确定的规律变化的误差称为“系统误差”。例如,测量仪器和设备的缺陷、测量理论的不完善、环境的变化等对测量结果造成的误差,都可认为是系统误差。

(2)偶然误差。在相同的测量条件下,多次测量同一待测量时,误差的绝对值和符号是变化的,时大时小、时正时负,以不可预测的方式变化着的误差称为“偶然误差”。例如,在同样观测条件下对某点的坐标进行测量时,各次测量值之间存在较小的差异,其大小、符号都不固定。偶然误差是不可避免的。

(3)粗差。粗差是由观测者未正确地使用测量仪器和设备、观察错误或记录错误等不正常情况所引起的误差。应将粗差视为测量错误剔除。

总之,由于误差的性质不同、来源不同、处理方法不同,对测量结果的影响也不同。有时系统误差与偶然误差可以加以区别,有时又难以划分,并且有时两者会相互转化。因此,有必要对误差进行研究和讨论,用误差分析的思想和方法来指导测量实验与实习的全过程。

(三)测量的精密度、准确度和精确度

对测量结果做总体评定时,一般应将系统误差和偶然误差联系起来。精密度、准确度和精确度都是评价测量结果好坏的概念,但是这些概念的含义不同,使用时应加以区别。

1. **精密度**

精密度表示测量结果中偶然误差大小的程度。它是指在一定的观测条件下进行重复测量时，所得结果的相互接近程度，是描述测量重复性高低的指标。精密度高，即测量数据的重复性好，偶然误差较小。

2. **准确度**

准确度表示测量结果中系统误差大小的程度。它是指测量所得结果与真值符合的程度，即描述测量值接近真值的程度。准确度高，即测量结果接近真值的程度好，系统误差较小。

3. **精确度**

精确度也称为精度，表示测量结果中系统误差和偶然误差的综合影响程度。它是指测量结果的重复性及接近真值的程度。对于测量实验与实习来说，精密度高，准确度不一定高。而准确度高，精密度也不一定高。只有精密度和准确度都高时，精确度才高。

现在以打靶结果为例来形象说明三个"度"之间的区别。图 3-1-1(a)表示弹着点相互之间比较靠近，但偏离靶心较远，即精密度好而准确度较差；图 3-1-1(b)表示弹着点相互之间比较分散，但没有明显的固定偏向，即准确度好而精密度较差；图 3-1-1(c)表示弹着点相互之间比较集中，且都接近靶心，精密度和准确度都很好，即精确度高。

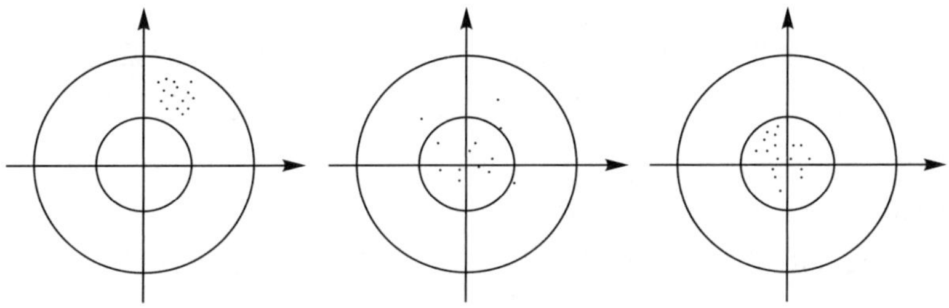

(a) 精密度好准确度差　(b) 精密度差准确度好　(c) 精密度、准确度好

图 3-1-1　精密度与准确度示意

二、系统误差

在测量实验与实习中，有时系统误差是影响测量结果准确度的主要因素，然而它又常常会不明显地表现出来，有时会给测量结果带来严重的影响。因此，发现系统误差，估算它对测量结果的影响，以及设法改正、减少或消除它对测量结果的影响，是观测数据处理的一个重要内容。

为使问题简化，在讨论系统误差时，不考虑偶然误差和粗差。

(一)系统误差的来源

系统误差主要来源于以下四个方面：

(1)仪器、工具误差。这是由仪器本身的缺陷造成的。例如，仪器检校后的残余误差、水准尺刻划误差、GNSS 测量中的接收机钟差等。

(2)理论方法误差。这是由测量所依据的理论公式本身的近似性，导致实验条件不能达到所规定的要求，或测量方法不适当所带来的误差。

(3)环境误差。这是由于各种环境因素，如温度、湿度、气压、震动、照明、电磁场，与要求的标准状态不一致，在空间上梯度随时间的变化引起测量仪器设备的量值变化、机构失灵、相互位置改变等,从而产生误差。例如,温度和大气压的变化使得电子测量设备频率发生漂移变化,卫星定位测量中出现电离层延迟、对流层延迟。

(4)人员误差。这是由观测者本人生理或心理特点造成的。例如,瞄准目标时,有人习惯以左侧为准,有人习惯以右侧为准,致使估计读数时始终偏大或偏小。

(二)系统误差的查找方法

发现系统误差的根本方法应从产生系统误差的来源去研究,如分析测量实验中的观测条件,考虑每一步调整和测量,注意每一个因素的影响。

1. 对比法

(1)对比测量实验方法。用不同方法测量同一个观测量,看结果是否一致。例如,用测距仪进行测距与用 GNSS 所测距离值进行比较,如果两个测量结果差距明显,即它们在误差允许范围内不重合,那么表明其中至少有一个结果存在系统误差。

(2)对比仪器、工具。将标准仪器、工具与实验所用仪器、工具进行比较,看结果是否一致。例如,在标准条件下,用标准钢卷尺检定被检钢卷尺,则从长度差异上可以得出被检钢卷尺的尺长改正数。

(3)改变测量方法。例如,在角度测量中,采用盘左、盘右的对称测量措施,观察结果是否一致。

(4)改变实验中某些参数的数值。有时为了判断某个因素带来的系统误差,有意改变有关参数进行测量,如在水准测量中,所用水准尺黑、红面同一位置分划值不同,以此方法来对水准尺读数进行检核。

(5)改变实验条件。例如,选择不同时间段进行测量。

(6)换人测量。换人测量可发现由人为因素引起的规律性系统误差。

2. 理论分析法

(1)分析测量实验与实习的指导理论所要求的条件在测量过程中是否得到满足。例如,在水准测量中要求水准尺保持竖直,而实际情况不符合理论要求,这必然产生系统误差。

(2)分析测量仪器要求的条件是否得到满足。例如,在测量实验与实习中所使用的全站仪、水准仪等仪器,其结构轴线之间要满足一定的几何关系,如果这些关系不符合要求必然会产生系统误差。

(3)数据分析法。当偶然误差非常小时,将最或然误差 $\Delta x_i = x_i - \bar{x}$ 按测量的先后次序排列,观察 Δx_i 的变化,如果呈规律性变化,如 Δx_i 线性增加,或线性减少,或稳定有周期性变化,则必有系统误差存在。

(三)消除系统误差的方法

(1)消除产生系统误差的根源。使用测量仪器设备前,需要对测量仪器设备进行充分的检验和校正,测量中严格按照规定的方法进行操作,选择有利观测时段进行测量,控制测量环境条件。

(2)对测量结果加以改正。求出改正数,对测量结果进行调整。例如,用求出的气象改正数对测距结果进行改正。

(3)抵消或削弱系统误差。采用一定的测量措施,可抵消或削弱系统误差。例如,在竖角测量中采用盘左、盘右进行观测,观测值取平均值,以消除指标差影响;水准测量中,使前后视距离大致相等,以抵消或削弱视准轴与管状水准器管轴形成的 i 角误差对高差的影响。

(四)系统误差的特点

系统误差大致有以下特点:系统误差对测量值的影响具有一定的数学或物理上的规律性。如果这种规律性能够被找到,则系统误差对观测值的影响可以加以改正,或用一定的测量方法加以抵消或削弱。系统误差针对性很强,不同的测量条件就有不同的系统误差。

系统误差涉及较深的数学和误差理论知识,更需要具备丰富的测量实验的专门知识和实践经验,本书只作一般性的介绍,供读者在测量实验与实习中使用。

三、偶然误差

在测量中,系统误差经处理后,在整体误差中的影响可以忽略。因此,观测值中的误差可认为主要是偶然误差。这种误差是由人的感官灵敏程度不同,测量仪器设备的精度有限和周围环境的干扰,以及伴随测量而产生的偶然因素决定的。例如,在水准尺上进行估读或在钢卷尺上进行估读就存在一定随机性,也就带来了偶然误差。由于偶然误差的变化不能预先确定,因此对待偶然误差不能像对待系统误差那样,找出原因排除或削弱,只能估计。

虽然偶然误差的存在使每次测量值偏大或偏小,但是当在相同的测量条件下,对观测量进行多次测量时,偶然误差大小的分布却服从一定的统计规律,可以利用这种规律对测量实验与实习的结果做出偶然误差的估算。这就是在测量实验与实习中对某些量进行冗余测量的原因。

偶然误差的存在使每次测量值涨落不定,但是大量的偶然误差又服从一定的统计分布规律。无数的测量实验事实与统计理论都证明,大部分测量中的偶然误差服从正态分布,在某些情况下也会服从其他分布,如泊松分布、均匀分布或 t 分布、方向分布。下面结合某观测实例,用统计方法来说明这种规律性。

例如,在相同的观测条件下对某一平面三角形的三个内角重复观测了 358 次,得同精度测量条件下该三角形内角和的测量值为 $x_i(i=1,2,3,\cdots,358)$,已知三角形内角和的真值为 180°。由统计理论可知偶然误差 $\Delta_i=x_i-180°$。

现取误差微分区间 $d\Delta=0.2''$,将误差按数值大小及符号进行排列,统计出各区间的误差个数 k 及相对个数 $k/n(n=358)$,如表 3-1-1 所示。

表 3-1-1 误差统计表

误差区间 $d\Delta$ /(″)	负误差		正误差	
	误差个数 k	相对个数 k/n	误差个数 k	相对个数 k/n
0.0～<0.2	45	0.126	46	0.128
0.2～<0.4	40	0.112	41	0.115
0.4～<0.6	33	0.092	33	0.092
0.6～<0.8	23	0.064	21	0.059
0.8～<1.0	17	0.047	16	0.045
1.0～<1.2	13	0.036	13	0.036
1.2～<1.4	6	0.017	5	0.014
1.4～<1.6	4	0.011	2	0.006
≥1.6	0	0.000	0	0.000
总和	181	0.505	177	0.495

从表 3-1-1 的统计数字中,可以总结出在相同的观测条件下所得到的一组观测值的偶然误差具有如下四个统计特性。

(1)单峰性。绝对值小的误差出现的概率比绝对值大的误差出现的概率大。

(2)对称性。绝对值相同的正负误差出现的概率大致相同。

(3)有界性。在一定的观测条件下,偶然误差的绝对值不会超过一定的限度,即绝对值超过一定限度的偶然误差出现的概率接近零。

(4)抵偿性。偶然误差的算术平均值随着测量次数增加而减小,最后趋于零,即

$$\lim_{n\to\infty}\frac{\Delta_1+\Delta_2+\cdots+\Delta_n}{n}=\lim_{n\to\infty}\frac{[\Delta]}{n}=0 \tag{3-1-2}$$

由偶然误差的统计特性可知偶然误差的概率密度函数符合正态分布,即

$$f(\Delta)=\frac{1}{\sqrt{2\pi}\sigma}e^{-\frac{\Delta^2}{2\sigma^2}} \tag{3-1-3}$$

式中,σ 为标准差。

式(3-1-3)也可用图 3-1-2 所示的正态分布曲线表示。

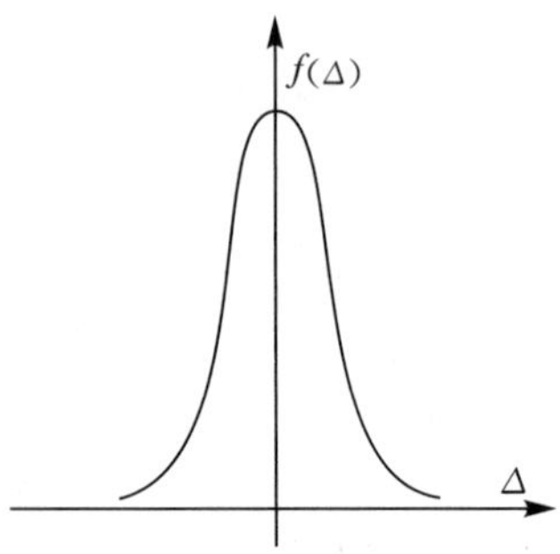

图 3-1-2　正态分布

四、衡量观测值精度的指标(同精度观测)

(一)最或然值(算术平均值)

同精度观测最或然值就是对一个观测对象在同精度观测条件下,得到的一组测量值 $x_i(i=1,2,3,\cdots,n)$ 的算术平均值,即

$$\bar{x}=\frac{1}{n}\sum_{i=1}^{n}x_i=\frac{1}{n}\sum_{i=1}^{n}(\Delta_i+x_0)=\frac{1}{n}\sum_{i=1}^{n}\Delta_i+\frac{1}{n}\sum_{i=1}^{n}x_0 \tag{3-1-4}$$

式中,x_0 为真值,$\Delta_i=x_i-x_0$。当 $n\to\infty$ 时,$\lim\limits_{n\to\infty}\frac{1}{n}\sum\limits_{i=1}^{n}\Delta_i=0$,则有 $\lim\limits_{n\to\infty}\frac{1}{n}\sum\limits_{i=1}^{n}x_i=x_0$。

以上推理说明削弱测量观测值中的偶然误差的一个办法就是增加测量次数,测量次数越多,测量观测值的最或然值(算术平均值)越接近真值。

(二)中误差

根据偶然误差理论可以证明真值为 x_0 的观测值的标准误差是

$$\sigma=\pm\lim_{n\to\infty}\sqrt{\frac{[\Delta_i\Delta_i]}{n}}\quad(i=1,2,\cdots,n) \tag{3-1-5}$$

由于一般情况下测量观测值的真值 x_0 是无法得到,即 Δ_i 无法计算,又因测量次数 n 总是有限的,且最或然值 $\bar{x}$(算术平均值)是测量结果的最佳值。因此,由误差理论可得,n 次测量中观测值的标准误差的估值为

$$m=\hat{\sigma}=\pm\sqrt{\frac{[v_iv_i]}{n-1}}\quad(i=1,2,\cdots,n) \tag{3-1-6}$$

式中,$v_i=x_i-\bar{x}$ 称为最或然误差。在测量上通常将 $m(\hat{\sigma})$ 称为中误差,用来代替标准差。σ 值决定着 $f(\Delta)$ 曲线的形状:当 σ 值较小时,正态分布曲线高而窄,表示误差分布在较小的范围

之内，测量数据的离散性小、重复性好，即精密度高；当 σ 值较大时，正态分布曲线低而宽，则表示误差在较大的范围内变动，测量数据的离散性大、重复性差，即精密度低。

(三)极限误差

由偶然误差的特性可知：在一定的观测条件下，偶然误差的绝对值不会超出一定的限值。这个限值就是极限误差。

由式(3-1-3)可计算出在设定区间 $(-k\sigma,k\sigma)$ 中偶然误差的概率值。当 $k=1,2,3$ 时，概率值分别为

$$\left.\begin{aligned}P(|\Delta|\leqslant\sigma)&=\int_{-\sigma}^{\sigma}f(\Delta)\mathrm{d}\Delta=\int_{-\sigma}^{\sigma}\frac{1}{\sigma\sqrt{2\pi}}\mathrm{e}^{\frac{\Delta^2}{2\sigma^2}}\mathrm{d}\Delta=0.683\\P(|\Delta|\leqslant 2\sigma)&=\int_{-2\sigma}^{2\sigma}f(\Delta)\mathrm{d}\Delta=\int_{-2\sigma}^{2\sigma}\frac{1}{\sigma\sqrt{2\pi}}\mathrm{e}^{\frac{\Delta^2}{2\sigma^2}}\mathrm{d}\Delta=0.955\\P(|\Delta|\leqslant 3\sigma)&=\int_{-3\sigma}^{3\sigma}f(\Delta)\mathrm{d}\Delta=\int_{-3\sigma}^{3\sigma}\frac{1}{\sigma\sqrt{2\pi}}\mathrm{e}^{\frac{\Delta^2}{2\sigma^2}}\mathrm{d}\Delta=0.997\end{aligned}\right\}\tag{3-1-7}$$

从式(3-1-7)可看出，绝对值大于三倍中误差的偶然误差出现的概率仅为 3‰，即已是概率接近于零的小概率事件。在测量工作中，由于测量次数有限，绝对值大于三倍中误差的偶然误差出现的概率很小，故通常以三倍中误差作为偶然误差的极限误差，即

$$|\Delta_{极}|=3|m|\tag{3-1-8}$$

在测量实验与实习中通常将极限误差作为容许误差，即

$$|\Delta_{容}|=|\Delta_{极}|=3|m|\tag{3-1-9}$$

在对精度要求较高时，还可取两倍中误差作为容许误差，即

$$|\Delta_{容}|=2|m|\tag{3-1-10}$$

在测量实验与实习中，若某一测量值的误差超出容许范围，则可剔除。

当然，应该了解，在进行一系列同精度的重复测量时，由于各种随机因素的影响，各测量值分布曲线的特性是在统计上的意义，离开统计的概念就无法理解这些误差的含义了。

(四)相对误差

中误差又称为绝对误差。在某些情况下，单用中误差来表达观测值的精度是不完善的。例如，测量不同长度的两段距离，尽管都有着相同的中误差，显然不能认同两段距离的测量精度是相同的。为此，引入中误差的绝对值与测量值之比，并化成分子为 1 的分数作为评定精度的一种形式，称为相对中误差，即

$$k=\frac{|m|}{D}=\frac{1}{D/|m|}\tag{3-1-11}$$

式中，D 表示所测距离。

五、直接测量值的表示

(一)测量仪器精度简介

测量仪器精度是指在仪器规定的使用条件下正确使用仪器时，仪器所能达到的误差指标。它的数值通常是由仪器制造厂家和计量单位使用更精密的仪器，经过鉴定比较后给出的。其数值符号可正可负，用符号 $\Delta_{仪}$ 表示。

通常测量仪器误差$\Delta_{仪}$中既包含系统误差,又包含偶然误差,其性质在很大程度上取决于仪器的精度。一般精度级别高的测量仪器,仪器误差主要是偶然误差;精度级别低的则主要是系统误差;精度级别一般的测量仪器,则两种误差都可能存在。

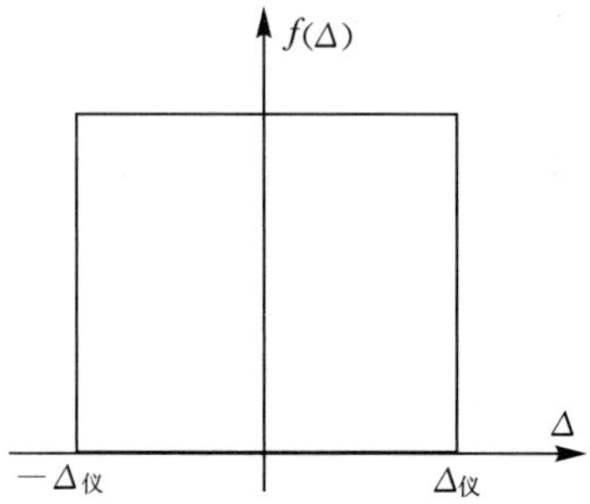

图 3-1-3 均匀分布

仪器误差的概率密度函数服从均匀分布,如图 3-1-3 所示。均匀分布是指其误差在$[-\Delta_{仪},\Delta_{仪}]$区间范围内,误差(不同大小和符号)出现的概率都相同,而区间外的概率为零,即

$$\int_{-\Delta_{仪}}^{+\Delta_{仪}} f(\Delta)\mathrm{d}\Delta = 1 \tag{3-1-12}$$

故误差分布规律为

$$f(\Delta) = \frac{1}{2\Delta_{仪}} \tag{3-1-13}$$

(二)置信度与不确定度

1. 置信度

测量实验中常常要先给定一个称为置信区间的误差范围(如给定$[-\sigma_x,\sigma_x]$),然后再讨论测量数据的可信任程度。给定的范围越大,测量值x超出此范围的可能性就越小。因此,把测量值x落在给定误差范围内的概率称为该测量数据的置信度,可用P_r表示,即

$$P_r = \int_{-\sigma_x}^{\sigma_x} f(\Delta)\mathrm{d}\Delta = 0.683 \tag{3-1-14}$$

式(3-1-14)说明,测量值x在误差区间$[-\sigma_x,\sigma_x]$内的置信度为68.3%,也就是说测量值落在$[x-\sigma_x,x+\sigma_x]$之间的概率是68.3%。

置信度随所取的积分区间加大而提高,所以要讨论一个测量值的可信任程度,必须先规定置信区间,然后按置信度评定测量数据。

2. 不确定度

由于测量误差的存在而对被测量值不能肯定的程度称为不确定度,它是表征被测量的真值所处的量值范围的评定。

不确定度的定量表述就是给出所需要的置信概率,用标准误差倍数表示的置信区间。例如,用"不确定度(σ)"时,则置信概率为68.3%,置信区间为$[-\sigma,\sigma]$;当用"不确定度(3σ)"时,则置信概率为99.7%,置信区间为$[-3\sigma,3\sigma]$。因此,只要对测量结果给出不确定度,即给出置信区间和置信概率P_r,就表达了测量结果的精密程度。

六、误差传播定律

间接测量值是由直接测量值通过函数关系计算得到的,既然直接测量有误差,那么间接测量也必然有误差,这就是测量误差的传递。表述观测值函数的中误差与观测值中误差之间关系的法则称为误差传播定律。

设间接测量值为Z,它是由各互不相关的直接测量值x_1、x_2、……、x_n通过函数关系f求得的,即

$$Z = f(x_1,x_2,\cdots,x_n) \tag{3-1-15}$$

若直接测量值x_1、x_2、……、x_n的中误差相应为m_1、m_2、……、m_n,为了建立间接测量值与直接测量值之间的真误差关系,则对式(3-1-15)进行全微分计算,即

$$dZ=\frac{\partial f}{\partial x_1}dx_1+\frac{\partial f}{\partial x_2}dx_2+\cdots+\frac{\partial f}{\partial x_n}dx_n \tag{3-1-16}$$

式中，$\frac{\partial f}{\partial x_i}$ 是函数对 x_i 的偏导数，$i=1,2,\cdots,n$，当函数式与直接测量值确定后，它们均为常数。用真误差代替式(3-1-16)中的微分量，得真误差关系式为

$$\Delta Z=\frac{\partial f}{\partial x_1}\Delta x_1+\frac{\partial f}{\partial x_2}\Delta x_2+\cdots+\frac{\partial f}{\partial x_n}\Delta x_n \tag{3-1-17}$$

同理，在各观测值独立的情况下，可以证得间接测量值(即函数值)的中误差的计算公式为

$$m_Z=\pm\sqrt{\left(\frac{\partial f}{\partial x_1}\right)^2m_1^2+\left(\frac{\partial f}{\partial x_2}\right)^2m_2^2+\cdots+\left(\frac{\partial f}{\partial x_n}\right)^2m_n^2} \tag{3-1-18}$$

第二节　有效数字

在测量实验与实习中，测量结果存在一定的误差。若要科学合理地反映测量结果，则其中会牵涉有效数字的问题。

有效数字在测量实验与实习中经常使用。对于什么是有效数字、有效数字的写法、有效数字的运算规则等，必须要搞清楚。但用有效数字表示测量结果是一种粗略方法，它一定要与误差联系起来，才能对测量结果有一个准确描述。可以说，误差决定了有效数字。

一、有效数字的概念

例如，用 DS3 水准仪在双面尺(最小分划值为 1 cm)上读取一个读数，由尺上读出的读数为 1.415 m，其中前 3 位数 1.41 m 是直接根据尺上刻度读出的，称为可靠数字，而最后一位 0.005 m 是在最小分划刻度之间估计出来的，称为可疑数字，即有误差的数字。把测量结果中可靠的几位数字加上可疑的一位数字统称为测量结果的有效数字。有效数字中的最后一位虽然是可疑的，即有误差，但它还是在一定程度上反映了客观实际。因此，它也是有效数字，不能去掉。例如，2.845 m 和 6.785 m 的有效数字是 4 位，而 27.869 5 m 的有效数字是 6 位。

二、有效数字在实际中的应用

(一)有效数字与仪器的关系

测量值的有效数字一方面反映观测量的大小，另一方面它又反映了所用仪器的测量精度。一般情况下，从仪器上直接读数时，读得数值的最后一位是读数误差所在位，记录时应把有读数误差的一位记下来。若用分划值为 1 mm 的钢卷尺测量一地面长度，则结果应读到毫米的 0.1 位，如 16.154 5 m；若用度盘分划值为 1°的光学经纬仪的固定分微尺，则可读到分的 0.1 位(0.1′)；用精密水准仪的测微尺可读到 0.5 mm 的 0.1 位(0.05 mm)。可见，观测同一待测量时，测量仪器的精度越高，所得结果的有效数字位数就越多。

(二)“0”在数字中的作用

“0”的位置不同，其性质不同。若“0”前面有非“0”数码，则此“0”为有效数字；若“0”前面都是“0”数码，则此“0”不是有效数字。例如，0.310 m、0.031 m 和 0.003 010 m 分别有 3 位、2 位和 4 位有效数字。

(三)误差的取位和结果的表示

由于误差本身是一个估计的范围,在普通测量实验与实习中,一般情况下误差的位数只取一位。观测量的最或然值的最后一位应与误差所在位对齐。总之,测量结果的有效数字取决于误差的大小,且误差的尾数只进不舍,而测量值的尾数是小于 5 舍,大于 5 入,等于 5,按 5 前面一位的奇偶而定。如果 5 前面一位是偶数则将 5 舍去,如果 5 前面一位是奇数则将 5 向前进一位,即“奇进偶舍”。

有效数字与相对误差的关系是:有效数字位数越多,则相对误差就越小,反之亦然。例如,(1.00 ± 0.01) cm,有效数字为 3 位,相对误差为 1%;(1.0000 ± 0.0001) cm,有效数字为 5 位,相对误差为 0.1‰。可见有效数字与相对误差也是密切相关的。

(四)科学表达式

用科学表达式表示结果,既简单明了又可解决有效数字和误差位数在表达式上的矛盾。科学表达式是把数字写成 10 的幂形式,小数点前只取一位不为 0 的数。例如,2 989 s 和 (0.08456 ± 0.00003) m,用科学表达式记作 2.989×10^{3} s 和 $(8.456\pm0.003)\times10^{-2}$ m。

(五)单位换算

在十进制换算单位中,测量结果的单位变换不影响有效数字位数。例如,1 μm = 0.000 001 m $=1\times10^{-6}$ m。

在非十进制的单位中,测量结果变换单位时,还要用误差来确定有效数字的位数。例如,$\theta=(1.8\pm0.1)$ min $=(108\pm6)$ s。

(六)常数和系数的有效数字

在运算过程中,公式中的常数(如 π、e 等)和系数(如 $\sqrt{2}$、1/2 等),可以认为有效数字位数是无限多位的。常数和系数只要取到不影响运算结果的有效数字即可。例如,圆周长 $l=2\pi R$,$R=2.356$ mm 时,取 π=3.141 6,取 2 为 2.000 0 参与运算即可。

三、有效数字的运算规则

有效数字的正确运算关系到实验结果的精确表达,由于运算条件不一样,运算规则也不一样。

(一)运算规则

对于四则运算,一般可以依据以下运算规则。

(1)参加运算的各数字可以认为仅最后一位数码是有误差的,其他的数码是无误差的。

(2)无误差的数码间的四则运算结果仍为无误差数码。

(3)有误差的数码参加四则运算结果是有误差的数码,进位和借位认为是无误差数码。

(4)最后结果按四舍五入法仅保留一位有误差数码。

例 3-2-1　5.345 + 30.2

(数字下面“_”是指误差所在位,下同)

$$\begin{array}{r} 5.34\underline{5} \\ +30.\underline{2} \\ \hline 35.\underline{5}4\underline{5} \end{array}$$

则取 $5.34\underline{5}+30.\underline{2}=35.\underline{5}$

例 3-2-2　$35.4\underline{8}-20.\underline{3}$

$$\begin{array}{r} 35.4\underline{8} \\ -20.\underline{3} \\ \hline 15.\underline{18} \end{array}$$

则取 $35.4\underline{8}-20.\underline{3}=15.\underline{2}$

例 3-2-3　$4.17\underline{8}\times 10.\underline{1}$

$$\begin{array}{r} 4.17\underline{8} \\ \times 10.\underline{1} \\ \hline \underline{4178} \\ 0\ 00\underline{0} \\ 41\ 7\underline{8} \\ \hline 42.\underline{1978} \end{array}$$

则取 $4.17\underline{8}\times 10.\underline{1}=42.\underline{2}$

例 3-2-4　$4821\underline{6}\div 12\underline{3}$

$$\begin{array}{r} 39\underline{2} \\ 12\underline{3}\,\overline{)\,4821\underline{6}} \\ 36\underline{9} \\ \hline \underline{1131} \\ 110\underline{7} \\ \hline \underline{246} \\ \underline{246} \\ \hline 0 \end{array}$$

则取 $4821\underline{6}\div 12\underline{3}=39\underline{2}$

(二)四则运算

用以上竖式能得到的四则运算计算结果，清晰明了，但速度太慢。为了提高运算速度，且保证一定精度的误差估计，可总结以下四则运算结果中有效数字取位的规则。

1. 加减法运算规则

若干项做加减运算时，则应仍然按正常运算进行，计算结果的最后一位应与各项中最后一位最靠前的位置对齐。例如，$3.1\underline{4}+1056.7\underline{3}+10\underline{3}-9.86\underline{2}=115\underline{3}$，参加运算的各项最后一位最靠前的是 103 的个位，其计算结果的最后一位就保留在个位上。

2. 乘除法运算规则

计算结果的有效数字位一般保留到与参加运算的各项中有效数字位数最少的位数相同的位置。例如，$2.\underline{7}\times 3.90\underline{2}\div 3.456\underline{7}=3.\underline{0}$，参加运算的第一项(2.7)有效数字(两位)最少，计算结果也就取两位。这一规则在绝大多数情况下都成立，但少数情况下，由于借位或进位可能多一位或少一位，如 $0.9\underline{8}\times 1.\underline{1}=1.0\underline{8}$ 就多一位。

(三)函数运算

函数运算不像四则运算那样简单，它要根据误差传播定律来计算。先举两个例子，再总结出函数运算有效数字的取位规则。

例 3-2-5　已知 $x=56.7$，$y=\ln x$，求 y。

解：因 x 的误差的位在十分位上，所以取

$$\Delta x\approx 0.1$$

利用误差传播定律 $\Delta y=|f'(x)|\Delta x$ 去估计 y 的误差位，则有

$$\Delta y=\frac{\Delta x}{x}=\frac{0.1}{56.7}\approx 0.002$$

说明 y 的误差位在千分位上，故

$$y=\ln 56.7=4.038$$

例 3-2-6　已知 $x=9°24'$，$y=\cos x$，求 y。

解：取 $\Delta x\approx 1'\approx 0.000\ 29\ \mathrm{rad}$，得

$$\Delta y=\sin x\cdot\Delta x=0.000\ 047\ 5\approx 0.000\ 05$$

因此

$$y=\cos 9°24'=0.986\ 57$$

综上，可总结出函数运算时有效数字的取位规则：已知 x，计算 $y=f(x)$ 时，首先可取 Δx

为 x 的最后一位的数量级，然后利用误差传播定律 $\Delta y = |f'(x)|\Delta x$ 确定误差数码位置，最后用函数计算 y 值即可。

第三节　数据处理方法

在测量实验与实习中采集了大量的实验数据，要通过这些数据来得到可靠的实验、实习结果，则需要掌握正确的实验与实习数据处理方法。本节将介绍在测量实验与实习中常用的基本数据处理方法。

一、列表法

列表法是实际工作中经常使用的一种数据处理方法。它是将测量实验与实习数据以表格方式组织的一种方法，它可以简单而明确地表示出各相关量之间的对应关系，便于随时检查测量结果是否正确合理，有利于计算和分析误差，并在必要时对数据进行查对。另外，通过列表法还有助于找出相关量之间的规律，得出定量的结论或经验公式，等等。

列表时，一般应遵循下列规则：

(1)简单明了，各相关量之间的关系明晰，便于处理数据。

(2)在表格中均应标明测量与计算的量的名称和单位。

(3)表格中数据应正确反映出有效数字。

(4)必要时应对某些项目加以说明，并计算出平均值、闭合差和相对误差。

表 3-3-1 是一条普通水准测量路线的记录表。需要在表中清楚地标明测站及与其对应的测点编号，以及各点测量的读数，再由读数计算出高差、高程，以及记录计算的检核等内容。

表 3-3-1　水准测量记录

日期：2024-2-12　　天气：晴　　记录者：××

仪器：DS3　　地点：青年路到五一广场　　观测者：××

测站	测点	水准尺读数 后视 a /m	水准尺读数 前视 b /m	高差 h /m +	高差 h /m −	高程 /m	备　注
Ⅰ	A	1.467				27.354	
				0.343			
Ⅱ	1	1.385	1.124				
					0.289		
Ⅲ	2	1.869	1.674				
				0.926			
Ⅳ	3	1.425	0.943				
				0.213			
Ⅴ	4	1.367	1.212				
					0.365		
	B		1.732				
计算检核	$\sum$	7.513	6.685	1.482	−0.654	28.182	
计算检核	$\sum a-\sum b=7.513-6.685=0.828\ (\text{m})=\sum h=1.482+(-0.654)=0.828\ (\text{m})$						

二、作图法

测量实验与实习中所得到的一系列测量数据，也可以用图线直观地表示出来。作图法就是在坐标格网纸上描绘出一系列数据间对应关系的图线，它是研究相关量之间变化规律，找出对应的函数关系，计算经验公式的常用方法之一。同时，绘制一张正确、实用、美观的图形是实验技能训练的一项基本功，要求每个同学都应该掌握。

(一)图示法

测量实验与实习所揭示的相关量之间的关系，可以用一个解析函数关系式来表示，也可以用坐标格网纸在某一坐标平面内由一条曲线表示，后者称为实验数据的图形表示法，简称图示法。

图示法的作图步骤如下：

(1)选取坐标格网纸。在测量实验与实习中最常用的是直角坐标格网纸。坐标格网纸的大小可根据所测得数据的有效数字和测量结果的要求来定，原则上是以不损失实验数据的有效数字和包括所有实验点作为选择的依据，一般图上的最小分格至少应是有效数字的最后一位可靠数字。

(2)定坐标和坐标尺度。通常以横坐标表示自变量，纵坐标表示因变量，写出坐标轴所代表的物理量的名称和单位。为了使图线在坐标格网纸上的布局合理，并能充分利用坐标格网纸，坐标轴的起点不一定从“0”开始。图线若是直线，应尽量使图线比较对称地充满整个图纸，而不要使图线偏于一角或一边。为此，应适当放大(或缩小)纵坐标轴和横坐标轴表示的比例。在坐标轴上按选定的比例标出若干等距离的整齐的数值标度，标度的数值位数应与实验数据的有效数字位数一致。选定比例时，应使最小分格代表“1”“2”或“5”，而不要用“3”“6”“7”“9”表示一个单位。后者不仅使标点和读数不方便，而且也容易出错。

(3)标点。根据测量数据，找到每个实验点在坐标纸上的位置，用铅笔以符号“·”标出各点坐标，要求与测量数据对应的坐标准确地落在符号“·”点上。一张图上要画几条曲线时，每条曲线可用不同标记如“·”“⊙”“△”等以示区别。

(4)连线。用直尺、曲线板、铅笔将测量点连成直线或光滑曲线，校正曲线要通过校正点连成折线。因为实验值有一定的误差，所以曲线不一定要通过所有实验点，只要求曲线两旁实验点的分布均匀且离曲线较近，在曲线的转折处多测几个点。对个别偏离很大的点，要重新审核，进行分析后再决定取舍。

(5)写出图纸名称。要求在图纸的明显位置标明图纸的图外注记，即图名、绘图者、日期、班级小组等。

(二)图解法

图解法就是根据测量实验与实习数据所做好的图线，用解析法找出相应的函数形式，如线性函数、二次函数、幂函数，并求出函数的参数，得出具体的方程式的方法。特别是当图线是直线时，采用此方法更为方便。

1. 直线图解法

直线图解法包括以下三步：

(1)取点。在直线上任取两点 $A(x_1,y_1)$、$B(x_2,y_2)$，其坐标值最好为整数值，一般不要取原实验点。用“△”符号表示所取的点，与实验点相区别。所取两点在实验范围内应尽量彼此分开,以减少误差。

(2)计算斜率 k。在坐标格网纸的适当空白位置,写出斜率的计算公式,即

$$k=\frac{y_2-y_1}{x_2-x_1} \tag{3-3-1}$$

将两点坐标值代入式(3-3-1),写出计算结果。例如,在纵断面图上,由图解的高差及距离就可求出坡度。

(3)计算截距 b。如果横坐标的起点为零,其截距 b 为 $x=0$ 时的 y 值,其直线的截距即可在图上直接读出。如果起点不为零,可由式

$$b=\frac{x_2y_1-x_1y_2}{x_2-x_1} \tag{3-3-2}$$

求出其截距。

2. 曲线改直法

在实际工作中,许多关系量之间的函数关系形式是复杂的,并非都为线性关系,但是可以经过适当变换后成为线性关系,即把曲线变成直线,这种方法叫曲线改直法。

例如,通过对 $y=ax^b$ 两边取对数(其中 a、b 为常数),得 $\lg y=\lg a+b\lg x$,以 $\lg x$ 为横坐标,$\lg y$ 为纵坐标作图便得一直线图,其截距为 $\lg a$,斜率为 b。

(三)作图法的优点

直观:这是作图法的最大优点之一。根据曲线形状,作图法可以很直观、很清楚地表示在一定观测条件下,相关量之间的相互关系,并找出变化规律。

简便:在测量精度要求不高时,可由曲线形状求出函数关系。

明了:通过曲线图可以发现某些测量错误。若个别点偏离曲线特别远,则说明这个点可疑,以此提醒应对其进行重新核对。

另外,在图线上,可以直接读出没有进行测量的对应于某 x 的 y 值(内插法)。在一定的条件下,也可以从图线的延伸部分读出测量数据范围以外的点(外推法)。

但也应看到作图法有其局限性。特别是受图纸大小的限制,不能严格建立观测量之间的函数关系,同时受到具有人为主观性的描点、连线的影响,不可避免地会带来绘图误差。

三、最小二乘法(一元线性回归)

由一组测量实验数据找出一条最佳的拟合直线(或曲线),常用的方法是最小二乘法,所得的变量之间的相关函数关系称为回归方程,所以最小二乘法线性拟合也称为最小二乘法线性回归。本节只讨论用最小二乘法进行一元线性回归的问题,有关多元线性回归和非线性回归,请参考其他书籍。

最小二乘法所依据的原理:在最佳拟合直线上,各相应点的值与测量值之差的平方和应比其他的拟合直线上的值要小。

(一)一元线性回归

下面结合一个实例来具体说明一元线性回归分析的方法。假设所研究的变量为 x 和 y,其中 x 表示库水位,y 表示沉陷量,根据表 3-3-2 所示的观测值绘制出图 3-3-1 所示的坝基沉陷与库水位关系散点图。

表 3-3-2　某坝段坝基沉陷及相应的库水位观测值

观测编号	库水位 x /m	坝基沉降 y /mm	观测编号	库水位 x /m	坝基沉降 y /mm
1	11.437	−1.73	25	141.52	−6.43
2	95.50	−0.98	26	142.20	−6.45
3	100.44	−0.87	27	145.37	−6.09
4	112.17	−2.99	28	144.70	−6.02
5	124.91	−3.00	29	149.96	−7.17
6	125.76	−3.13	30	149.61	−6.97
7	127.64	−4.30	31	145.07	−6.98
8	129.59	−4.74	32	144.10	−7.02
9	127.85	−5.18	33	146.01	−7.62
10	118.56	−3.70	34	145.37	−7.11
11	119.73	−1.98	35	145.48	−7.16
12	134.64	−4.41	36	142.42	−7.56
13	133.75	−3.78	37	135.70	−5.95
14	131.26	−4.84	38	136.74	−6.20
15	131.02	−5.42	39	142.97	−7.39
16	128.35	−5.70	40	149.24	−9.41
17	130.71	−4.76	41	155.34	−8.33
18	144.45	−5.33	42	152.14	−6.99
19	144.12	−5.57	43	144.41	−5.81
20	142.49	−6.34	44	137.81	−5.42
21	143.93	−6.27	45	142.97	−5.55
22	143.02	−4.87	46	146.83	−6.87
23	142.01	−5.04	47	157.53	−8.31
24	144.09	−6.23	48	154.40	−8.14

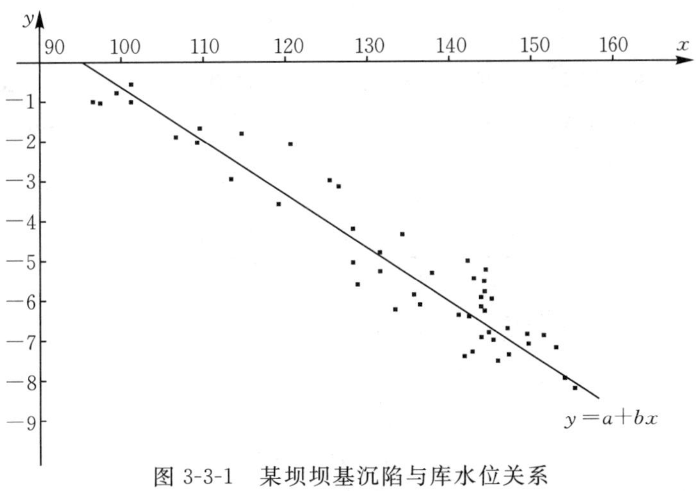

图 3-3-1　某坝坝基沉陷与库水位关系

由图 3-3-1 可知，它们之间存在着线性相关关系，所满足的一元线性方程为

$$y = a + bx \tag{3-3-3}$$

式中，a 是在 $x = 0$ 时 y 的初始位置，a、b 是待估计的未知参数。

由于因变量 y 与自变量 x 关系的不确定性，观测数据可以写成

$$y_i = a + bx_i + v_i \tag{3-3-4}$$

经变换，得

$$v_i = y_i - (a + bx_i) \tag{3-3-5}$$

式中，v_i 为 y_i 的改正数。

依据最小二乘法的原理可知，要由观测数据计算 a、b 的最佳估值 $\hat{a}$ 和 $\hat{b}$，应使

$$[vv] = [(y - \hat{a} - \hat{b}x)^2] = \min \tag{3-3-6}$$

由式(3-3-6)对 $\hat{a}$、$\hat{b}$ 分别求微分，整理后得

$$\left.\begin{aligned} -2[y - \hat{a} - \hat{b}x] = 0 \\ -2[(y - \hat{a} - \hat{b}x)x] = 0 \end{aligned}\right\} \tag{3-3-7}$$

经变换后，得

$$\left.\begin{aligned} n\hat{a} + [x]\hat{b} - [y] = 0 \\ [x]\hat{a} + [xx]\hat{b} - [xy] = 0 \end{aligned}\right\} \tag{3-3-8}$$

式中，n 为观测值的个数。

将表 3-3-2 中的数据代入式(3-3-8)，通过计算得

$$\hat{a} = 12.25$$
$$\hat{b} = 0.13$$

则有

$$\hat{y} = 12.25 - 0.13x \tag{3-3-9}$$

用 $\hat{y}_i = \hat{a} + \hat{b}x_i$ 求因变量 y_i 的估值需加的改正值为

$$v_i = y_i - \hat{a} - \hat{b}x_i \tag{3-3-10}$$

由此，可得用回归直线方程 $\hat{y} = \hat{a} + \hat{b}x$ 求得的因变量估值的中误差 m 为

$$m = \pm\sqrt{\frac{[vv]}{n-2}} \tag{3-3-11}$$

通过计算，上述例子中 $m = \pm 0.813$ mm。

当用回归直线预报未来变形值时，通常在回归直线两侧根据 $2m$ 画两条平行线，如图 3-3-2 所示。这两条平行线以内的范围即为未来变形值允许出现的区间。当观测值超出这一区间时，就应做专门分析。

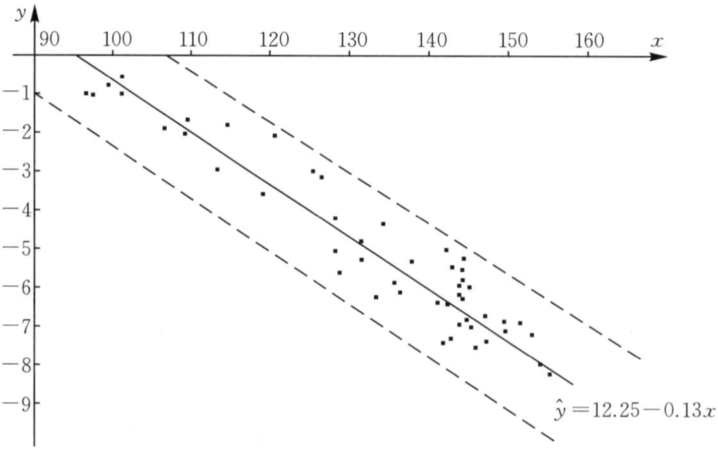

图 3-3-2　回归直线预报变形

(二)相关系数 ρ

以上所讨论的都是在已知的函数形式下进行的,即由测量数据求出的回归方程。可以看出,在函数形式确定以后,用回归法处理数据,其结果是唯一的,不会像作图法那样因人而异。可见,用回归法处理问题的关键是函数形式的选取。

当函数形式不明确时,要通过测量值来寻求经验公式,因此只能靠测量实验数据的趋势来推测。对同一组实验数据,不同的工作者可能会采用不同的函数形式,得出不同的结果。也就是说求回归直线的前提是变量 x、y 之间必须存在线性关系,否则所配直线就无实际意义。绘制散点图固然给出了一个直观定性的估计,但是还必须给出一个数量指标来描述这两个变量线性相关的程度,这个指标就是相关系数 ρ,它可以用式(3-3-12) 计算出,即

$$\rho=\frac{\sigma_{xy}}{\sigma_x\sigma_y} \tag{3-3-12}$$

其估值为

$$\hat{\rho}=\frac{S_{xy}}{S_xS_y}=\frac{\sum(x-\bar{x})(y-\bar{y})}{\sqrt{\sum(x-\bar{x})^2}\sqrt{\sum(y-\bar{y})^2}} \tag{3-3-13}$$

式中,$\bar{x}$ 是自变量 x 的平均值,$\bar{y}$ 是因变量 y 的平均值。

相关系数 ρ 的数值大小反映了相关程度的好坏,$|\rho|$ 的值介于 0 和 1 之间。$|\rho|$ 值越接近于 1,说明观测数据越能集中在求得的直线附近(图 3-3-3),x 与 y 之间存在着线性关系,用线性函数进行回归比较合理;相反,如果 $|\rho|$ 的值远小于 1 而接近于 0,说明实验数据相对求得的直线很分散(图 3-3-4),x 与 y 之间不存在线性关系,即用线性回归不妥,必须用其他函数重新试探。在测量实验与实习中,一般当 $|\rho|\geqslant 0.9$ 时,就认为两个变量之间存在着较密切的线性关系。

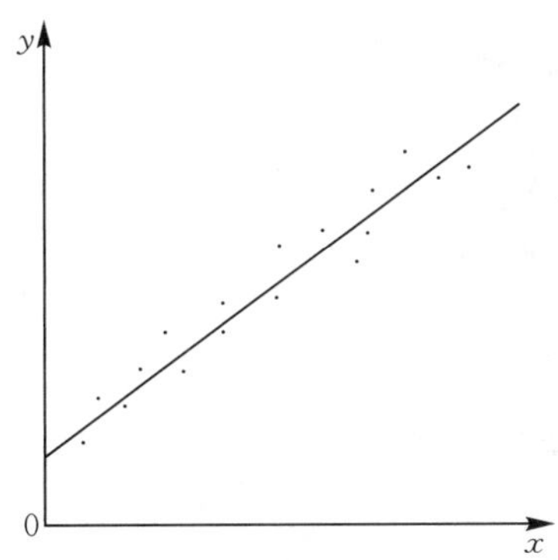

图 3-3-3　线性关系密切

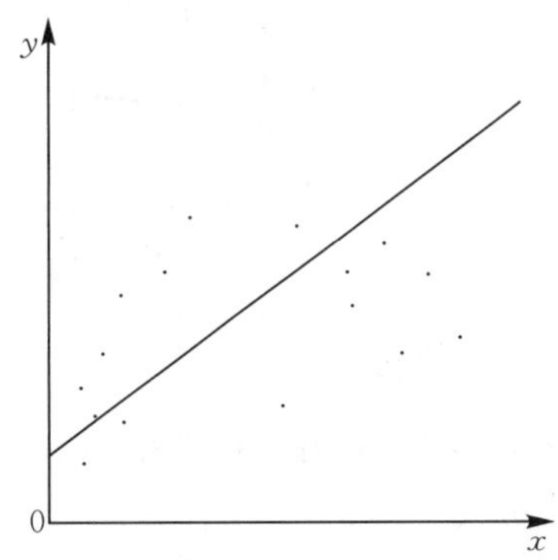

图 3-3-4　线性关系松散

对于上述例子,计算求得 $\hat{\rho}=0.908$,接近于 1,故变量之间线性密切相关,配置的回归曲线是有效的。

第四章　测量实验与实习的基本仪器

测量实验与实习所用仪器的种类繁多:从发展上分,有常规的和现代的;从构成上分,有机械的、光学的和电子的;从观测方式上分,有静态的、动态的、接触式的和非接触式的;从功能上分,有测角的、测距的、测高的、准直的及综合定位的。总之,在进行测量工作时,仪器设备越多,解决问题的方法也就越多。要做好测量实验与实习必须学会正确使用测量仪器及工具。本章将介绍测量实验与实习中一些最基本的常用仪器。

第一节　水准仪

水准测量是测量地面点高程的一种方法。水准仪是水准测量的基本仪器,水准尺是水准测量的基本工具。在水准测量中利用水准仪提供的一条水平视线,借助水准尺来测定两点之间的高差,从而根据已知点高程推求未知点的高程,其原理如图 4-1-1 所示。

$$\left.\begin{aligned} h_{AB} &= a - b \\ H_B &= H_A + h_{AB} \end{aligned}\right\} \tag{4-1-1}$$

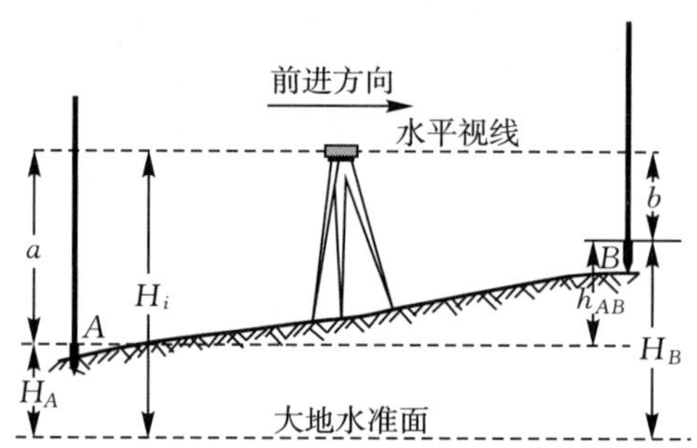

图 4-1-1　水准测量原理

一、水准仪的分类

水准仪的种类很多,常用其精度指标和结构两种方式进行分类。

(一)按精度分类

目前,我国是按照水准仪所能达到的每千米往返测高差偶然中误差这一精度指标划分,共分为四个等级,见表 4-1-1。

表 4-1-1　水准仪系列的分级及主要用途

水准仪系列型号	DS05	DS1	DS3	DS10
每千米往返测高差偶然中误差/mm	≤0.5	≤1	≤3	≤10
主要用途	国家一等水准测量及地震监测	国家二等水准测量及其他精密水准测量	国家三、四等水准测量及一般工程水准测量	一般工程水准测量

注:表中"D"和"S"分别是"大地"和"水准仪"汉语拼音的首字母,"05""1""3""10"等数字表示该仪器的精度。

DS3 级和 DS10 级水准仪称为普通水准仪，用于国家三、四等水准测量及普通水准测量。DS05 和 DS1 级水准仪称为精密水准仪，用于国家一、二等精密水准测量。

(二)按结构划分

水准仪按结构划分可分为微倾式水准仪、自动安平水准仪和数字水准仪。

二、DS3 微倾式水准仪

水准仪主要由望远镜、水准器和基座三部分组成，如图 4-1-2 所示，各部件名称如图 4-1-3 所示。

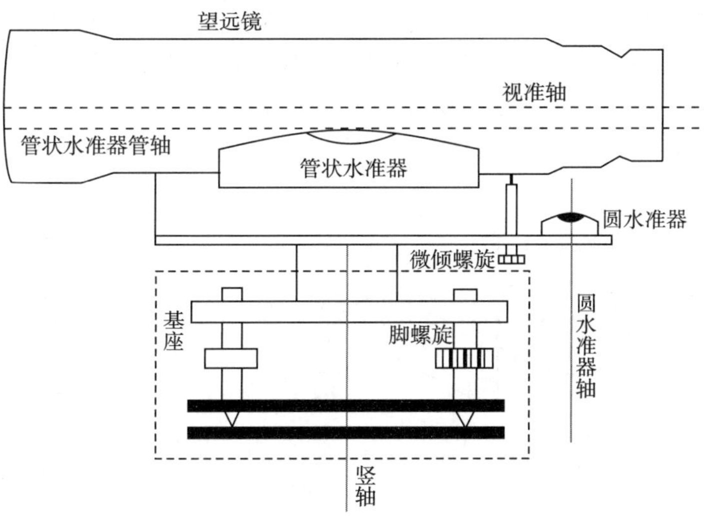

图 4-1-2　DS3 微倾式水准仪的结构

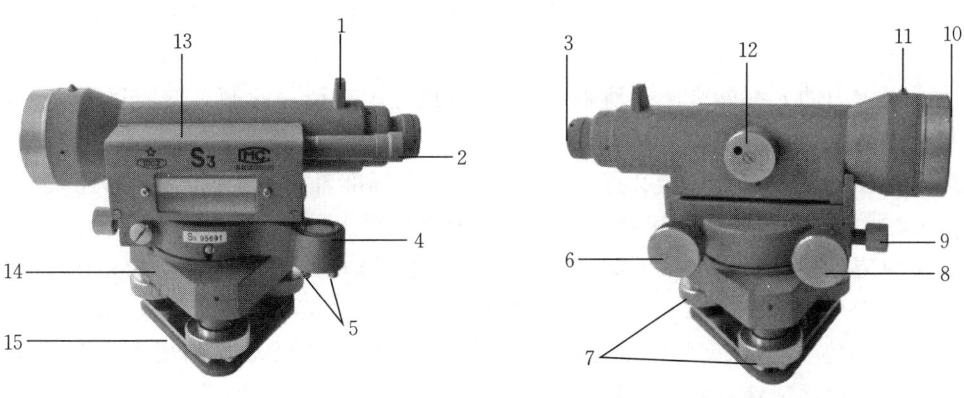

1——瞄准器；2——水准气泡观测窗；3——目镜；4——圆水准器；5——圆水准器校正螺旋；6——微倾螺旋；7——脚螺旋；8——水平微动螺旋；9——水平制动螺旋；10——物镜；11——准星；12——调焦螺旋；13——管状水准器；14——基座；15——连接压板

图 4-1-3　DS3 微倾式水准仪各部件名称

(一)望远镜的构成和成像原理

望远镜是用来瞄准水准尺并在水准尺上进行读数的工具。如图 4-1-4 所示，望远镜由物镜、物镜调焦螺旋、目镜、目镜调焦螺旋、十字丝分划板、调焦透镜和镜筒等组成。

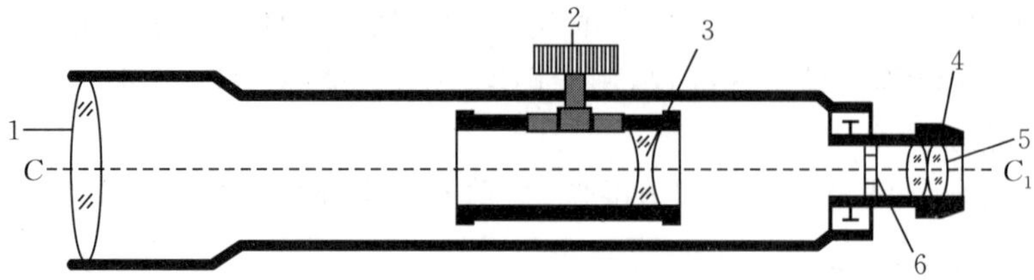

1——物镜;2——物镜调焦螺旋;3——调焦透镜;4——目镜调焦螺旋;5——目镜;6——十字丝分划板

图 4-1-4 DS3 微倾式水准仪的望远镜

望远镜的成像原理如图 4-1-5 所示。远处目标的光线经过物镜、调焦透镜后,在十字丝分划板上形成一个倒立缩小的实像,目镜将这个缩小的实像和十字丝分划板一起放大成虚像,眼睛在目镜中看到的就是这个放大的虚像。DS3 水准仪望远镜的放大倍率一般在 20 倍以上。

为精确瞄准目标进行读数,望远镜里装了十字丝分划板,如图 4-1-6 所示。竖丝用来瞄准目标,中间的长横丝用来读取前、后视读数,上下两根与中丝平行的短丝用来测量视距,称为视距丝。

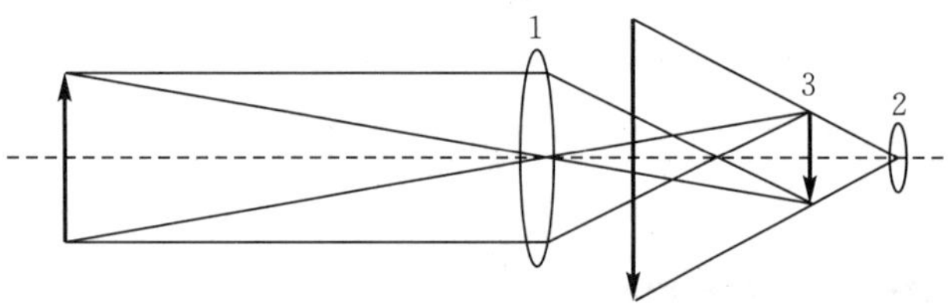

1——物镜;2——目镜;3——十字丝

图 4-1-5 望远镜的成像原理

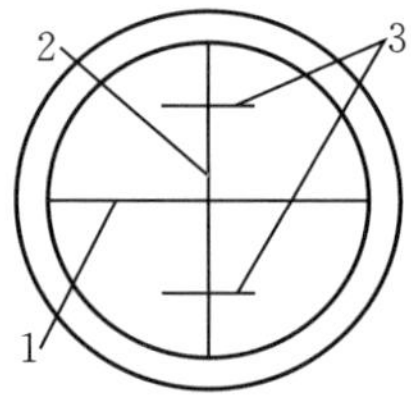

1——十字丝横丝;2——十字丝竖丝;3——视距丝

图 4-1-6 十字丝分划板

由于目标距仪器远近不同,所以成像位置有前有后。为使远近目标的成像都落在十字丝分划板上,可通过旋转物镜调焦螺旋,移动调焦透镜,改变物镜的等效焦距,使目标的像落在十字丝分划板平面上。

为使不同视力的人都能观测到清晰的目标,目镜上配有调焦螺旋。旋转目镜调焦螺旋,调节目镜与十字丝分划板的距离,以便看清十字丝。

望远镜的物镜光心与十字丝交点形成的直线称为视准轴,即图 4-1-4 中的连线 CC_1。在视准轴水平时,水准测量是用十字丝的长横丝读取水准尺上的前、后视读数的。

水准仪的望远镜可绕水准仪的竖轴在基座上水平转动,控制这一转动的是水平制动螺旋和水平微动螺旋。旋松制动螺旋,望远镜便可转动,微动螺旋不起作用;旋紧制动螺旋,望远镜则被固定,此时旋转微动螺旋可使望远镜在水平方向上做微小转动。利用水平制动螺旋和水平微动螺旋可使望远镜精确地照准目标。

(二)水准器及其灵敏度

水准器包括圆水准器和管状水准器。圆水准器用于整平仪器,使仪器的竖轴竖直。管状水准器和望远镜固连在一起,用于指示视准轴是否处于水平位置。

1. 管状水准器

管状水准器有时也称为水准管。它是一个将纵向内壁顶面磨成一定半径圆弧的玻璃管,管内盛满酒精和乙醚的混合液,加热融封冷却后在管内形成一个空隙,称气泡。由于气泡较轻,它始终处于管内圆弧的最高处,如图 4-1-7 所示。

管状水准器圆弧对称点 O 称为零点。在零点两端对称地刻有 2 mm 间隔的分划线。在管状水准器的纵剖面内过零点 O 与圆弧相切的切线 LL 称为管状水准器管轴。当气泡两端以零点为中心对称时，称气泡居中，此时管状水准器管轴 LL 处于水平位置，如果视准轴与管状水准器管轴平行，则视准轴也处于水平位置。

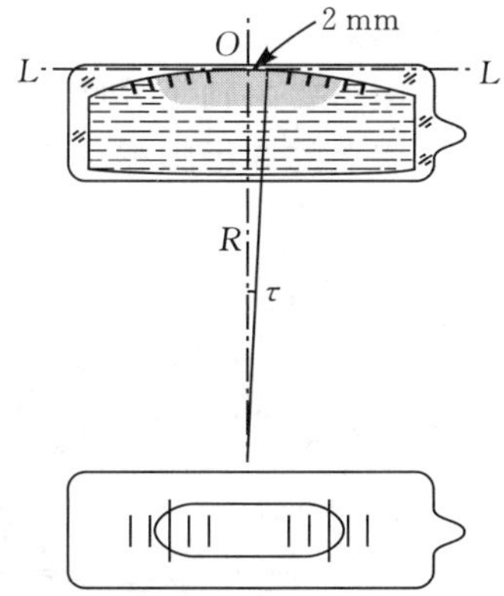

图 4-1-7　管状水准器及其分划值

当管状水准器倾斜时，气泡偏离零点 2 mm 管状水准器管轴相应变化的角值，或者说管状水准器两相邻分划线间的圆弧（弧长 2 mm）所对的圆心角，称为管状水准器的分划值，用 τ 表示，如图 4-1-7 所示，τ 与 R 有如下关系

$$\tau = \frac{2}{R}\rho \qquad (4\text{-}1\text{-}2)$$

式中，R 为管状水准器圆弧的半径，以 mm 为单位；$\rho = 206\ 265''$。

由式(4-1-2)可知，分划值 τ 的大小反映管状水准器灵敏度的高低，它与曲率半径 R 成反比，R 越大，τ 越小，管状水准器的灵敏度越高。DS3 水准仪的管状水准器分划值一般为 20″/2 mm。

为了提高目估管状水准器气泡居中的精度和速度，水准仪多采用符合式水准器，它是在管状水准器的上方装置了一组符合棱镜，如图 4-1-8 所示。通过这组棱镜的折射，将气泡两端的像反映在望远镜旁的气泡观察窗内。如果两端气泡影像吻合[图 4-1-9(a)]，则表示气泡居中；如果两端气泡影像错开[图 4-1-9(b)]，则表示气泡不居中。此时，可转动微倾螺旋使气泡居中。

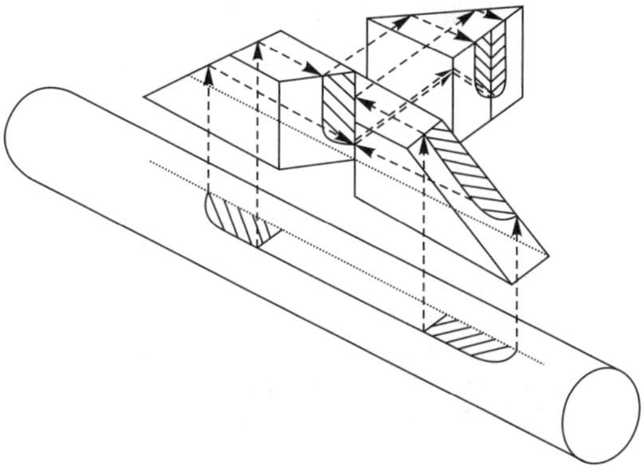
图 4-1-8　管状水准器与符合棱镜

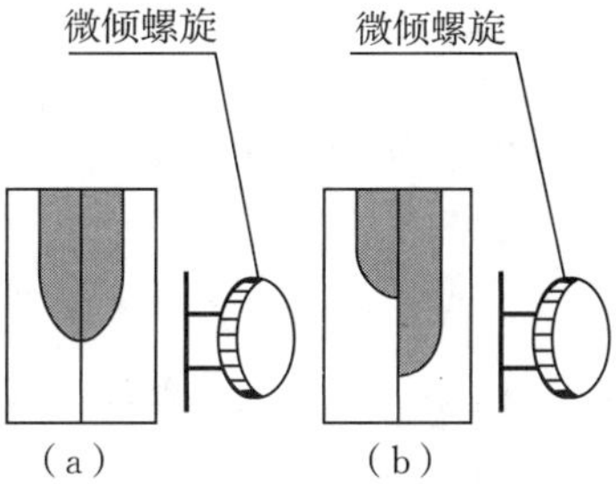

图 4-1-9　精平

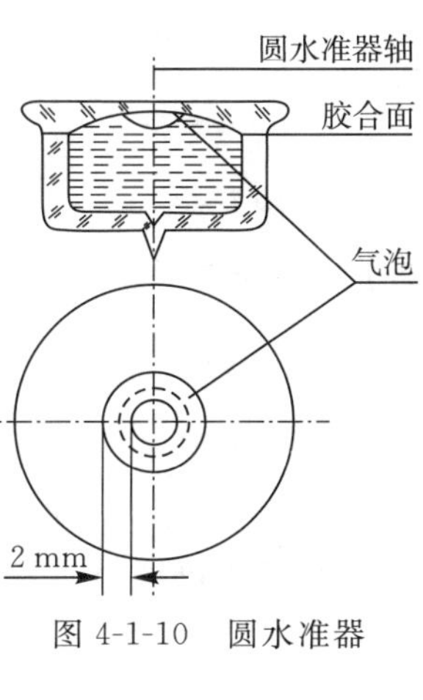

图 4-1-10　圆水准器

2. 圆水准器

圆水准器是一个内壁顶面为球面的玻璃圆盒，如图 4-1-10 所示。盒内混合液和制作方法与管状水准器相同。球面正中有圆分划圈，分划圈的中心为圆水准器零点。通过零点的球面法线称为圆水准器轴。当气泡居中时（位于分划圈的正中时），圆水准器轴处于铅垂位置。如果竖轴与圆水准器轴平行，则竖轴也处于铅垂位置，仪器处于概略整平状态。当气泡不居中时，其中心偏离零点 2 mm，圆水准器轴所倾斜的角值，称为圆水准器分划值。圆水准器分划值一般为 8′～10′。由于圆水准器的精度相对较低，故只用于概略整平。

3.基座

基座主要由轴座、脚螺旋、三角压板和底板构成,其作用是支撑上部仪器并连接三脚架。旋转基座上的 3 个脚螺旋可使圆水准器气泡居中。

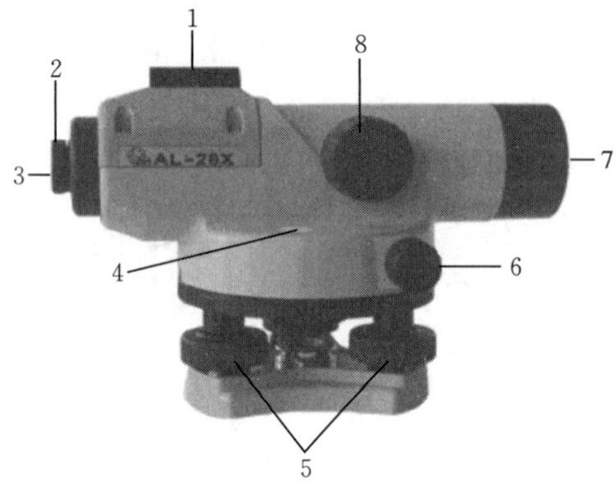

1——瞄准器;2——目镜调焦螺旋;3——目镜;
4——圆水准器;5——脚螺旋;6——水平微动螺旋;
7——物镜;8——调焦螺旋

图 4-1-11 AL-28X 自动安平水准仪

三、自动安平水准仪

(一)特点

图 4-1-11 为中翰公司生产的 AL-28X 自动安平水准仪,与微倾式水准仪有着大致相似的外形,在操作上也有许多相似之处,区别仅在于自动安平水准仪的机械部分采用了摩擦制动(无制动螺旋)控制望远镜的转动,光学部分是在望远镜的光学系统中装有一个自动补偿器代替了管状水准器起到自动安平功能,即起到使视准轴水平的作用。自动安平水准仪由于没有制动螺旋、管状水准器和微倾螺旋,观测时,在仪器粗平后,即可直接在水准尺上读取读数。自动安平水准仪的优点在于省略了“精平”过程,从而大大加快了测量速度。

(二)自动安平原理

如图 4-1-12 所示,当望远镜视准轴倾斜了一个小角度 α 时,水准尺上的水平读数 a_0 对应的点过物镜光心 O 所形成的水平光线,不再通过十字丝中心 Z,而落到距离 Z 点为 l 的 A 点,且有

$$l = f\tan\alpha \tag{4-1-3}$$

式中,f 为物镜的等效焦距。

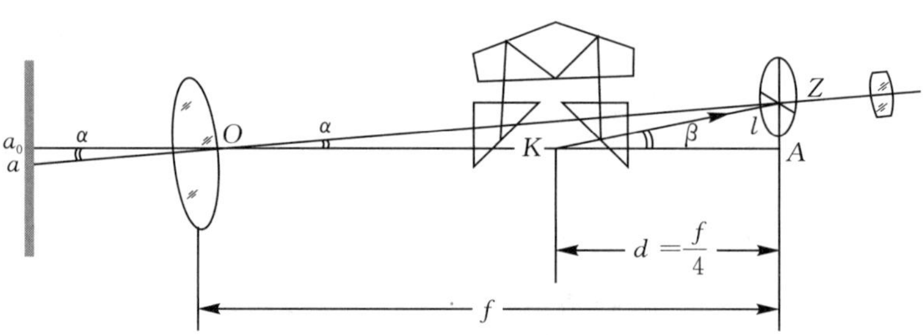

图 4-1-12 自动安平水准仪基本原理

为使经过物镜光心 O 的水平光线能通过十字丝中心 Z,可通过以下两种方法。

一是假设在距离十字丝分划板 d 处安装一个自动补偿器 K,使水平光线偏转 β 角,以通过十字丝中心 Z,且有

$$l = d\tan\beta \tag{4-1-4}$$

故有

$$f\tan\alpha = d\tan\beta \tag{4-1-5}$$

可见,只要满足了式(4-1-5),尽管视准轴有微小的倾斜,但视线水平的读数仍通过十字丝中心 Z,从而达到自动安平的目的。

二是当视准轴稍有倾斜时，通过自动补偿器使得十字丝中心 Z 摆动 β 角，回到水平视线通过的位置上，从而读出视线水平时的读数。

两种方法一种是折射水平视线，另一种是变动十字丝中心 Z，两种原理都是以式(4-1-5)为理论基础的。

(三)自动安平补偿器

自动安平补偿器的具体结构有多种，但大都采用悬吊光学零件的方法，借助重力作用达到视线自动补偿的目的。其中一种补偿器的原理参见第二章第三节及图 2-3-1 所介绍的有关补偿测量法方面的内容。

四、数字水准仪

(一)特点

数字水准仪又称为电子水准仪，是一种新型的、精度较高的智能型仪器，主要由基座、水准器、望远镜及数据处理系统构成。数字水准仪的光学系统和机械系统与自动安平水准仪基本相同，因此，其原理和操作方法与普通水准仪也大致相同，只是读数系统不同。数字水准仪的特点如下。

(1)实现了观测读数、记录、计算、显示的自动化、一体化，避免了人为的误差。

(2)仪器的中央处理器配有专用软件，可自动对仪器的几何条件进行归算改正。

(3)储存的数据可通过输入输出接口输入计算机，从而进行后续处理。

(4)除进行高程测量外，数字水准仪还可以进行水平角测量、距离测量、变形监测、水准网的平差计算等。

这些特点都是普通水准仪无法比拟的。数字水准仪也能和常规水准仪一样，用人眼直接观测，在常规水准尺上读数。

(二)数字水准仪的工作原理

下面以徕卡 DNA3003 数字水准仪(图 4-1-13)为例，介绍电子水准仪的工作原理。图 4-1-14 为 DNA3003 数字水准仪的望远镜和主要部件的结构略图。图中较自动安平水准仪多了调焦发送器、补偿器监视、分光镜、探测器[电荷耦合器件(charge-coupled device，CCD)] 4 个部件。

调焦发送器的作用是测定调焦透镜的位置，由此计算仪器到水准尺的概略视距值。补偿器监视的作用是监视补偿器在测量时的功能是否正常。分光镜则是将由物镜进入望远镜的光分离成红外光和可见光两个部分，红外光传送给线阵探测器作为条码尺图像探测的光源，可见光源穿过十字丝分划板经目镜供观测员观测条码尺。基于 CCD 摄像原理的线阵探测器是仪器的核心部件之一，长约 6.5 mm，由 256 个光敏二极管组成。每个光敏二极管的口径为 25 μm，构成图像的一个像素。这样，尺上进入望远镜的条码图像将分成 256 个像素，并以模拟的视频信号输出。

线阵探测器获得的条码尺上的条码图像信号(即测量信号)，传输给数据处理系统，通过与仪器内预先设置的“已知代码”(参考信号)按信息相关方法进行比较，自动地按编码转换成水准尺读数和水平距离或其他所需要的数据，并自动记录存储在记录器中或显示在显示器上，从而获得标尺读数和视距读数。

(三)DNA3003 数字水准仪的操作键

如图 4-1-13 所示，水准仪面板目镜左、右两侧分布有操作键，功能如表 4-1-2 所示。

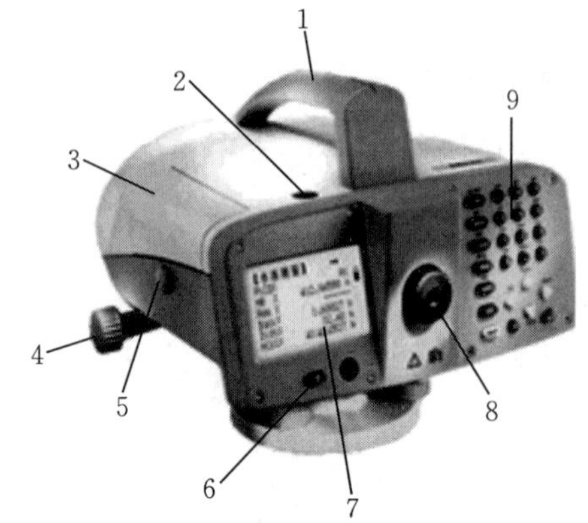

1——提手;2——圆水准器;3——存储卡插槽盖板;4——微动螺旋;5——开存储卡插槽盖板按钮;6——电源开关;7——显示屏;8——目镜;9——功能及字母数字式混排键盘

图 4-1-13 徕卡 DNA3003 数字水准仪

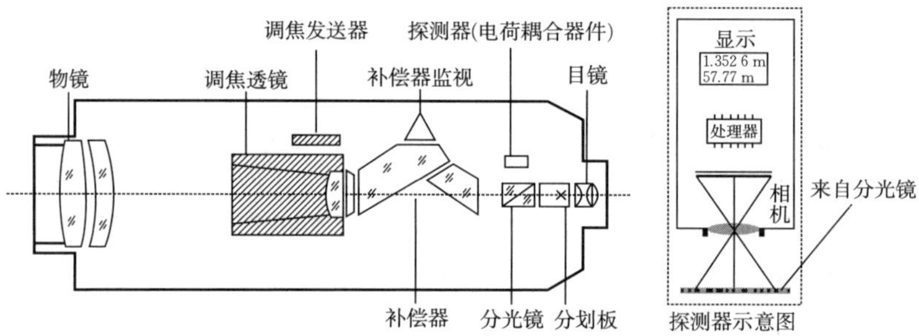

图 4-1-14 DNA3003 数字水准仪的工作原理

表 4-1-2 DNA3003 数字水准仪的操作键一览

操作键	功 能
⏻	开机、关机
◉	开始测量
INT	碎部测量
MODE	设置测量模式
USER	用户自定义
PROG	选择应用程序
DATA	数据管理
ESC	退出或在编辑状态下逐步恢复原始参数或停止测量功能
SHIFT	第二功能调用及数字字母转换转换
CE	删除字符或字段、退出或停止测量
↵	确认输入,继续下一步
SHIFT INT	转换到放样模式(SET OUT)
SHIFT MODE	标尺反转测量(0 刻划线朝上,即 INV),只要在该状态下,符号"T"就会出现在屏幕上,恢复正常状态需要再按下 MODE(即 INV 功能键),此状态下的测量值为负
SHIFT USER	功能菜单(FNC)
SHIFT PROG	仪器设置(MENU)
SHIFT DATA	显示屏和圆水准器照明
SHIFT ▲	显示上一页(PgUg)
SHIFT ▼	显示下一页(PgDn)

续表

操作键	功　　能
SHIFT ▶	返回上一视线(<<Back),如从前视返回后视
▲▼◀▶	在不同的应用模式中有不同的功能(控制聚焦、控制光标、选择定位、选择相应要确认的参数)
⓿至❾	输入数字、字母或特殊字符
●	输入小数点或特殊的字符
±	输入正负号和特殊的字符

五、精密水准仪

DS05、DS1 水准仪属于精密水准仪,主要用于国家一、二等水准测量,地震监测,建(构)筑物的沉降观测和其他高精度的工程测量。

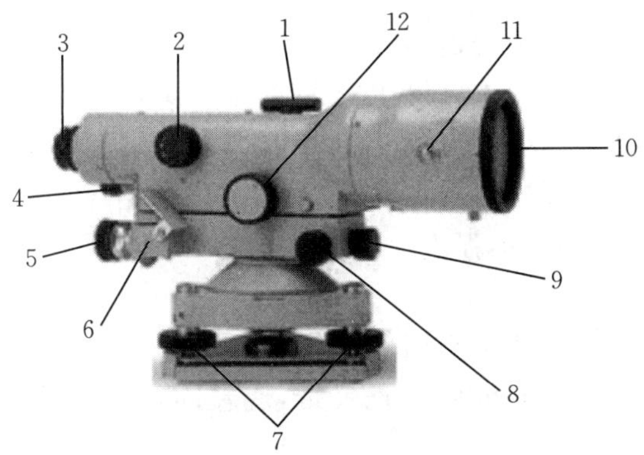

1——照准器;2——物镜调焦螺旋;3——目镜;
4——测微器读数窗;5——微倾螺旋;6——圆水准器及反光镜;
7——脚螺旋;8——微动螺旋;9——制动螺旋;10——物镜;
11——平行玻璃板旋转轴;12——测微螺旋

图 4-1-15　PL1 型精密水准仪

(一)特点

精密水准仪的构造与 DS3 水准仪基本相同,图 4-1-15 所示为索佳公司生产的 PL1 型精密水准仪。精密水准仪由望远镜、水准器和基座三部分组成。其特点如下:管状水准器分划值较小,一般设计为 8″/2 mm～10″/2 mm;望远镜亮度好,放大倍率较大,一般不小于 40 倍;仪器整体结构稳定,受温度变化的影响小。另外,精密水准仪还设有光学测微器读数系统,提高了读数精度。

(二)精密水准仪的读数系统

精密水准仪的读数系统如图 4-1-16 所示,由平行玻璃板 P、传动杆、测微轮、测微分划尺等部件组成。安装在望远镜前的平行玻璃板,其旋转轴 A 与望远镜的视准轴正交。平行玻璃板通过传动杆与测微轮相连。测微尺上有 100 个分划,通过光路放大正好与水准尺上一个分划(1 cm 或 5 mm)相对应,所以测微时能直接读到 0.1 mm(或 0.05 mm)。水准测量时,若平行玻璃板与视准轴正交,则视线是一条水平线,对准水准标尺 B 处读数,为 148 cm$+a$。此时,通过转动测微轮带动传动杆,使平行玻璃板绕 A 轴俯仰一个小角,则视线经平行玻璃板折射而产生上下平移。当视线下移对准水准尺上 148 cm 分划时,在测微分划尺上正好可读出视线平移的高度 a 值。

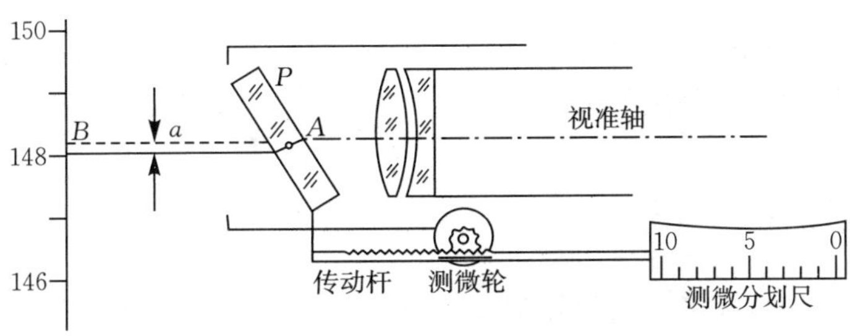

图 4-1-16　水准仪的平行玻璃板测微装置

六、水准尺、尺垫和脚架

水准尺和尺垫是水准测量所使用的工具,脚架则是水准仪的附件。

(一)板尺和塔尺

使用微倾式水准仪和自动安平水准仪进行水准测量时使用的是板尺或塔尺,如图 4-1-17 所示。板尺也称为双面尺,其长度有 3 m 和 2 m 两种,两根尺组成一对。尺的正面黑白相间,尺的反面红白相间。尺面格值为 1 cm 或 0.5 cm,米和分米处均有注记。两尺黑面尺底处注记为零点,而两尺红面尺底处注记分别为 4.687 m 和 4.787 m,因此,它们的尺常数 K 分别为 4.687 m 和 4.787 m。

塔尺由两节或三节套接而成,全长有 3 m 或 5 m 两种,塔尺常用于等外水准测量。塔尺底处注记为零点,尺面格值为 1 cm 或 5 mm,黑白相间或红白相间,米和分米处均有注记。

(二)条形码水准尺

条形码水准尺,如图 4-1-18 所示,是与数字水准仪配套的专用尺。它由玻璃纤维塑料或殷钢条制成,镶嵌在基尺上,全长 2~4.05 m。尺的一面上刻有宽度不同的水平黑白相间的分划(条形码),该条形码相当于普通水准尺上的分划和注记;尺的另一面上为常规水准尺的分划。条形码水准尺上附有安平水准器和扶手,在尺的顶端留有撑杆固定螺孔,以便用撑杆固定条形码水准尺,使之长时间保持竖直,减轻作业人员的劳动强度。

(三)精密水准尺

精密水准尺,如图 4-1-19 所示,是与精密水准仪配合使用的水准尺,又称为因瓦水准尺。其木制的尺身上刻有尺槽,内装有厚 1 mm、宽 26 mm 的因瓦尺带,底端固定,另一端用弹簧拉紧。

根据尺上的分划注记形式,精密水准尺可分为以下两种。

(1)基辅水准尺,尺身上标有左右两排分划,右边为基本分划,左边为辅助分划,数字注记在木尺相应边上,彼此相差常数$K=3.0155$ m,供测量校核使用。

(2)奇偶水准尺,它没有辅助分划,而是将基本分划按左右分为奇数和偶数两排,以便读数。尺的分划值为 1 cm 或 0.5 cm,但均以 1 cm 注记。这种水准尺上的注记数字比实际长度增大了一倍,因此使用时要特别注意其实际读数应为读数的二分之一。

(四)尺垫

尺垫是水准测量的另一件重要工具,如图 4-1-20 所示。尺垫用生铁铸成,其顶面中央有凸起的半球体,下有三个尖脚。在水准测量中,转点处应放置尺垫,尺垫踩实后再将水准尺放在尺垫顶面的半球顶上。使用尺垫可防止立尺点移位及水准尺下沉。

(五)脚架

水准仪在使用时,须架设在三脚架上。如图 4-1-21 所示,三脚架由架头、可伸缩架腿及锥形架脚构成。通过将伸出三脚架架头中心的连接螺旋旋入水准仪基座底板,可将水准仪固定在架头上。

七、水准仪的使用

水准仪的基本操作步骤可分为仪器的架设、粗平、瞄准、精平(自动安平及数字水准仪无)、读数(记录)。

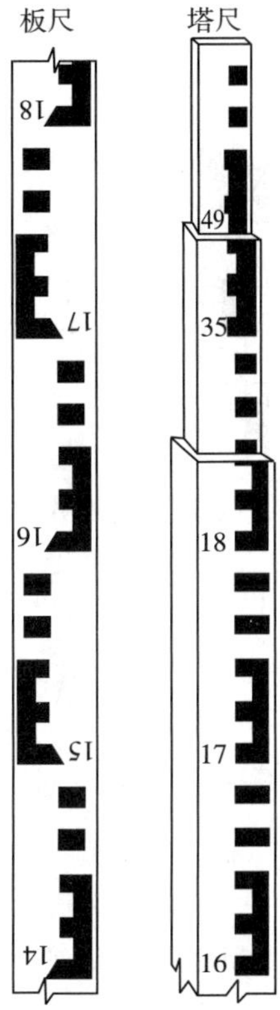

图 4-1-17　普通水准尺

图 4-1-18
条形码水准尺

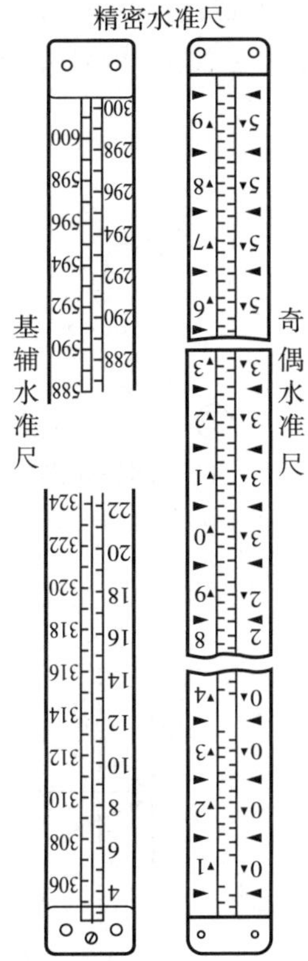

图 4-1-19
精密水准尺

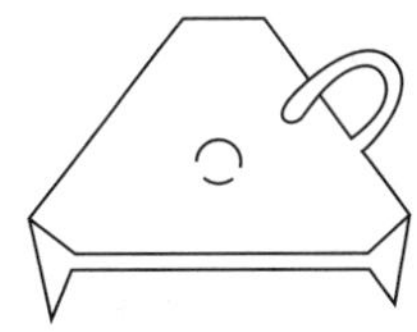

图 4-1-20　尺垫

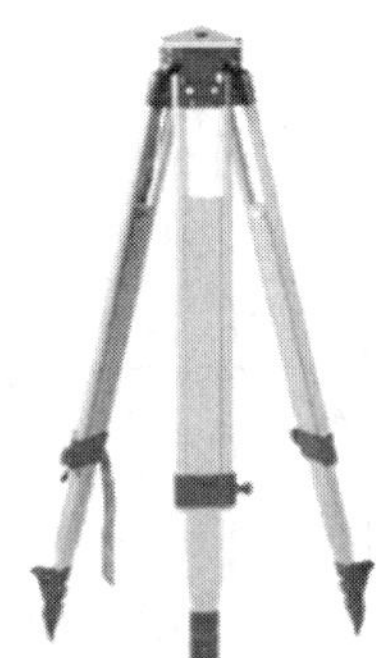

图 4-1-21　水准仪的脚架

(一)仪器的架设

如图 4-1-1 所示，要测定 A、B 两点之间高差，首先在 A、B 点之间大致等距处架设水准仪。在测站先撑开三脚架，使架头大致水平，高度适中，并使脚架稳固地架设在地面上，然后从仪器箱内取出水准仪，再用连接螺旋将水准仪固连在脚架上。

(二)粗平

粗平即粗略整平仪器。旋转脚螺旋使圆水准器气泡居中，仪器的竖轴铅垂，望远镜的视准轴大致水平。粗平的操作步骤如图 4-1-22(a)所示，首先用双手分别以相对方向旋转两个脚螺旋 1、2，使气泡移动到 1、2 脚螺旋连线方向的中间，如图 4-1-22(b)所示，再旋转脚螺旋 3，使气泡居中。旋转脚螺旋时左手大拇指移动方向与圆水准器气泡移动方向相同。

(三)瞄准

瞄准前，首先将望远镜对向明亮背景处，转动目镜调焦螺旋，使十字丝清晰。然后用望远镜顶部的瞄准器(照门与准星)瞄准水准尺，随即旋紧制动螺旋固定望远镜。接着从望远镜中观察，转动物镜调焦螺旋，使目标成像清晰。最后转动微动螺旋，使十字丝竖丝对准水准尺中线位置，如图 4-1-23 所示。

瞄准目标后，眼睛可在目镜处上下移动，如果发现十字丝与目标影像有相对移动，即读数随眼睛的移动而改变，这种现象称为视差，如图 4-1-24(a)和图 4-1-24(b)所示。产生视差的原因是目标的像与十字丝分划板不重合。视差对读数的精度颇有影响，应先调节目镜调焦螺旋看清十字丝,再继续认真地进行物镜对光,以消除视差。当眼睛在目镜处移动时,十字丝交点不离开目标像上的固定点位,即读数不变,则说明没有视差现象,如图 4-1-24(c)所示。

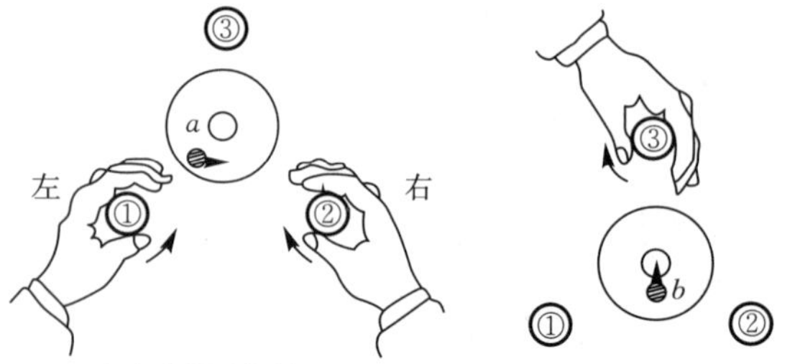

(a)旋转脚螺旋1、2　(b)旋转脚螺旋3

图 4-1-22　水准仪的粗平

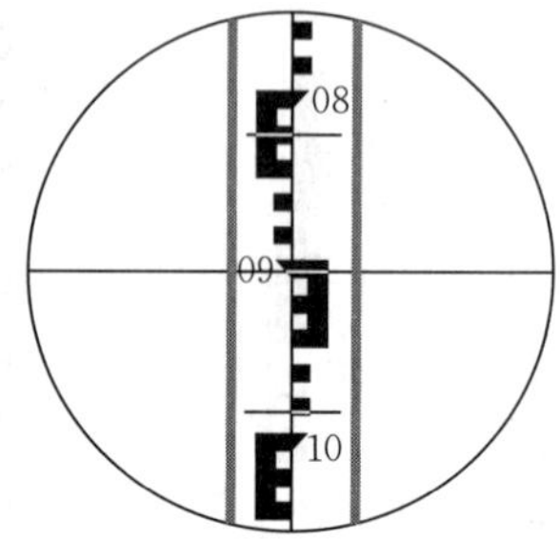

图 4-1-23　瞄准水准尺与读数

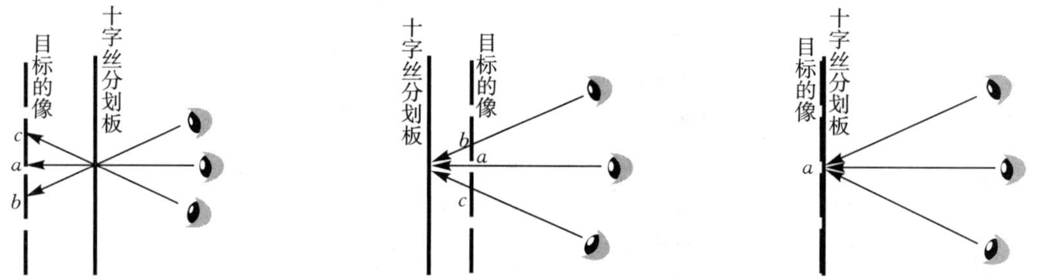

(a)十字丝板前成像　(b)十字丝板后成像　(c)成像与十字丝板重合

图 4-1-24　望远镜的调焦与视差

(四)精平

读数前应转动微倾螺旋,使管状水准器气泡居中(自动安平水准仪及数字水准仪无须进行此步骤),即观察到符合式水准器中两端气泡影像对齐,且稳定不动,如图 4-1-25(a)所示。此时,水准仪的视准轴才处于精确水平状态,否则图像如图 4-1-25(b)、(c)所示。

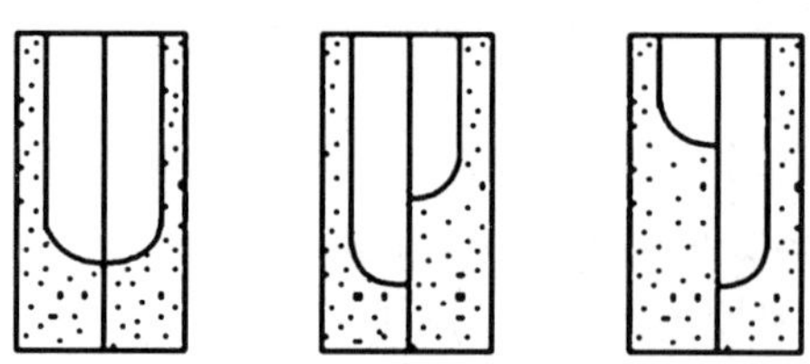

(a)气泡居中　(b)气泡偏左　(c)气泡偏右

图 4-1-25　管状水准器气泡符合观察

(五)读数

微倾式水准仪或自动安平水准仪在视准轴水平后即可用十字丝中丝在水准尺上进行读数。通过尺上注记可直接读出米位、分米位数,由整分划格数可定出厘米位数,再用中丝在格值间估读毫米数。如图 4-1-23 所示,读数为 0.907 m,但习惯上不读小数点,即只读 0907(以毫米为单位)。

观测员报出读数后,记录员应复诵一遍,若无误,记录员用铅笔将读数记入水准测量观测记录手簿。

数字水准仪在仪器整平并瞄准目标后，轻按一下测量功能按钮，显示器可显示出水准尺的读数；按测距键，可得到仪器到条形码水准尺的距离。如果按其他相应键，则可得到所需的相应数据。如果在“测量并记录”的模式下输入测站、测点，那么仪器将自动记录、储存及计算测量数据。

精密水准仪经精平后读数时，首先转动测微螺旋，使望远镜中的楔形丝夹住尺上中丝附近的分划，如图 4-1-26 所示，然后进行读数。现以分划值为 0.5 cm，注记为 1 cm 的水准尺为例，介绍读数方法。

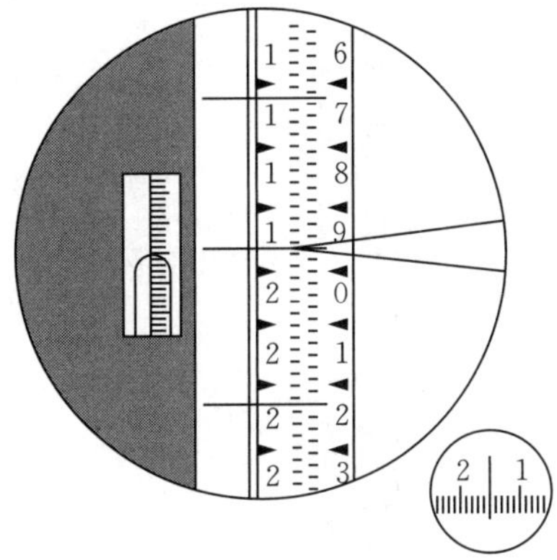

图 4-1-26　精密水准仪目镜视场及测微器读数镜视场

在水准尺上的全部读数应分为分划线读数加上测微器读数。如图 4-1-26 所示，楔形丝夹住的分划读数为 1.97 m（实际值应为 1.97 m÷2＝0.985 m），读数显微镜中的测微分划尺上的读数为 1.50 mm。因此，整个读数为两部分读数之和，即 1.97 m＋1.50 mm＝1 971.50 mm。由于尺上注记为 1 cm 的实际值为 0.5 cm，即读数需要除以 2，故上述待测值的实际值应为 1 971.50 mm ÷ 2 ＝ 985.75 mm。图 4-1-26 视场左侧为望远镜中看到的符合式水准器气泡居中时的影像。

通常在读数后还要观察管状水准器气泡是否居中，如果气泡偏离，则应再次精平后读数，读数后再检查是否精平。

第二节　经纬仪

角度测量分为水平角测量和竖直角测量。水平角是确定地面点平面位置的元素之一，竖直角是确定地面点高程位置等的元素之一。经纬仪是角度测量的基本仪器。

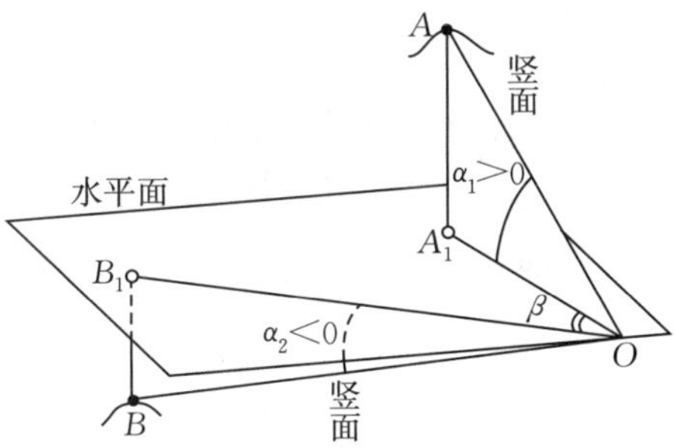

图 4-2-1　水平角与竖直角

水平角是指一点至两目标的方向线在水平面上的投影所形成的夹角，水平角的取值范围为 0°～360°。如图 4-2-1 所示，地面上有高低不同的三点 A、O、B，O 点为测站点，A、B 点为两目标点，OA、OB 两方向线在水平面上的投影 OA_1、OB_1 的夹角 β 即为两目标方向线的水平角。因此，水平角 β 也是过 OA、OB 方向线的两个竖直面所夹的二面角。假设在水平面设置一个可以度量角度的刻度圆盘，且刻度圆盘的中心与 O 点位于同一铅垂线上，读取投影线 OA_1 的刻度值为 a，顺时针读取投影线 OB_1 的刻度值为 b，则水平角为

$$\beta = a - b \tag{4-2-1}$$

竖直角是指在同一竖直面内倾斜视线与水平线间的夹角，竖直角的取值范围为 −90°～＋90°。倾斜视线在水平线的上方，称为仰角，仰角规定大于 0，如图 4-2-1 中的 α_1；倾斜视线在水平线的下方，称为俯角，俯角规定小于 0，如图 4-2-1 中的 α_2。

一、经纬仪的基本构造

如图 4-2-2 所示，经纬仪的基本构造包括照准部、水平度盘和基座三部分。

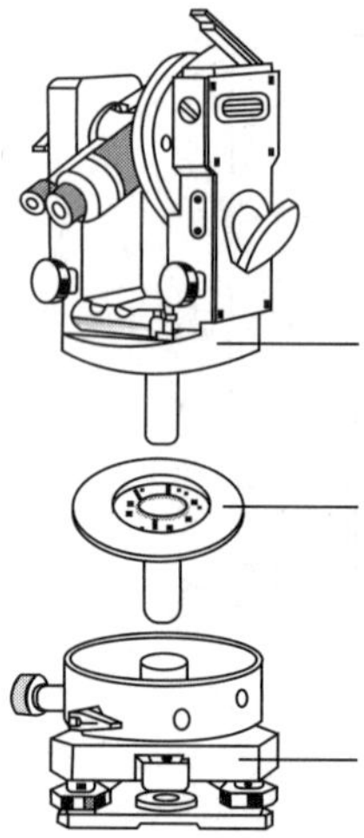

图 4-2-2 经纬仪的基本构造

望远镜与竖盘固定在一起安装在仪器的支架上，这部分称为仪器的照准部，属于仪器的上部。望远镜与竖盘同时绕望远镜的旋转轴(横轴)在竖面内转动，望远镜的视准轴应与望远镜的旋转轴(横轴)垂直，望远镜的旋转轴应通过竖盘的刻划中心。

照准部管状水准器的管状水准器管轴与照准部的旋转轴(竖轴)垂直，当照准部水准器管气泡居中时，仪器的竖轴应在铅垂线方向，此时仪器处于整平状态。

水平度盘固定在水平度盘筒状轴套外围，水平度盘平面与照准部旋转轴垂直，竖轴应通过水平度盘的刻划中心。

水平度盘的读数设备安置在仪器的照准部上，对中、整平后，当旋转照准部，望远镜瞄准目标时，视准轴由一目标转到另一目标，这时读数指标所指示的水平度盘数值的变化就是两目标间的水平角值。

基座是支撑仪器的底座。照准部的旋转轴插入水平度盘筒状轴套内，并连同水平度盘筒状轴套插入仪器基座的轴座内，照准部可在基座上进行水平旋转。基座上有三个脚螺旋，可用来整平仪器。通过基座用连接螺旋可将经纬仪固定在三脚架上。

二、经纬仪的分类

(一)按读数方式划分

经纬仪依据度盘刻划和读数方式不同，分为游标经纬仪、光学经纬仪和电子经纬仪。目前主要使用电子经纬仪和光学经纬仪，游标经纬仪早已被淘汰。

(二)按精度划分

我国大地测量仪器的总代号为汉语拼音“D”，经纬仪代号为“J”。经纬仪按野外“一测回方向观测中误差”这一精度指标可分为若干等级，如 DJ07、DJ1、DJ2、DJ6、DJ15。例如，DJ6 表示野外“一测回方向观测中误差”为 6″，可简写为 J6。普通工程测量中一般使用 DJ6 经纬仪。

三、光学经纬仪

光学经纬仪采用的是玻璃度盘，借助光学放大和光学测微器进行读数。图 4-2-3 是北京光学仪器厂(简称“北光”)生产的 DJ6 光学经纬仪，图 4-2-4 是苏州一光仪器有限公司(简称“苏州一光”)生产的 DJ2 光学经纬仪，图 4-2-5 是苏州一光生产的 DJ6 光学经纬仪。

(一)光学经纬仪的主要部件

1. 望远镜

望远镜用于精确瞄准远处测量目标，与水准仪望远镜一样，经纬仪的望远镜也是由物镜、调焦透镜、十字丝分划板和目镜等组成。

图 4-2-3　北光 DJ6 光学经纬仪

图 4-2-4　苏州一光 DJ2 光学经纬仪

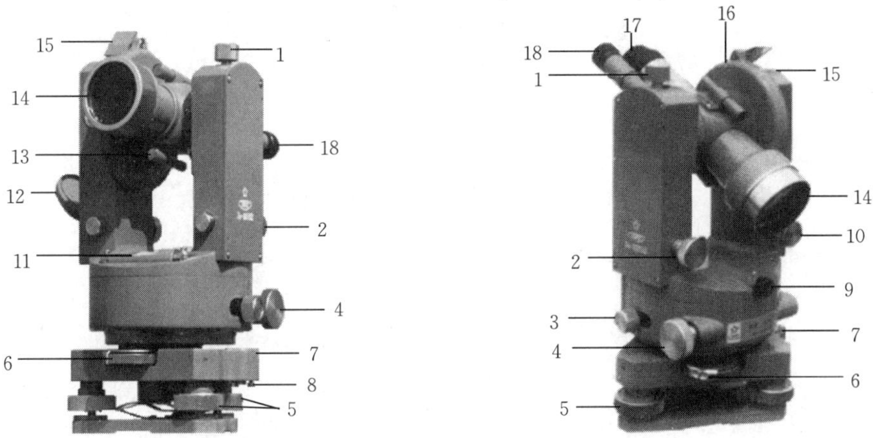

1——望远镜制动螺旋；2——望远镜微动螺旋；3——照准部制动螺旋；4——照准部微动螺旋；5——脚螺旋；6——水平度盘变换螺旋与保护盖；7——圆水准器；8——圆水准器校正螺旋；9——光学对中器；10——竖盘指标水准器微动螺旋；11——照准部管状水准器；12——度盘照明反光镜；13——光学照准器；14——物镜；15——竖盘指标管状水准器及观察反射镜；16——竖盘；17——目镜；18——读数显微镜

图 4-2-5　苏州一光 DJ6 光学经纬仪

2.水准器

同水准仪一样水准器有管状水准器和圆水准器两种。

3.水平度盘和竖直度盘

光学经纬仪的水平度盘和竖直度盘用玻璃制成，在度盘平面的圆周边缘刻有等间隔的分划线，两相邻分划线间距所对的圆心角称为度盘的格值，又称为度盘的最小分划值。一般 DJ6 光学经纬仪的度盘格值为 1°，DJ2 光学经纬仪的度盘格值为 20′，精密光学经纬仪的度盘格值更小。不足 1 个分划值的角值采用光学测微器测定。

图 4-2-6 为 DJ6 光学经纬仪竖盘构造的示意图。图中竖盘（与望远镜固合）固定在横轴的一端，当望远镜转动时，竖盘随望远镜在竖面内一起转动。在竖盘上进行读数的指标位于读数窗内。竖盘指标管状水准器与竖盘转向棱镜、竖盘照明棱镜、显微物镜组固定在微动架上。竖盘分划的影像通过竖盘光路成像在读数窗内。望远镜转动时（竖盘随之转动）传递竖盘分划的光路的位置并不改变，所以可在读数窗内进行读数。但是，转动竖盘指标水准器微动螺旋，可使光路产生变化，从而使成像在读数窗上的竖盘部位发生变化，即读数发生变化。在正常情况下，当竖盘指标管状水准器气泡居中时，竖盘指标就处于正确位置。因此，每次竖盘读数前，均

应先调节竖盘指标水准器微动螺旋使气泡居中。

光学经纬仪竖盘注记的方式常用的有两种:按逆时针方向注记,如图 4-2-7(a)、(b)所示;按顺时针方向注记,如图 4-2-7(c)、(d)所示。

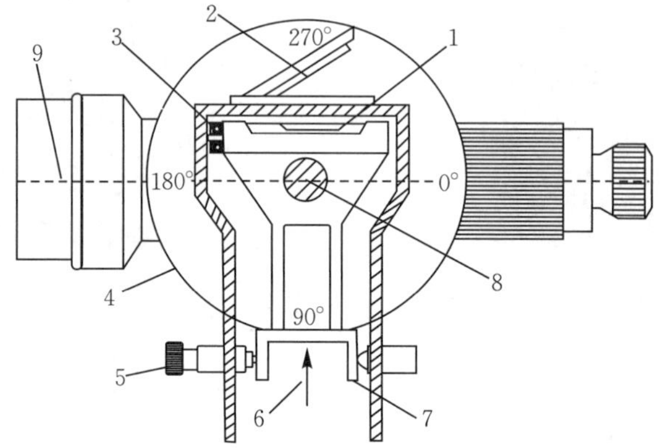

1——竖盘指标管状水准器;2——反光镜;3——竖盘指标水准器校正螺旋;4——竖盘;
5——竖盘指标水准器微动螺旋;6——竖盘指标;7——微动架;8——横轴;9——视准轴

图 4-2-6 DJ6 光学经纬仪竖盘构造

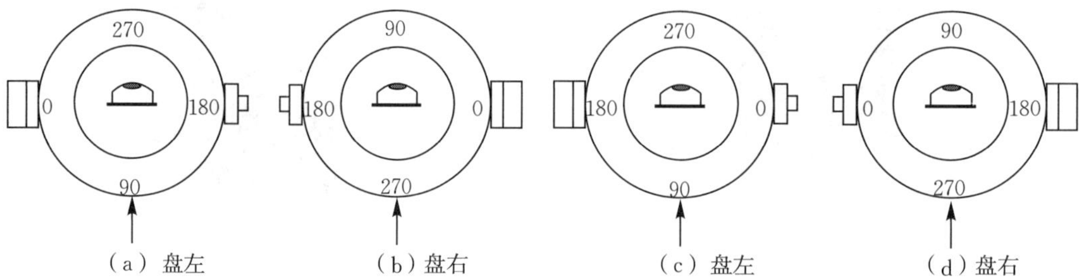

图 4-2-7 DJ6 光学经纬仪竖盘注记

4. 基座

基座主要由轴座、脚螺旋、连接板等构成,用来支撑上部仪器及连接三脚架。

(二)光学经纬仪的读数系统

读数装置不同,读数方法也就不同。通常用于光学经纬仪的读数设备及其读数方法有下列几种。

1. 分微尺

大多 DJ6 光学经纬仪都采用分微尺读数设备。它是在显微镜读数窗上设置一个带有分微尺的分划板,度盘上的分划线经显微镜物镜后成像于分微尺上。分微尺长度等于放大了的度盘上相邻分划线所对的圆心角(即度盘的分划值或格值),即 1°。分微尺被分成 60 小格,每一小格代表 1′,在小格间可估读到 0.1′。图 4-2-8 所示是在读数显微镜内看到的度盘和分微尺的影像,上面注有“H”(或“水平”)的窗口为水平度盘的读数窗,下面注有“V”(或“竖直”)的窗口为竖盘的读数窗。其中长线和大号数字是度盘上的分划线及其注记。读数时,可先读出落在分微尺上的度盘分划线的注记(度数),再读出度盘分划线与分微尺分划线间不足 1°的角值(分及分的 0.1 位)。水平度盘读数方法与竖盘的读数方法相同。图 4-2-8 中所示的水平度盘读数为 256°23.6′,竖盘的读数为 90°00.8′。

2. 平行玻璃测微器

部分 DJ6 光学经纬仪采用平行玻璃测微器读数装置。平行玻璃和测微分划尺用金属结构连接在一起，称为平行玻璃测微器。转动测微轮时，平行玻璃和测微分划尺就绕同一轴转动。图 4-2-9 为这种读数装置的原理示意图。当测微分划尺读数为 0 时，平行玻璃的底面水平，光线垂直通过平行玻璃，度盘分划线的像不改变原来位置，如果按读数窗上的双指标线进行读数，应为 92°+a，如图 4-2-9(a)所示。转动测微轮，平行玻璃转动一个角度后，度盘分划线的像也就平行移动一微小距离，如果双指标线夹住 92°分划线的像，如图 4-2-9(b)所示，此时移动量 a 可以由测微分划尺读出。

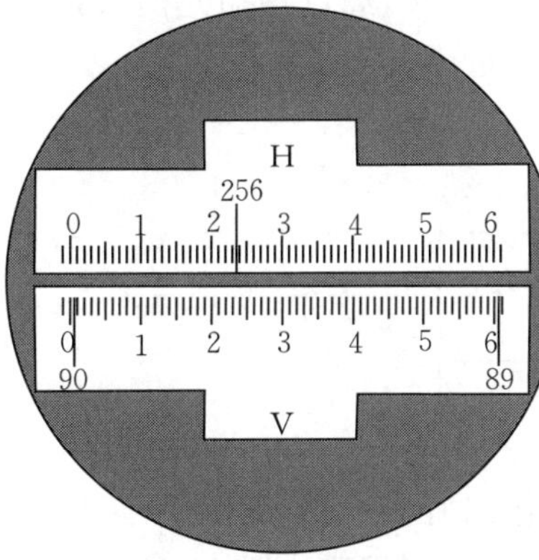

图 4-2-8　DJ6 光学经纬仪分微尺装置读数窗

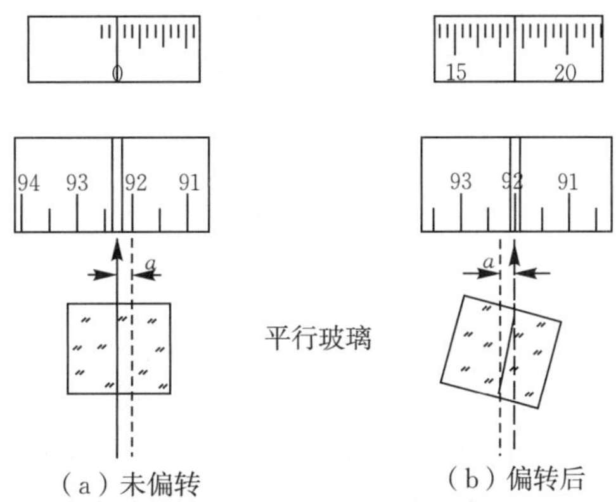

图 4-2-9　平行玻璃测微器

图 4-2-10 所示为该读数装置在光学经纬仪显微镜中的度盘和测微分划尺的像，顶部的读数窗为测微分划尺的像，中间的读数窗为竖盘的像，底部的读数窗为水平度盘的像。水平度盘和竖盘的格值为 30′，顶部的测微器一大格为 1′，一大格中有 3 个小格，每个小格表示 20″。实际测角时，瞄准目标后，转动测微轮，使双指标线两侧的一条度盘分划线移动到双指标线的中间，然后读数。整度数及整 30′角度可根据被夹住的度盘分划线注记读出，不足 30′的读数从测微分划尺上读出。图 4-2-10(a)中水平度盘读数为 5°26′20″，图 4-2-10(b)中竖盘读数为 91°47′30″(91°30′+17′30″)。

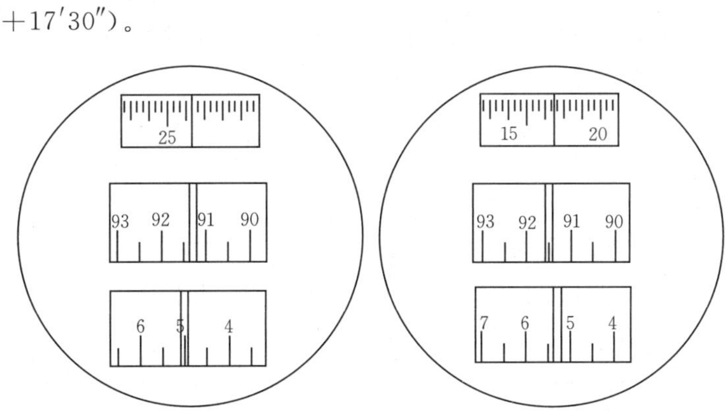

(a) 水平度盘读数　　(b) 竖盘读数

图 4-2-10　DJ6 光学经纬仪平行玻璃测微器读数窗

3. 移动光楔测微器

精度较高的 DJ2 光学经纬仪通常采用移动光楔测微器读数装置，利用度盘对径 180°两条分划线影像的符合读数法。仪器度盘格值为 20′,从读数显微镜视场内可看到度盘对径分划线影像和测微器的影像,测微器的格值为 1″,可估读到 0.1″。DJ2 光学经纬仪水平度盘和竖盘共用一条光路,因此在经纬仪读数显微镜中只能看见水平度盘或竖盘一种影像,但是可以用旋转度盘换像轮来切换,使两个度盘影像分别出现。

如图 4-2-11 所示,当光线通过光楔时,光线将偏转一个 ε 角,此 ε 角的大小与光楔的楔角 α、玻璃的折射率和光线的入射角有关。当光楔的 α 角很小,玻璃的折射率被选定,且入射角不大时,偏转角 ε 可以认为是不变的。若反向设置两个大小形状相同的光楔,当移动光楔与固定光楔重合时,则合成一平行平面的玻璃板,光线通过后不发生偏转(图 4-2-11 中的虚线光路);当移动光楔由位置 1 到位置 2 时,光线经固定光楔后发生偏转,经过移动光楔后光线又反向偏转,由于两次偏转角 ε 相同,因此原光线产生一平行移动量 Δ。

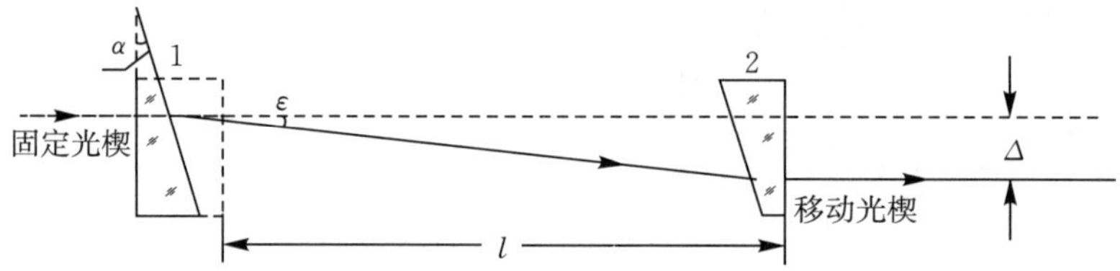

图 4-2-11　移动光楔测微器

实际读数设备中应用了双移动光楔测微器,它采用对径符合读数,在度盘对径两端分划线的光路中各设置一个移动光楔,并使它们的楔角方向设置成相反位置,而且固定在同一个光楔架上,并做等量移动,从而使度盘分划线影像做等距而方向相反的移动。这时,对径分划线影像吻合,移动量可在测微分划尺上读出,即旋转测微轮使上下分划线重合,找出正像与倒像注字相差 180°的分划线(正像分划线在左,倒像分划线在右),读取正像注字的度数,并将该两线之间的度盘分格数乘以度盘格值的一半(10′),得整 10′数,不足 10′的分、秒数在左边测微器窗口中读出,最后将读数综合在一起,得到完整的度盘读数。

苏州一光生产的 JGJ2(DJ2)光学经纬仪采用了双移动光楔测微器。图 4-2-12(a)所示的光学经纬仪显微镜读数视场里,右边的水平度盘影像上水平度盘读数为 174°,左边的测微器可读出小于 10′的值 2′03.0″,故整个读数为 174°02′03.0″。同法,图 4-2-12(b)所示的光学经纬仪显微镜读数视场里,竖盘读数为 92°57′39.0″。

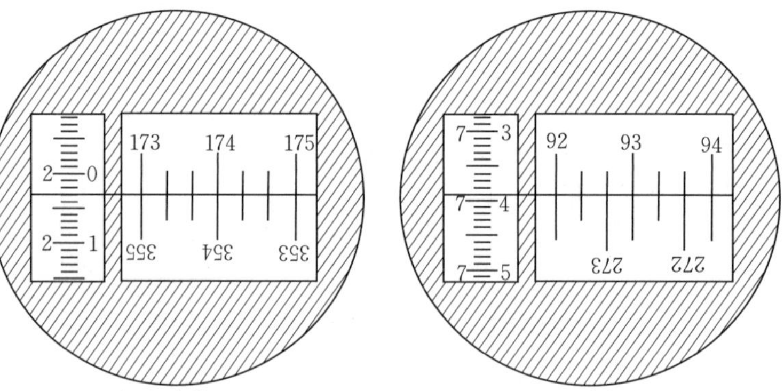

(a) 读数一　　(b) 读数二

图 4-2-12　DJ2 光学经纬仪对径符合读数窗

四、电子经纬仪

电子经纬仪的机械部分与光学经纬仪类似，此处不再赘述，与光学经纬仪的根本区别在于用微处理机控制的电子测角系统代替了光学测角系统，能自动显示测量数据。

(一)几种常用的电子经纬仪

图 4-2-13 所示为日本索佳公司生产的 DT5 电子经纬仪，图 4-2-14 所示为日本拓普康公司生产的 DT200 电子经纬仪。

图 4-2-13　索佳 DT5 电子经纬仪

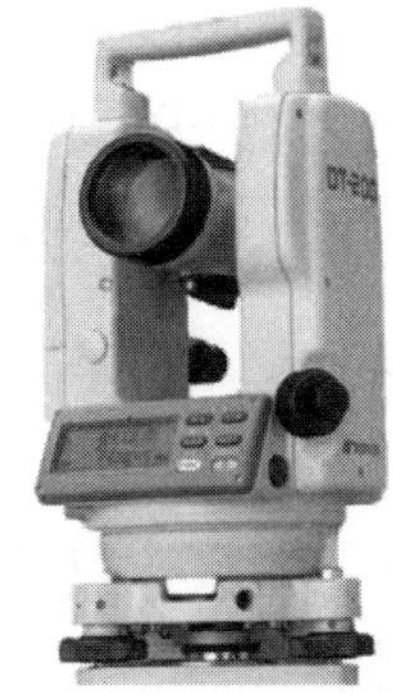

图 4-2-14　拓普康 DT200 电子经纬仪

图 4-2-15 所示为我国南方测绘仪器有限公司生产的 DT500 电子经纬仪。

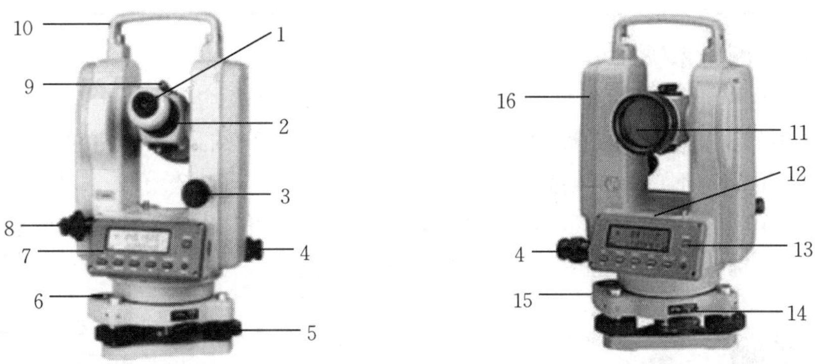

1——目镜及其调焦螺旋；2——望远镜调焦螺旋；3——望远镜制、微动螺旋；4——照准部制、微动螺旋；5——脚螺旋；6——圆水准器；7——键盘及显示器；8——光学对中器；9——瞄准器；10——提手；11——物镜；12——照准部管状水准器；13——开关键；14——基座锁定钮；15——基座；16——电池

图 4-2-15　南方 DT500 电子经纬仪

电子经纬仪是利用光电扫描度盘获取照准方向的电信号，通过电路对信号进行识别、转换、计数，并合成为相应的方向值显示在显示屏上。电子经纬仪获取电信号的形式与度盘有关，有编码度盘、光栅度盘、动态光栅度盘三种度盘测角形式。

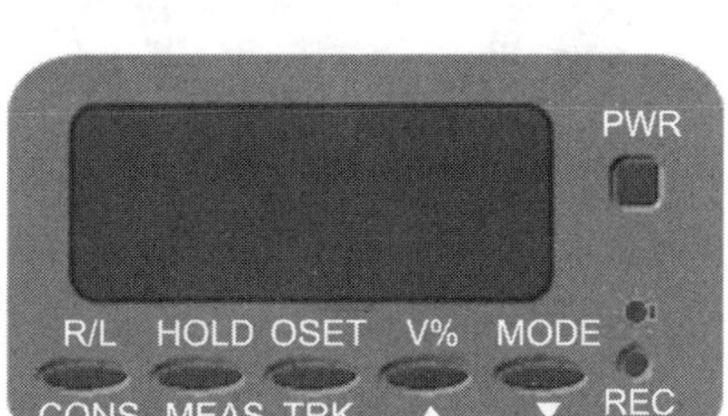

图 4-2-16　ET-05 电子经纬仪的键盘

图 4-2-16 所示为南方测绘仪器有限公司生产的 ET-05 电子经纬仪的键盘，具有一键双重功能。操作键功能见表 4-2-1。

表 4-2-1　ET-05 电子经纬仪操作键功能一览表

<table>
<tr><th>操作键</th><th>第一功能(角度测量模式:单独按下)</th><th>第二功能(距离测量模式:+ CONS 键)</th></tr>
<tr><td>PWR</td><td>电源开关,开机后持续按键超过 2 s 则关机</td><td></td></tr>
<tr><td>☼ REC</td><td>显示屏和十字丝照明键,按键一次,开灯照明,再按则关闭,10 s 内不按则自动熄灭</td><td>记录键,令电子手簿执行记录功能</td></tr>
<tr><td>MODE ▼</td><td>角度测量模式切换到距离测量模式</td><td>在特种功能模式中为减量键</td></tr>
<tr><td>V% ▲</td><td>竖直角和斜率百分比显示切换键</td><td>按该键交替显示斜距(◢)、平距(◢)、高差(◢),在特种功能模式中为增量键</td></tr>
<tr><td>OSET TRK</td><td>连按两次水平方向置零</td><td>跟踪测距键,按此键每秒跟踪测距一次,精度达±0.01 m(只限测距)</td></tr>
<tr><td>HOLD MEAS</td><td>连按两次水平方向读数被锁定,再按一次被解除</td><td>测距键,按此键连续精确测距</td></tr>
<tr><td>R/L CONS</td><td>选择水平方向值向右旋转增大或向左旋转增大</td><td>专项特种功能模式</td></tr>
<tr><td>特种功能模式
CONS PWR 同时按下</td><td colspan="2">听到 3 声蜂鸣后,松开 CONS 键,仪器进入初始设置状态,屏幕显示 [ND 3000 / 110 11111],下面一行 8 个数位分别表示了初始设置的 7 项内容(即所连接的测距仪的型号、象限蜂鸣设置、竖盘自动补偿开关、角度最小显示单位、自动关机时间、竖盘零位、角度单位),可按仪器说明书提供的代码对有关项目进行设置。在该功能模式下,按 MEAS 键,使闪烁的光标向左移动到要改变的数字位;按 TRK 键,使闪烁的光标向右移动到要改变的数字位;按 ▲ 或 ▼ 键,改变数字大小</td></tr>
</table>

(二)编码度盘测角系统

图 4-2-17 所示为纯二进制编码度盘。度盘的整个圆周被均匀地分为 16 个区间,从里到外有 4 道环,称为码道,即该度盘称为四码道度盘。每个区间的码道中白色部分为透光区(或为导电区),黑色部分为不透光区(或为非导电区),所以各区间状态不同。设透光(或导电)为 0,不透光(或不导电)为 1,则各区间的状态如表 4-2-2 所示,依据两区间的不同状态,便可测出两区间的夹角。识别望远镜照准方向落在哪一个区间是编码度盘测角系统的关键。

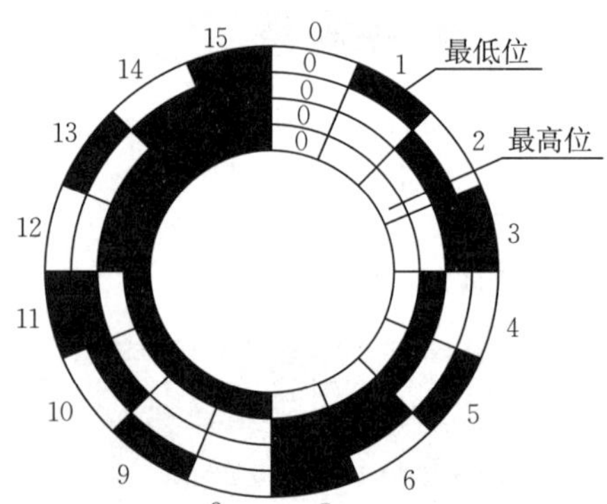

图 4-2-17　编码度盘

表 4-2-2　四码道编码度盘编码表

区间	编码	区间	编码
0	0000	8	1000
1	0001	9	1001
2	0010	10	1010
3	0011	11	1011
4	0100	12	1100
5	0101	13	1101
6	0110	14	1110
7	0111	15	1111

电子测角用传感器来识别和获取度盘位置信息。在图 4-2-18 中,度盘上半部分为发光二极管,它们位于度盘半径方向的一条直线上,而度盘下面的相对位置上是光电二极管。对于码道的透光区,发光二极管的光信号能够通过,从而使光电二极管接收到这个信号,使输出为 0。

对于码道的不透光区，光电二极管接收不到这个信号，则输出为 1。图 4-2-18 的输出状态为 1001。

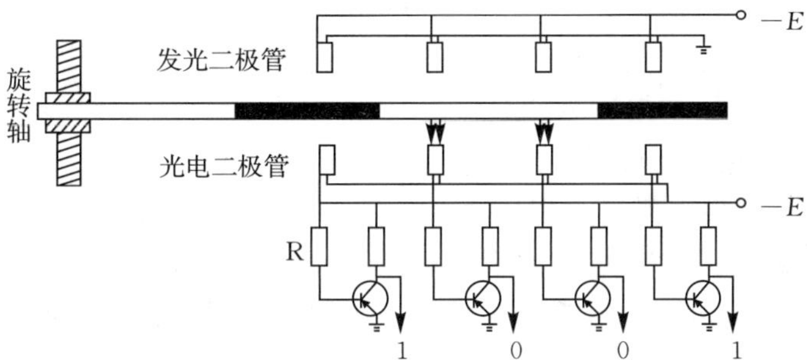

图 4-2-18　编码度盘信息的获取

这种编码度盘得到的角度分辨率 δ 与区间数 s 有关，而区间数 s 又取决于码道数 n，它们之间的关系为

$$\left.\begin{aligned} s &= 2^n \\ \delta &= \frac{360^\circ}{s} \end{aligned}\right\} \tag{4-2-2}$$

由式(4-2-2)可知，图 4-2-17 所示的编码度盘得到的角度分辨率为 22.5°。显然，为了提高编码度盘的角分辨率，必须增加码道数。因受到光电器件尺寸的限制，靠增加码道来提高度盘分辨率实际上是很不容易的。

(三)光栅度盘测角系统

如图 4-2-19(a)所示，在玻璃圆盘的径向上，均匀地按一定的密度刻划有交替的透明与不透明的辐射状条纹，条纹与间隙的宽度均为 a，这就构成了光栅度盘。如图 4-2-19(b)所示，如果将密度相同的两块光栅重叠，并使它们的刻划线相互倾斜一个很小的角度 θ，就会出现明暗相间的条纹，称为莫尔条纹。两光栅之间的夹角越小，条纹越粗，即相邻明条纹(或暗条纹)之间的间隔越大。条纹亮度按正弦周期性变化。

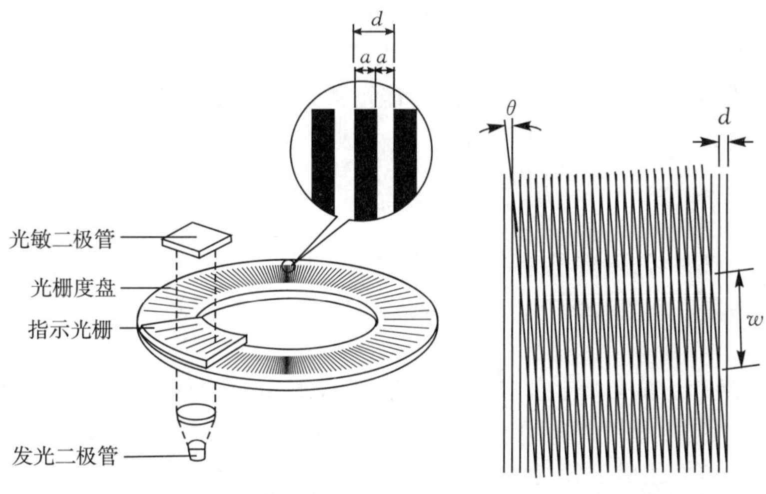

(a) 光栅度盘　　(b) 莫尔条纹

图 4-2-19　光栅度盘测角系统

设 d 是光栅度盘相对于固定光栅的移动量,w 是莫尔条纹在径向上的移动量,两光栅间的夹角为 θ,则其关系式为

$$w = d\cot\theta \tag{4-2-3}$$

由式(4-2-3)可知,只要两光栅间的夹角较小,很小的光栅移动量就会产生很大的条纹移动量 w。

在图 4-2-19(a)中,光栅度盘下面是一个发光二极管,上面是一个可与光栅度盘形成莫尔条纹的指示光栅,指示光栅上面是一个光敏二极管。若发光二极管、指示光栅和光敏二极管的位置固定,则当度盘随照准部转动时,由发光二极管发出的光信号通过莫尔条纹落到光敏二极管上。度盘每转过一条光栅,莫尔条纹就移动 1 个周期,所以光敏二极管输出的电流就变化 1 个周期。

在照准目标的过程中,仪器接收元件可累计条纹的移动量,从而测出光栅的移动量,经转换最后得到角度值。因为光栅度盘上没有绝对度数,只是累计移动光栅的条数计数,所以称为增量式光栅度盘。

由于电子编码技术新的突破,近年来,国际上先进的测绘仪器厂都放弃了传统的光栅测角技术,采用先进的绝对编码技术,大大提高了测角的稳定性。例如,索佳 SET 510、南方 NTS-660 全站仪等均采用先进的绝对编码测角技术,全站仪开机后,水平度盘无须初始化,在测量过程中,如果出现掉电式关机,那么重新启动仪器后仍将保留原有信息,大大方便了观测者。

(四)动态光栅度盘测角系统

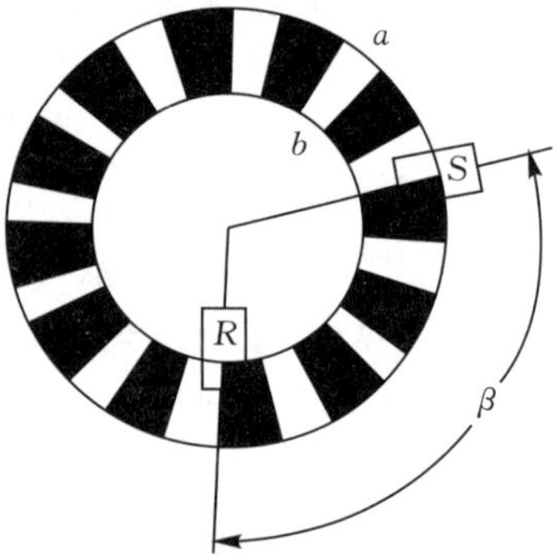

图 4-2-20 动态光栅度盘

如图 4-2-20 所示,光栅度盘可以旋转,另有两个与光栅度盘交角为 β 的指示光栅 S 和 R。S 为固定光栅,位于度盘外侧;R 为可动光栅,位于度盘内侧。同时,度盘上还有两个标志点 a 和 b,S 只接收 a 的信号,R 只接收 b 的信号。测角时,S 代表任一原方向,R 随着照准部旋转。当照准目标后,R 位置已定,此时启动测角系统,使度盘在马达的带动下,始终以一定的速度逆时针旋转。b 点先通过 R,开始计数,接着 a 通过 S,计数停止,此时记下了 R、S 之间的栅距(φ_0)的整周数 n 和不足一个栅距的小数 $\Delta\varphi_0$,则水平角为 $\beta = n\varphi_0 + \Delta\varphi_0$。事实上,每个栅格为一脉冲信号,由 R、S 的粗测功能可得计数 n,利用 R、S 的精测功能可测得不足一个分划的相位差 $\Delta\varphi_0$,其精度取决于将 φ_0 划分成多少个相位差脉冲。

五、经纬仪的附件

一般使用经纬仪时,需要将其架设在三脚架上。如图 4-2-21 所示,三脚架由架头、可伸缩架腿及锥形架脚构成。通过将伸出三脚架架头中心的连接螺旋旋入经纬仪基座底板可将经纬仪固定在架头上。

角度测量时,地面上的目标点上必须设立照准标志才能进行瞄准。测角时的照准标志一般是竖立于地面的标杆、测钎或架设于三脚架上的觇牌,如图 4-2-22 所示。测钎适用于离测站较近的目标。标杆可适用于较远的目标。觇牌是较为理想的照准标志,远近皆可适用。悬挂垂球形成的铅垂线也可作为照准标志。

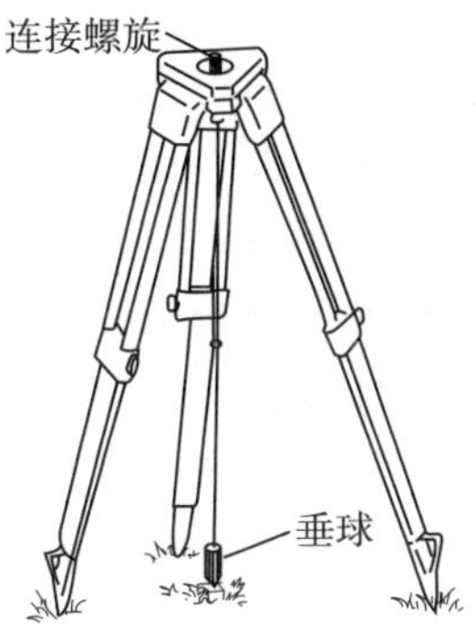

图 4-2-21　经纬仪的三脚架

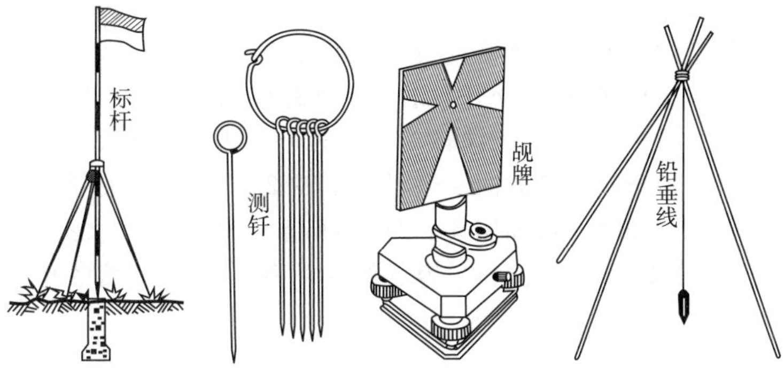

图 4-2-22　测角时的照准标志

电子经纬仪在角度测量中除需要配备以上工具外，还需要配备充电器。

六、经纬仪的使用

使用经纬仪时，首先应将经纬仪安置在测站（所测角的角顶点）上，然后再进行观测。安置包括对中、整平，观测包括瞄准和读数，因此经纬仪的使用步骤可简述为对中、整平、瞄准、读数四个部分，现分述如下。

（一）对中

对中的目的是使仪器的水平度盘中心与测站点位于同一条铅垂线上。

1. 用垂球对中

首先在测站点上安放三脚架，使其高度适中，架头大致水平，架腿与地面约成 75°。移动脚架使垂球尖基本对准测站点，并使脚架稳固地架在地面上。然后从仪器箱中取出经纬仪，在架头上安放经纬仪，将三脚架上的连接螺旋旋入基座底板，但不必旋紧。将垂球挂在连接螺旋中心的挂钩上，调整铅垂线长度，使垂球尖离地面 1～2 mm。若垂球尖投影点偏离测站点较远，则可平移三脚架，使垂球尖大致对准测站点，并踩紧三脚架；若垂球尖投影点与地面点偏差不大，可用双手扶基座在架头上平移仪器，使垂球尖精确对准测站点。最后旋紧连接螺旋。

用垂球对中的误差一般可小于 3 mm，若要提高对中精度，则还可用仪器上的光学对中器进行对中，其对中误差可小于 2 mm。

2. 用光学对中器对中

光学对中器是安装在照准部基座上的一个小望远镜，光路中装有一组折射棱镜，使通过仪器竖轴的光束由竖直方向转折为水平方向，以便于观测对中情况。使用时：①先使三脚架架头大致水平，目估初步对中；②旋转光学对中器目镜调焦螺旋，看清分划板刻划圈（或十字线）；③转动物镜调焦螺旋（一些仪器为伸缩目镜），使地面测站标志点清晰；④旋转脚螺旋，使地面测站标志点位于刻划圈的中心，此时基座上的圆水准器气泡偏离居中位置；⑤伸缩三脚架的相应架腿，使圆水准器气泡居中，再旋转脚螺旋，使照准部管状水准器气泡在任意两个相互垂直的方向上都居中。

从光学对中器中检查与地面的对中情况，可略松连接螺旋，双手扶仪器做微小的平移，使对中误差小于 1 mm。

(二)整平

整平的目的是使仪器竖轴处于铅直位置,从而使水平度盘和横轴处于水平位置。

具体操作时,首先松开照准部制动螺旋,旋转照准部,使管状水准器与基座上任意两个脚螺旋的连线平行;然后相向转动 1、2 两个脚螺旋使管状水准器气泡居中,气泡移动的方向始终与左手大拇指运动的方向一致,如图 4-2-23(a)所示;最后将照准部旋转 90°,再转动另一个脚螺旋 3,使气泡居中,如图 4-2-23(b)所示。如果管状水准器位置正确,则仪器旋转至任意位置,管状水准器气泡均居中(容许偏差 1 格)。这时仪器的竖轴竖直,水平度盘水平。

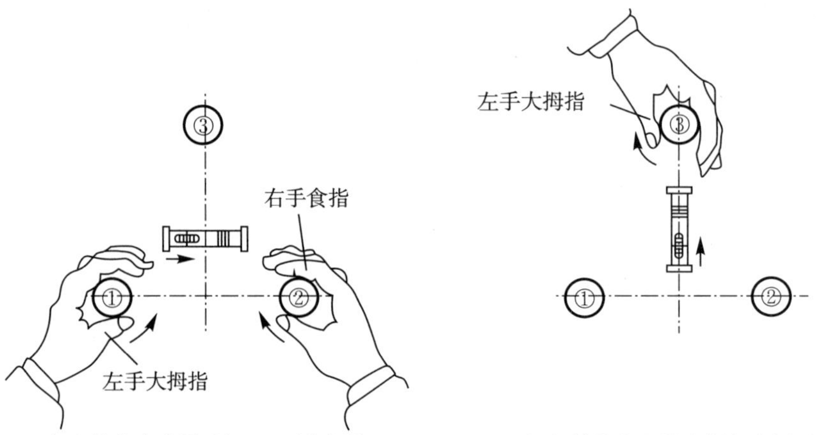

(a)管状水准器平行于一对脚螺旋　　(b)管状水准器垂直该对脚螺旋

图 4-2-23　整平

(三)瞄准

松开照准部制动螺旋和望远镜制动螺旋,将望远镜指向明亮背景(如白墙、天空),调节目镜调焦螺旋使十字丝清晰;然后用望远镜上的瞄准器对准目标,旋紧制动螺旋;调节物镜调焦螺旋(对光螺旋)使目标的成像足够清晰;旋转望远镜微动螺旋和照准部微动螺旋精确瞄准目标,如图 4-2-24 所示;左、右、上、下微移眼睛,观察目标像与十字丝之间是否有相对移动,如果存在视差,则需要再次转动物镜调焦螺旋直至视差消除。测量水平角时应注意使十字丝纵丝尽量对准目标底部,可用纵丝的中间部分平分或夹准目标,如图 4-2-24 所示;测量竖直角时,则应用横丝切准目标顶部。

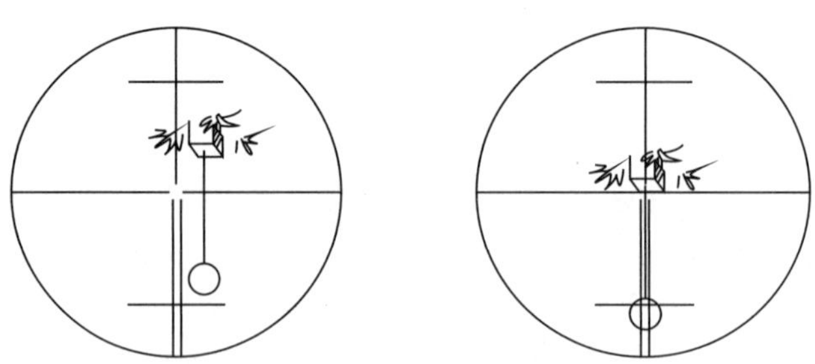

图 4-2-24　瞄准

(四)读数

光学经纬仪读数时需首先调节反光镜,使得读数窗明亮,然后旋转显微镜调焦螺旋,使刻划数字清晰。认清度盘刻划形式并确定读数方法后,读取正确读数。若分微尺最小分划为

1′，则估读的秒应为 0.1′的倍数，即 6″的倍数。若观测竖直角，读数前应注意调节竖盘指标水准管微动螺旋，使指标管状水准器气泡居中。电子经纬仪可从显示器中读取读数。

电子经纬仪使用时，使用步骤与光学经纬仪基本相同。但应注意，开机后仪器需要进行自检，在确认自检合格，电池、电压满足仪器供电需求时，才可进行测量。测量工作开始前纵向旋转望远镜使竖盘初始化。仪器具有自动倾斜校正装置，当倾斜超出传感器工作范围时，应重新进行整平再进行工作。读数时，仪器须在开机状态，屏幕显示内容可根据功能键进行设置，照准目标的水平方向及天顶方向数据均在显示器中显示。

第三节　全站仪

全站仪是全站型电子速测仪的简称，它是集电子经纬仪、光电测距仪和微处理器于一体的全站型电子测量系统。在实际测量中，全站仪能够同时观测角度和距离，对观测数据进行显示、储存、处理，计算出坐标及高程，还可进行自由设站、放样、面积测量等，并具有输入输出接口，与计算机实现通信。

一、全站仪及其合作目标

按仪器结构，全站仪可分为整体式和组合式两类。整体式全站仪的特点是电子经纬仪和测距仪共用一个望远镜，并安装在同一机架上，如图 4-3-1 所示。组合式全站仪是由电子经纬仪和测距仪组合而成的装置，现在已经很少使用了。全站仪的合作目标是反光镜(反射棱镜)，实际应用的反光镜有单棱镜、三棱镜(图 4-3-2)，甚至六棱镜、九棱镜等，也有由更多块棱镜组合而成的棱镜组装置，适用于不同长度的测量。另外，有些全站仪还具备了免棱镜(无合作目标)的测量功能。

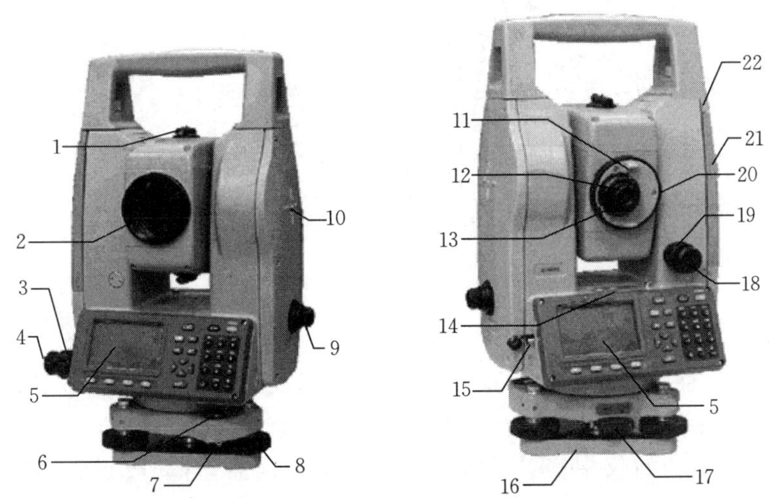

1——瞄准器；2——物镜；3——水平制动螺旋；4——水平微动螺旋；5——键盘及显示器；6——圆水准器；7——圆水准器校正螺旋；8——脚螺旋；9——光学对中器；10——横轴中心标志；11——望远镜手柄；12——目镜调焦螺旋；13——目镜；14——管状水准器；15——数据通信串口；16——底板；17——基座制紧旋钮；18——望远镜微动螺旋；19——望远镜制动螺旋；20——物镜调焦螺旋；21——电池盒；22——电池锁紧杆

图 4-3-1　科力达 KTS-550 型全站仪

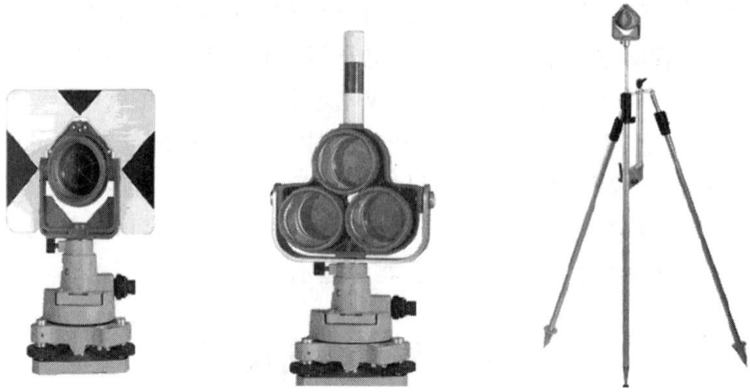

图 4-3-2　反射棱镜装置

二、全站仪的基本结构

全站仪的外形和电子经纬仪相类似。图 4-3-1 中的全站仪，其测角精度为 2″，测距精度为 $\pm(2\ \mathrm{mm}+2\times10^{-6}\times D)$，$D$ 为所测距离。

三、全站仪的主要部件

(一)全站仪的望远镜

目前，全站仪基本上采用望远镜光轴(视准轴)和测距光轴完全同轴的光学系统，如图 4-3-3 所示。照准目标后能同时测定方向与距离。仪器光学及机械部分操作与经纬仪相同。

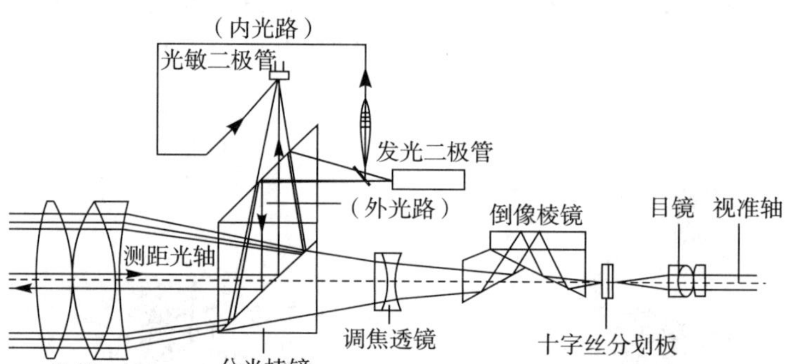

图 4-3-3　全站仪望远镜光路

(二)自动补偿器

全站仪照准部的整平可使竖轴铅直，但受气泡灵敏度和作业的限制，仪器的精确整平有一定困难，从而引起竖轴误差。竖轴误差对水平方向和竖直角的影响不能通过盘左、盘右读数取中数来消除。因此，在全站仪中安置了竖轴倾斜自动补偿器，自动改正竖轴倾斜对水平方向和竖直角产生的影响。全站仪的竖轴补偿器，在仪器竖轴倾斜小于 3′时，其自动补偿精度优于 0.1′。

全站仪的补偿设置可有双轴补偿、单轴补偿、关闭补偿等多种选项。双轴补偿改正竖轴倾斜对水平方向和竖盘指标差影响，单轴补偿改正竖盘指标差。

双轴液体补偿器如图 4-3-4 所示，图中由发光管 1 发出的光经物镜组 6 发射到液体 4，全反射后，又经物镜组 7 聚焦到光电接收器 2 上。光电接收器为一光电二极管阵列，一方面可以将光信号转变为电信号，另一方面还可以探测出光落点的位置。光电二极管阵列可分为 4 个象限，其原点为竖轴竖直时光落点的位置。当竖轴倾斜时（在补偿范围内），光电接收器接收到的光落点位置就发生了变化，其变化量反映了竖轴在纵向（沿视准轴方向）上的倾斜分量 L 和横向（沿横轴方向）上的倾斜分量 T。位置变化信息传输到内部的微处理器处理后能对所测的水平角和竖直角自动加以改正（补偿）。

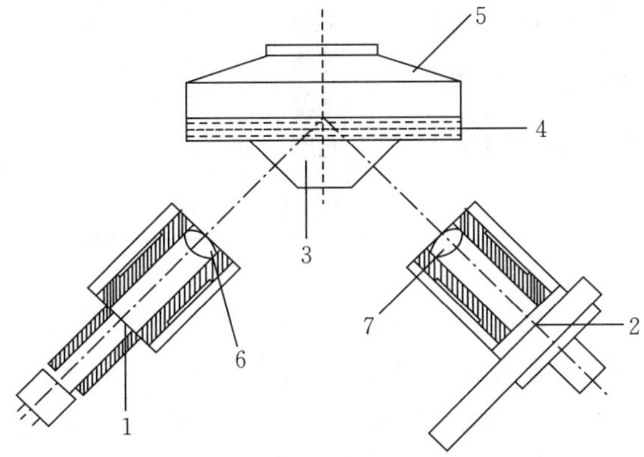

1——发光管；2——接收二极管阵列；3——棱镜；4——硅油；
5——补偿器液体盒；6——发射物镜；7——接收物镜

图 4-3-4　双轴液体补偿器

若竖轴的纵向倾斜分量为 L，横向倾斜分量为 T，则补偿器对竖直角（或天顶距）和水平角的改正公式为

$$Z = Z_L + L \quad \text{或} \quad V = V_L + L \tag{4-3-1}$$

$$H = H_L + T/\tan Z = H_L + T\cot Z = H_L + T\tan V \tag{4-3-2}$$

式中，Z 为显示（改正后）的天顶距，Z_L 为观测（未改正）的天顶距（下标 L 意为盘左观测），V_L 为观测（未改正）的竖直角，V 为显示（改正后）的竖直角，H 为显示（改正后）的水平方向值，H_L 为观测（未改正）的水平方向值。

四、数据记录

全站仪观测数据的记录随仪器的结构不同，有三种方式：第一种是通过电缆将仪器的数据传输接口和外接的记录器连接，数据直接储存在外接的记录器中；第二种是仪器内部有一个大容量的内存，用于记录数据；第三种是通过插入数据记录卡（SD 卡）来记录数据。外接的记录器又称为电子手簿，实际生产中常用掌上电脑作为电子手簿。全站仪和电子手簿的数据通信，可通过 USB 接口、专用电缆设定数据传输条件来实现。

五、科力达 KTS-550 系列全站仪的基本操作

（一）操作键

如图 4-3-5 所示，显示器右侧有 12 个操作键，功能如表 4-3-1 所示。

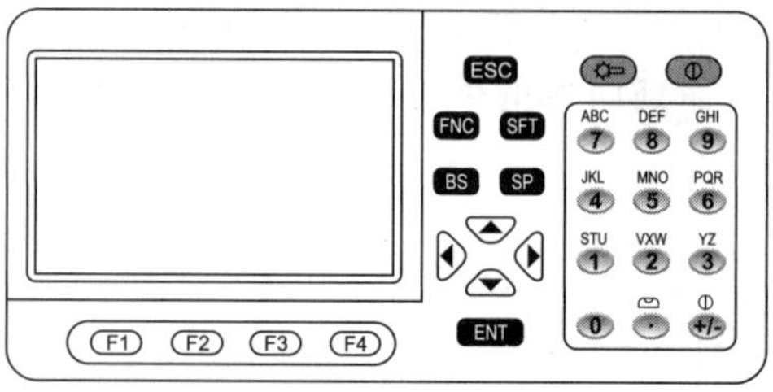

图 4-3-5　KTS-550 系列全站仪的键盘

表 4-3-1　科力达 KTS-550 系列全站仪操作键一览表

操作键	功能
⏻	开、关机键
☼	屏幕背景照明键
ESC	取消输入的数据内容,退出(返回到上一级菜单)键
SFT	切换键,数字字母大小写切换
FNC	功能键,按此键在 P1、P2、P3 间循环翻页
SP	空格键
BS	回退键,删除光标左边字符
ENT	回车键
◀▲▼▶	向上、下、左、右方向移动光标及选择项目

(二)模式

仪器整平,按⏻键开机后,首先进入状态界面,如图 4-3-6 所示。屏幕左上角显示仪器型号,当前时间,下面各行依此显示仪器注册号、软件版本号、当前文件,最后一行显示三个可切换的屏幕模式,即“测量”“内存”及“配置”,按下方对应的软键(F1)、(F3)、(F4),即可进入相应模式,各模式界面菜单如图 4-3-7 所示。随即仪器进行自检,如图 4-3-8 所示;自检和竖盘初始化完成后,显示屏自动切换到测量模式“测量”状态界面(主界面),如图 4-3-9 所示。这时,便可进行测量工作。

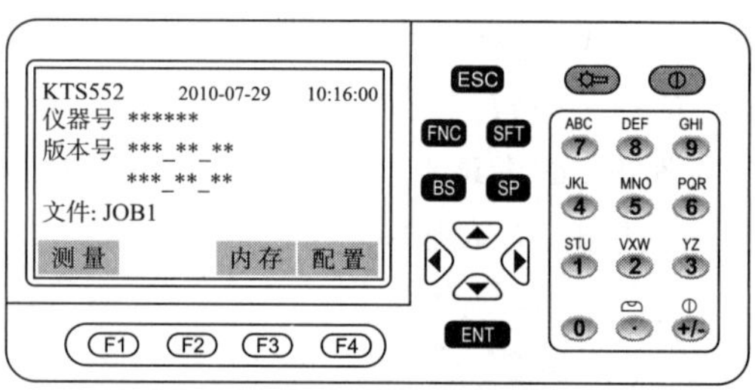

图 4-3-6　KTS-552 开机界面

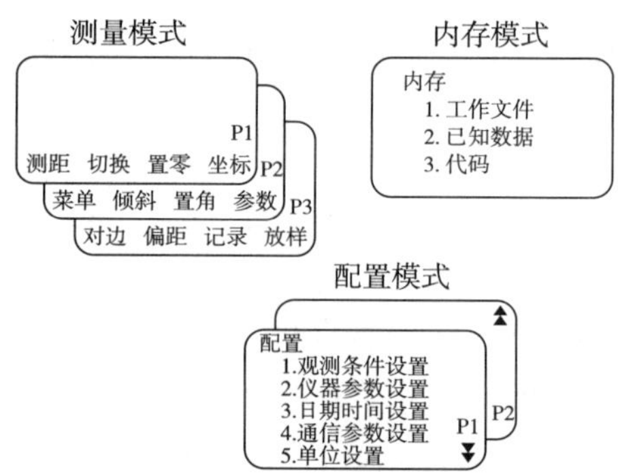

图 4-3-7　KTS-552 模式菜单

图 4-3-8　KTS-552 开机自检界面

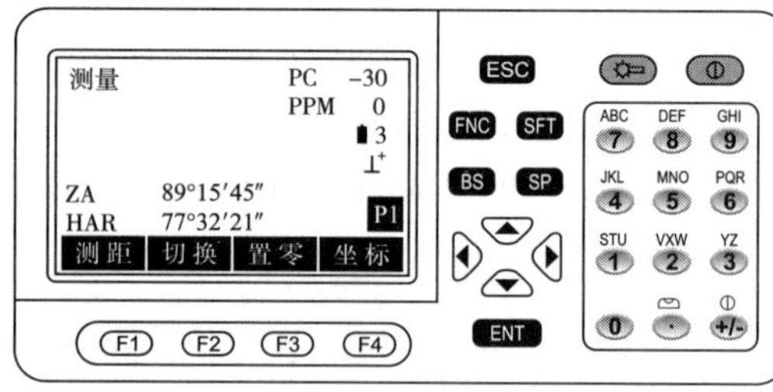

图 4-3-9　KTS-552 开机默认界面

(三)四个软件功能键

如图 4-3-5 所示,显示器下面有 4 个软件功能键(F1)、(F2)、(F3)、(F4),在测量模式下分别对应不同功能(默认),如表 4-3-2 所示。

表 4-3-2　软件功能键

键名	功　能		
	P1	P2	P3
F1	“测距”（可进行距离测量）	“菜单”（显示测量菜单）	“对边”（可进行对边测量）
F2	“切换”（可改变测距显示内容，S 对应斜距，H 对应平距，V 对应垂距）	“倾斜”（可显示竖轴倾斜角度）	“偏距”（可进行偏距测量）
F3	“置零”（水平度盘置零）	“置角”（输入水平角值）	“记录”（记录观测值）
F4	“坐标”（可进行坐标测量）	“参数”（设置测距时大气改正、棱镜常数及测距模式等）	“放样”（放样测量）

（四）测量准备工作

（1）用充电器对电池进行充电，并将充好电的电池装入仪器电池盒。

（2）在测站对仪器进行对中、整平（方法与经纬仪相同）。

（3）在测点安置反射棱镜。

（4）用望远镜做好瞄准目标的准备。

（5）开机，仪器初始化，启动并设置倾斜改正功能。

（6）设置观测条件、仪器各项参数、时间日期等。

（7）在测量前一定要再次检查，以保证仪器已精确整平、电池电量充足、仪器参数按观测条件设置。

（五）水平角的测量步骤

（1）在测量模式的“测量”状态界面下，照准测点Ⅰ。

（2）在 P1 页按 F3 “置零”键两次（图 4-3-9），使水平度盘置零，此时测点Ⅰ方向值被设置为 0。

（3）照准测点Ⅱ，屏幕上显示在“HAR”右侧的角值即为测点Ⅱ的方向值。按测回法完成一测回水平角测量。

（4）继续进行观测时，在照准测点Ⅰ时，在“测量”状态界面下，按 FNC 键进入 P2 页（图 4-3-10）。按 F3 “置角”键到设置界面，用数字键输入需键入的方向值（度数后点小数点），按 ENT 键后，即可完成度盘配置。按与第一测回相同方法进行后续测回的观测。

竖直角观测可与水平角观测同时进行，屏幕上显示在“ZA”右侧的值即为目标方向的竖盘读数。

（六）距离测量

在距离测量前，应先进行以下几项设置：测距模式（mode）、反射棱镜类型（reflector）、棱镜常数改正（PC）、气象改正值（PPM）等。

（1）如图 4-3-9 所示，在“测量”状态界面下，按 FNC 键进入 P2 页。按 F4 “参数”键，进入“距离测量参数设置”界面，如图 4-3-10 所示，可设置温度、气压、气象改正、棱镜常数改正、测距模式各参数。可用▼、▲键选择项目，每完成一项设置，按 ENT 键确认，所有设置完成后，按 ESC 键返回上一级菜单。

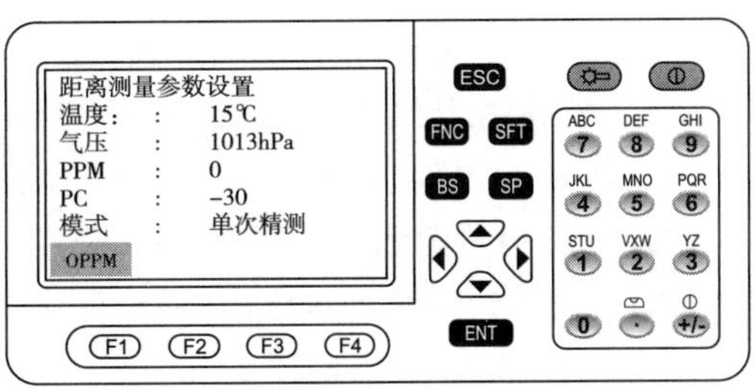

图 4-3-10

(2)照准安置在测点上的反射棱镜后,在测量模式“测量”状态界面P1页,按F1“距离”键开始测量距离,按F2“切换”键可依次显示平距(H)、垂距(V)、斜距(S)。

(七)坐标测量

在输入测站点坐标、仪器高、镜高和后视点坐标(或方位角)后,用坐标测量功能可以测定目标点的三维坐标。

(1)测站坐标及仪器高的输入。测站点安置好仪器后,量取仪器高。在如图4-3-9所示的测量模式“测量”状态界面P1页,按F4“坐标”键,进入如图4-3-11所示“坐标测量”状态界面,按数字键“②”选择“设置测站”选项,进入如图4-3-12所示“测站坐标”界面。按数字键输入测站坐标值(N_0、E_0、Z_0)、仪器高、后视目标高。可用▼、▲键选择项目,每完成一项设置,按ENT键确认,所有输入完成后按F4“确定”键,返回图4-3-11所示界面。

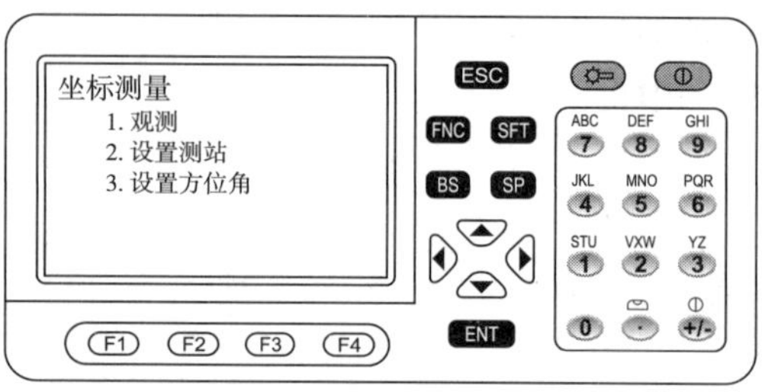

图 4-3-11

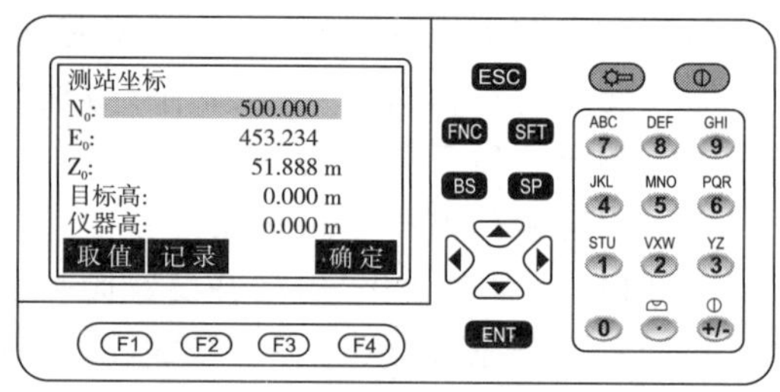

图 4-3-12

(2)设置后视点坐标或方位角。在如图4-3-11所示“坐标测量”状态界面,按数字键“③”,选择“设置方位角”选项,进入“设置方位角”界面,如图4-3-13所示。按数字键输入后视点方位角(度数后点小数点)后,按ENT键确定,显示设置的方位角。也可按F1“后视”键,进入输入后视点界面,如图4-3-14所示,可以在显示的界面输入后视点坐标值N_{BS}、E_{BS}、Z_{BS},每输入一个后视点坐标,都需要按ENT键确定,中断输入可按ESC键退出。所有输入完成后,按F4“确定”键,进入图4-3-15所示界面。

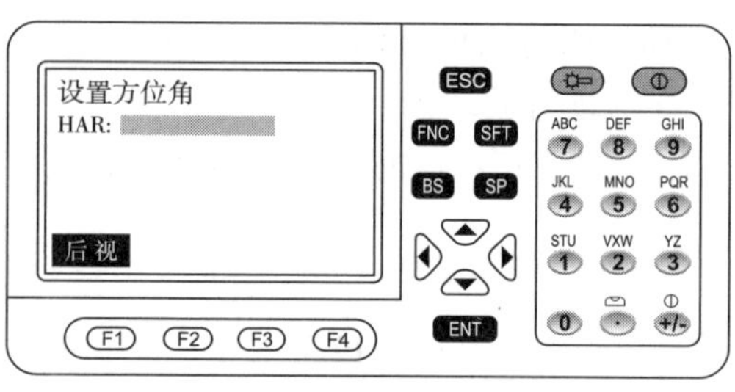

图 4-3-13

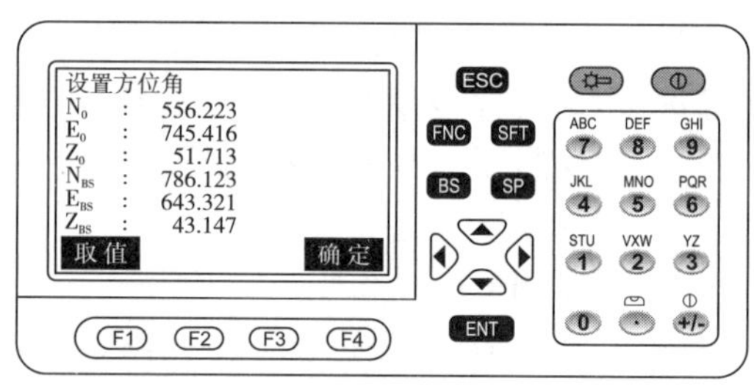

图 4-3-14

(3)瞄准后视点,按F3“是”键(图4-3-15),返回图4-3-11所示“坐标测量”状态界面。

(4)精确瞄准测点棱镜后,在图4-3-11所示界面按数字键“①”选择“观测”选项,进入图4-3-16所示界面。测量结果出来后,进入图4-3-17所示界面,该界面可显示测点的坐标值(N、E、Z)及测站到测点的距离(S)、竖直角(ZA)和水平盘读数(HAR)。按F1“停止”键停止测量,进入图4-3-18所示界面,显示测量数据。

(5)坐标测量数据记录。按F1“记录”键,显示图4-3-19所示界面。本例中已输入测点点号“7”、编码“F”等信息,每输入一个项目,都需要按ENT键确定。最后,按F1“储存”键记录数据。进入下一点坐标测量，如图 4-3-20 所示。

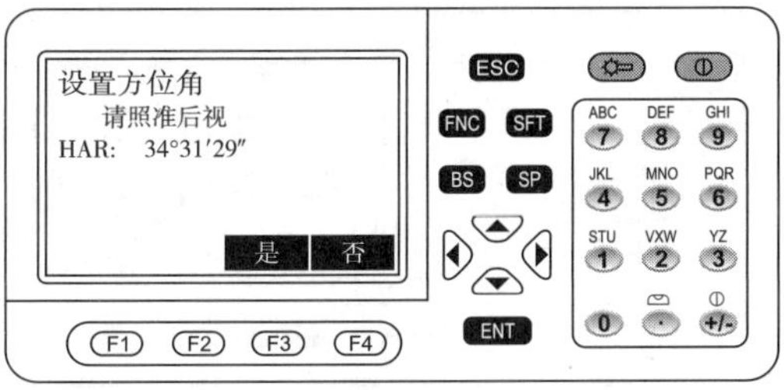

图 4-3-15

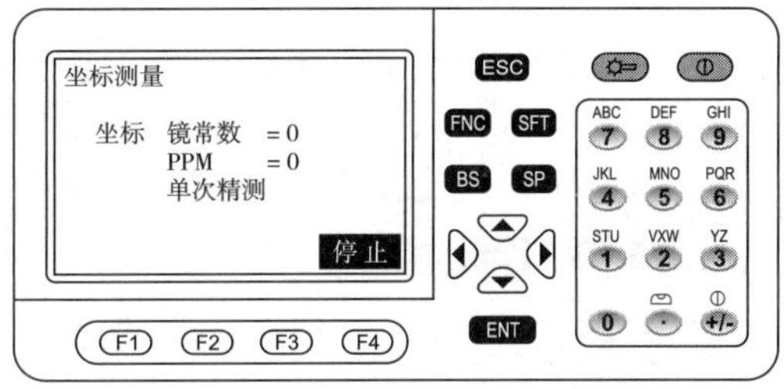

图 4-3-16

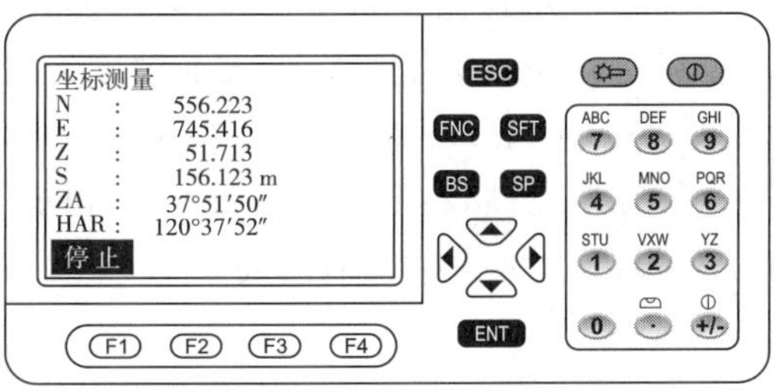

图 4-3-17

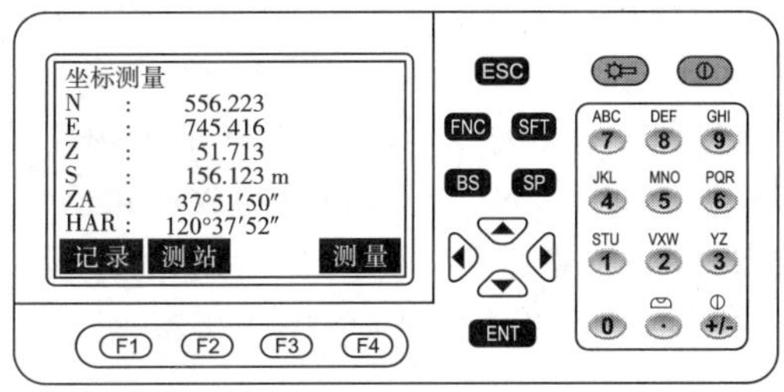

图 4-3-18

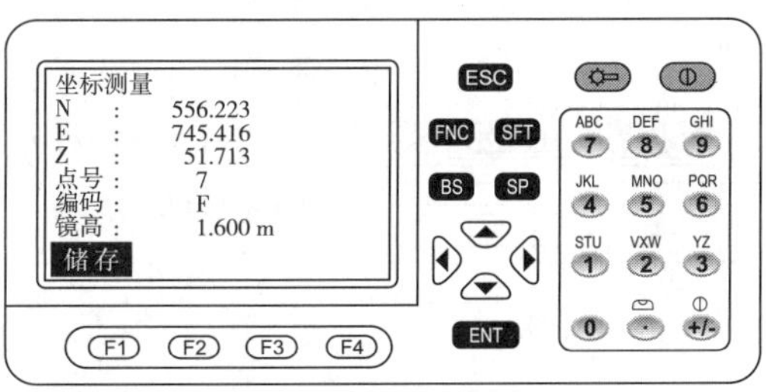

图 4-3-19

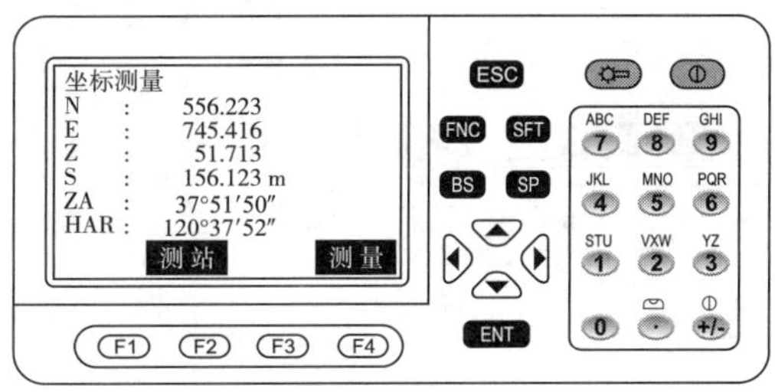

图 4-3-20

(八)放样测量

放样测量用于在实地上测设出所要求的点位。在放样过程中，通过对测点的角度、距离或坐标的测量，仪器将显示出实测值与预先输入的放样值之差以指导放样。测点的棱镜及觇牌根据所显示的差值做相应移动，直到差值逐渐小于容许值。放样测量在盘左位置进行。

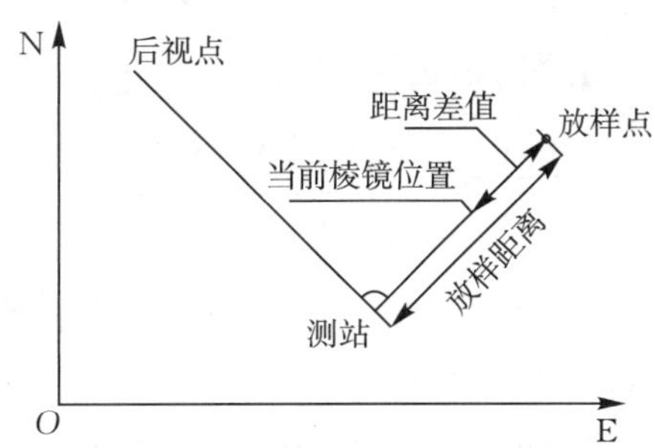

图 4-3-21　角度放样与距离放样

1. 角度放样与距离放样

角度与距离放样是根据相对于某参考方向转过的角度和到测站的距离测设出所需的点位，如图 4-3-21 所示。其操作步骤如下。

(1)照准参考方向，在测量模式“测量”状态屏幕 P1 页，按 F3“置零”键两次，将参考方向设置为零，如图 4-3-22 所示。

(2)在测量模式“测量”状态界面 P3 页，按 F4“放样”键，进入“放样”状态界面，如

图 4-3-23 所示。

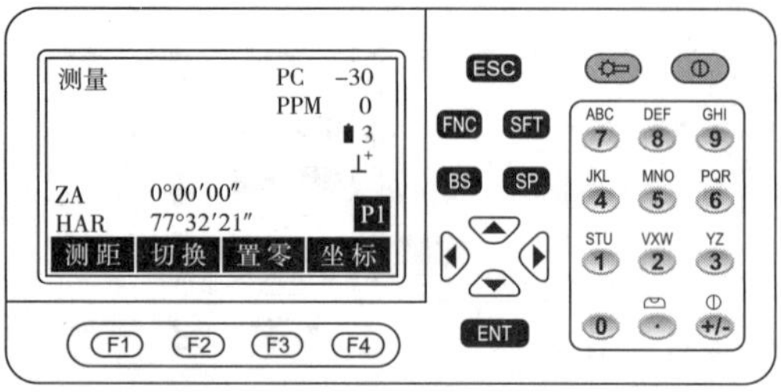

图 4-3-22

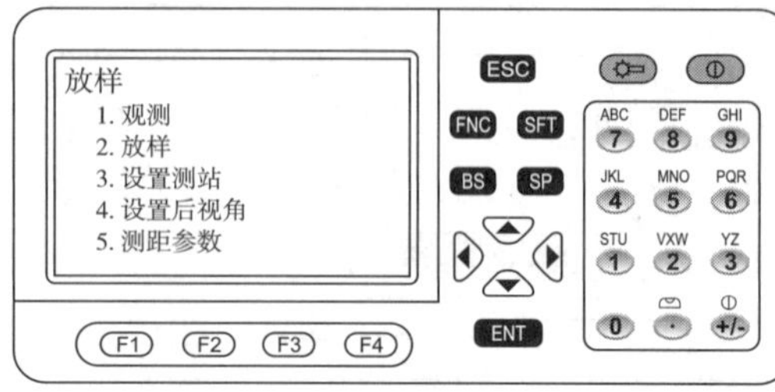

图 4-3-23

(3)按数字键“②”,选择“放样”选项,进入如图 4-3-24 所示界面。输入放样距离与放样角度。每输入一项,都需要按ENT键确定,各项输入完成后,按F4“确定”键,进入如图 4-3-25 所示放样界面。dHA 为至放样点的水平角差值。按F3“←→”键,进入如图 4-3-26 所示界面,屏幕第二行显示的是实测角值与放样角值之差,箭头方向为全站仪照准部应转动的方向。转动全站仪照准部使第二行所显示的角度值为 0°。当实测角值与放样角值之差在±30″范围内时,屏幕将显示两个箭头,如图 4-3-27 所示。

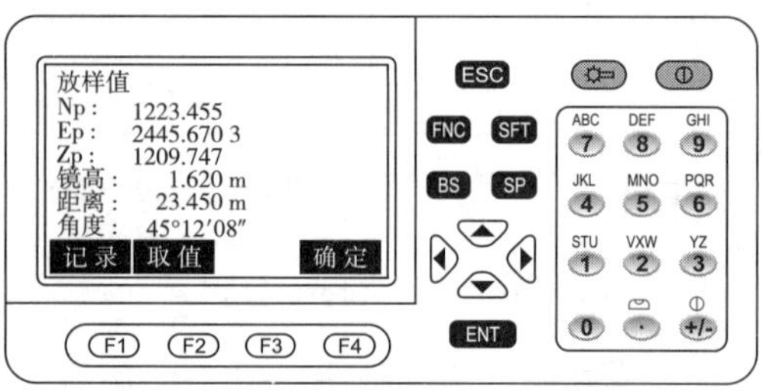

图 4-3-24

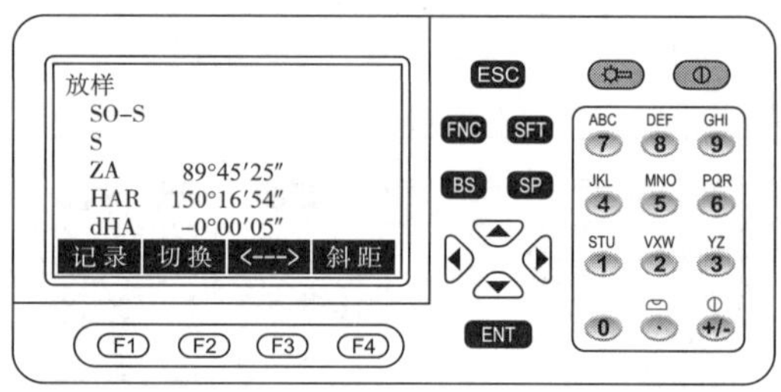

图 4-3-25

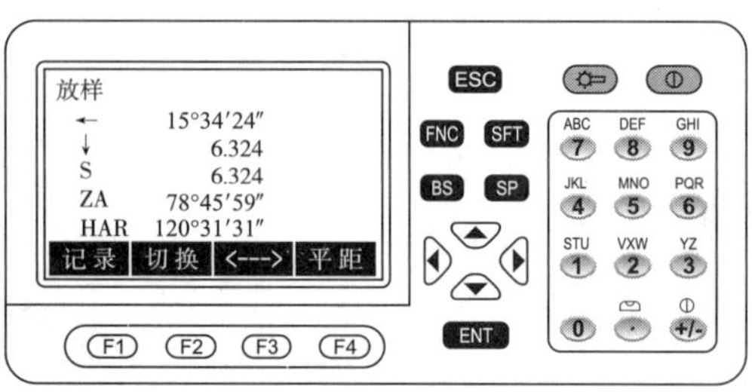

图 4-3-26

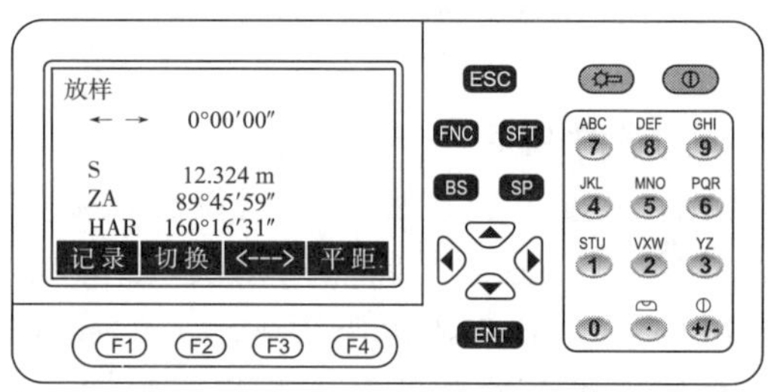

图 4-3-27

(4)在望远镜照准方向上安置棱镜并照准,按F4“平距”键,开始距离放样测量,屏幕显示如图 4-3-28 所示。距离测量结果出来后,进入如图 4-3-29 所示界面。第三行显示的距离值为距离放样值与实测值之间的差值,而箭头方向为棱镜应移动的方向。按箭头方向移动棱镜至第三行显示距离值为 0 m,当距离放样值与实测值之间的差值在±1 cm 范围内时,屏幕上显示两个箭头,如图 4-3-30 所示。使距离放样值与实测值之间差值为 0 cm,定出放样点位。按F2“切换”键,可选取斜距、高差进行放样,如图 4-3-31 所示。

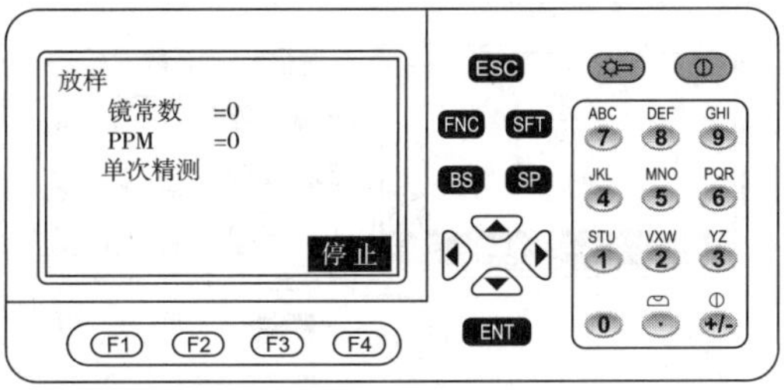

图 4-3-28

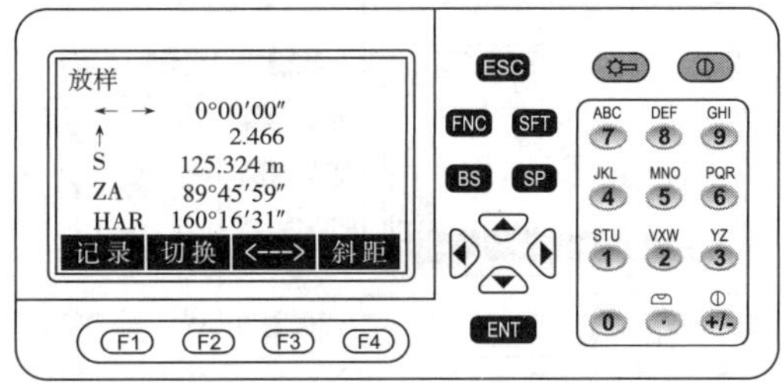

图 4-3-29

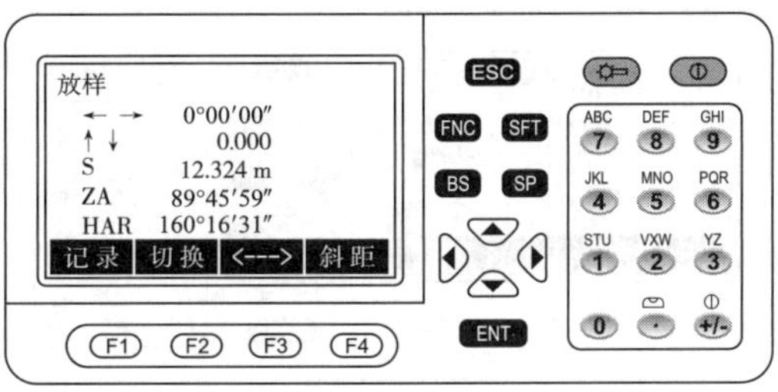

图 4-3-30

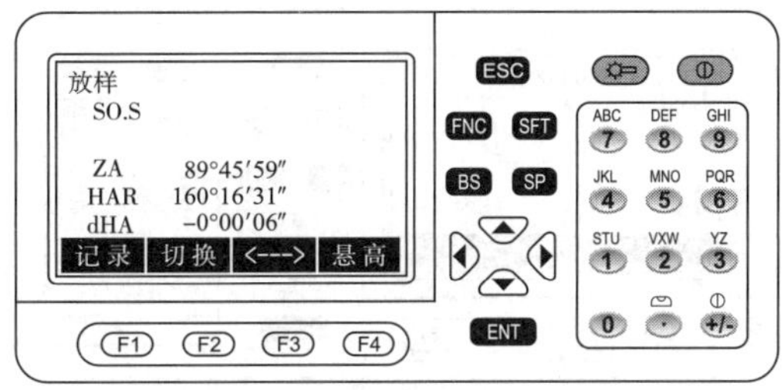

图 4-3-31

2. 坐标放样

在给定放样点的坐标后，仪器自动计算出放样的角度和距离值，利用角度和距离放样功能便可测设出放样点的位置，如图 4-3-32 所示。其操作步骤如下：

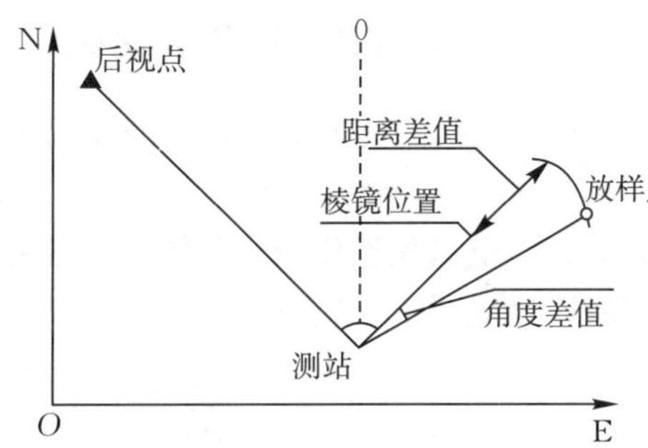

图 4-3-32　坐标放样

(1)在测量模式“测量”状态界面 P3 页，按F4“放样”键进入“放样”状态界面，如图 4-3-23 所示。

(2)按数字键“③”，选择“设置测站”选项，进入“测站坐标”界面。输入测站坐标值(N_0、E_0、Z_0)、仪器高、目标高。每输入一项，都需要按ENT键确定，各项输入完成后，按F4“确定”键，返回图 4-3-23 所示“放样”状态界面。

(3)按数字键“④”，选择“设置后视角”选项，按与坐标测量相同的方法设置后视方位角后，返回图 4-3-23 所示界面。

(4)按数字键“②”，选择“放样”选项，进入如图 4-3-24 所示界面。输入放样点坐标。每输入一项，都需要按ENT键确定，各项输入完成后(按ESC键，中断输入；按F1“记录”键，记录数据；按F2“取值”键，读取数据)，按F4“确定”键，进入如图 4-3-25 所示界面。

(5)按角度与距离放样步骤操作定出待放样点的平面位置。为了确定待放样点的高程，在图 4-3-33 所示界面按F2“切换”键，显示如图 4-3-34 所示界面。按F4“坐标”键，开始高程放样测量。测量结束后，显示如图 4-3-35 所示放样引导界面。其中，第 3 行位置上所显示的值为至待放样点的高差，箭头指示棱镜应移动的方向。

(6)按F4“坐标”键，向上或向下移动棱镜使所显示的高差值为 0，该值接近于 0 时，屏幕显示两个箭头，如图 4-3-36 所示。当第 1、2、3 行的显示值均为 0 时，测杆底部所对应的位置即为待放样点的位置。箭头含义：“↑”表示上升棱镜，“↓”表示下降棱镜。

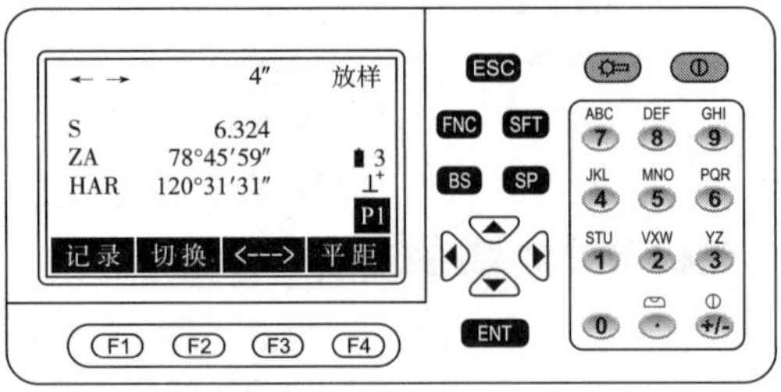

图 4-3-33

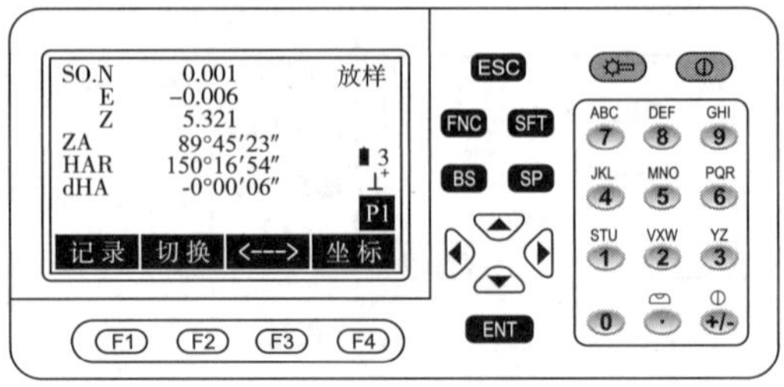

图 4-3-34

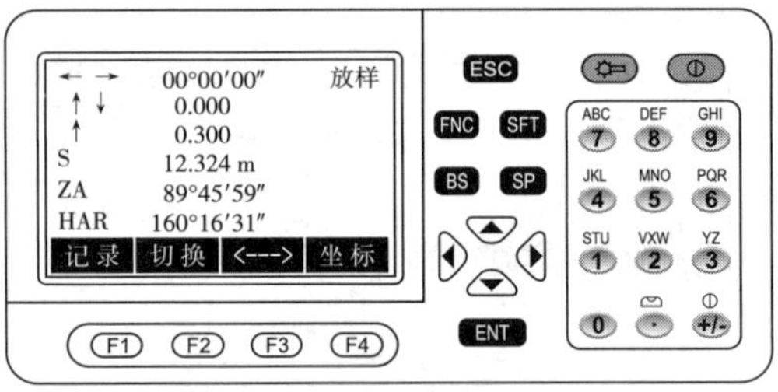

图 4-3-35

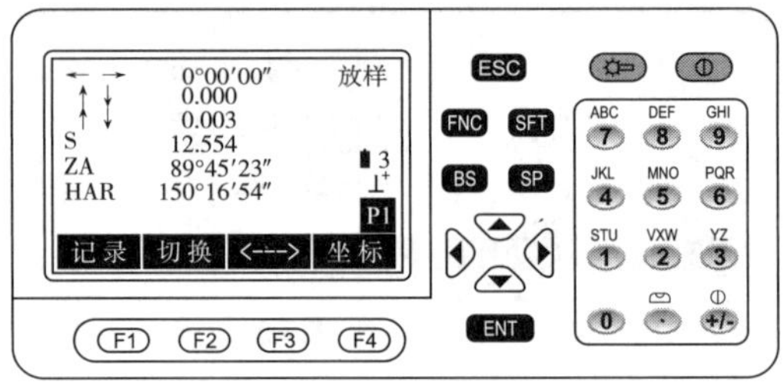

图 4-3-36

六、南方 WinCE(R)型全站仪

图 4-3-37 所示为南方测绘仪器有限公司生产的 WinCE(R)型全站仪。该全站仪测角精度为 2″,测程为 5 km,测距精度为±(2 mm+2×10^{-6}×D)。其特点:Window CE. NET4. 2 中文视窗操作系统,电脑化操作,3. 2 in❶ 超大液晶显示屏,240×320 点阵。该全站仪读数系统采用绝对编码系统,激光对中,具有免棱镜功能(R),配备双轴液体光电式电子补偿器。

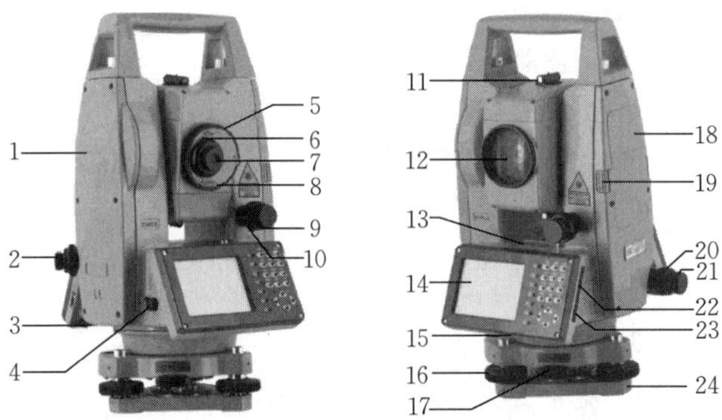

1——仪器中心标志;2——光学对中器;3——笔针插孔;4——通信串口;5——望远镜调焦螺旋;6——目镜调焦螺旋;7——目镜;8——望远镜手柄;9——望远镜微动螺旋;10——望远镜制动螺旋;11——瞄准器;12——物镜;13——照准部管状水准器;14——键盘及显示器;15——圆水准器;16——脚螺旋;17——基座锁紧钮;18——电池;19——电池锁紧杆;20——水平制动螺旋;21——水平微动螺旋;22——SD 卡接口;23——USB 接口;24——底板

图 4-3-37 南方 WinCE(R)型全站仪

(一)操作键

南方 WinCE(R)型全站仪的操作键的位置、排列如图 4-3-38 所示,操作键的功能如

❶ in:英寸,1 in=25. 4 mm。

表 4-3-3 所示。图 4-3-38 中 WinMG 和 WinEG 分别为“测图精灵”和“工程精灵”。

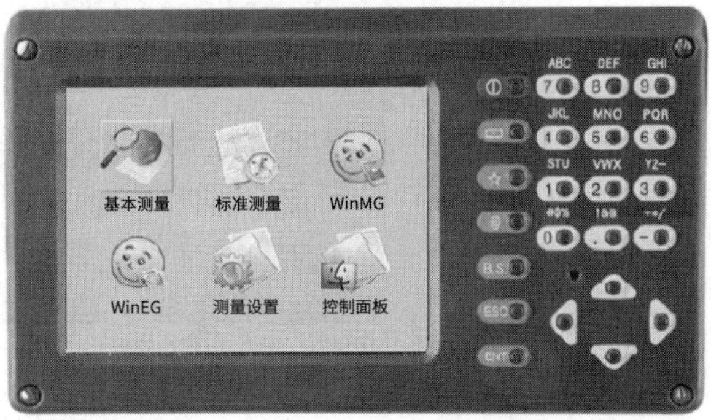

图 4-3-38　WinCE(R)型全站仪键盘及显示器

表 4-3-3　南方 WinCE(R)型全站仪操作键功能

操作键	名称	功能
①	电源键	控制电源开、关
0 至 9	数字键	输入数字
A 至 Z	字母键	输入数字及上方表示的字母
⊡	输入面板键	显示输入面板
☆	星键	用于仪器若干常用功能的操作
@	字母切换键	切换到字母输入模式
B.S.	后退键	输入数字或字母时光标向左删除一位
ESC	退出键	退回到前一个显示屏或前一个键式
ENT	回车键	数据输入结束并确定时使用
-	负号键	添加数据符号为“-”
.	小数点键	输入数据中的小数点
◀▲▼▶	光标键	光标上、下、左、右移动键

(二)测量前的准备工作

(1)用充电器对电池进行充电，并将充好电的电池装入仪器电池盒。

(2)在测站对仪器进行对中、整平(方法与经纬仪相同)。

(3)按①键开机。

WinCE(R)型全站仪可对仪器竖轴在 X、Y 方向倾斜引起的垂直角和水平角读数误差进行补偿改正。补偿设置有关补偿、单轴补偿和双轴补偿三种选项。当仪器没有整平时，系统会在测量界面星级模式下自动弹出补偿功能对话框，如图 4-3-39 所示。转动仪器脚螺旋，使屏幕中的小黑点移动到小圈内。当小黑点在小圈内时，表示在仪器自动补偿器的设计范围($\pm 3.5'$)以内。在小圈以外，则需要人工整平仪器。

(4)在测点架设觇牌或反光棱镜。

(三)基本测量

在全站仪功能主菜单界面单击“基本测量”图标，进入基本测量功能，如图 4-3-40 所示。

“基本测量”界面右下方是测量模式(测角、测距、坐标、参数)，左下方显示对应测量模式的功能软键(各测量模式功能键如表 4-3-4 所示)，右上方是当前参数，上部显示当前观测数据。

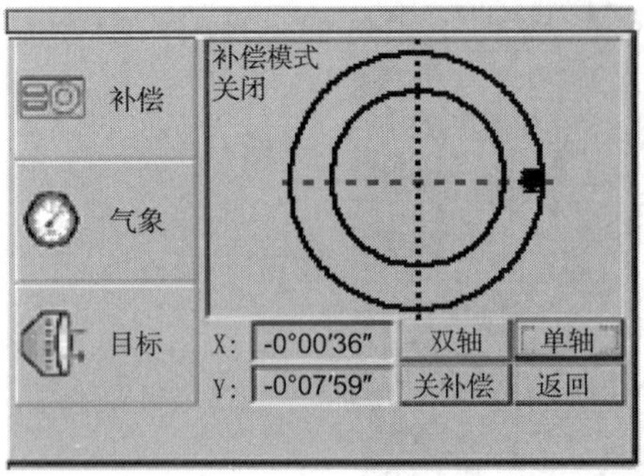

图 4-3-39

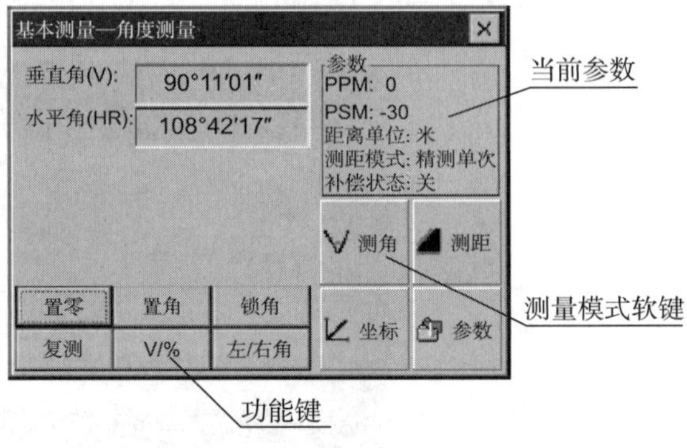

图 4-3-40

表 4-3-4　南方 WinCE(R)型全站仪各测量模式下的功能键

模式	显示	软键	功　能
测角	置零	1	水平角置零
	置角	2	预置一个水平角
	锁角	3	水平角锁定
	复测	4	水平角重复测
	V/%	5	垂直角百分度的转换
	左/右角	6	水平角左角右角的转换
测距	模式	1	设置单次精测、N 次精测、连续精测、跟踪测量模式
	m/f	2	距离单位，米、英尺(ft)单位转换
	放样	3	放样测量模式
	悬高	4	启动悬高测量功能
	对边	5	启动对边测量功能
	镜高	6	启动镜高测量功能
坐标	模式	1	设置单次精测、*N* 次精测、连续精测、跟踪测量模式
	设站	2	预置仪器测站点坐标
	后视	3	预置后视点坐标或后视方位角
	设置	4	预置仪器高度和目标高度
	导线	5	启动导线测量功能
	偏心	6	启动偏心测量(角度偏心、距离偏心、圆柱偏心、屏幕偏心)功能

1. 水平角度测量

(1)准备工作完成后，选择“基本测量”，按“测角”模式软键，进入如图 4-3-40 所示角度测量模式(默认值)。

(2)照准第一个测点Ⅰ，单击“置零”键，在弹出对话框(图 4-3-41)上选择“OK”键确认。

(3)照准第二个测点Ⅱ，仪器显示测点Ⅰ→Ⅱ的水平角和测点Ⅱ的竖盘读数，如图 4-3-42 所示。

当进行水平度盘的配置时，利用水平制动与微动螺旋将水平度盘转到需要的读数上。单击“锁角”键，启动水平度盘锁定功能。照准用于定向的测点后，单击“解锁” 键或按 ENT 键，取消水平度盘锁定功能。屏幕返回正常的角度测量模式，并将当前的水平角设置为刚才的角度。

水平度盘的配置也可以采用输入法。照准用于定向的测点后，单击“置角”键，弹出如

图 4-3-43 所示对话框，输入所需的水平度盘读数，输入完毕，单击“确定”或按ENT键。

(4)在角度测量模式下，单击“V/%”键，可显示视线的斜率，如图 4-3-44 所示。

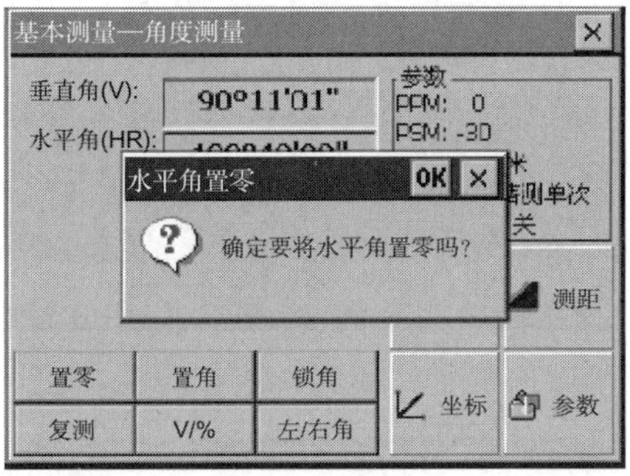

图 4-3-41

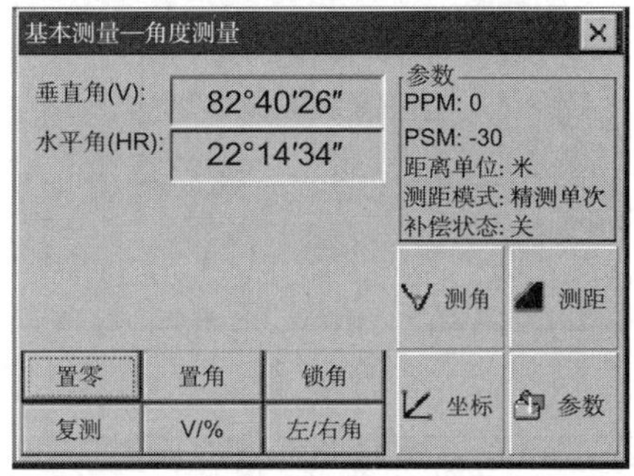

图 4-3-42

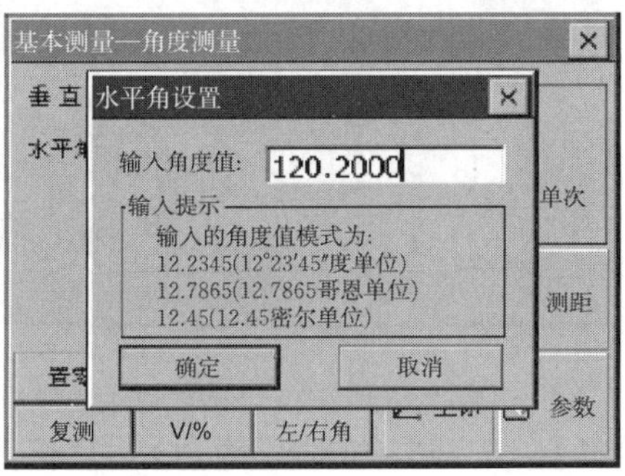

图 4-3-43

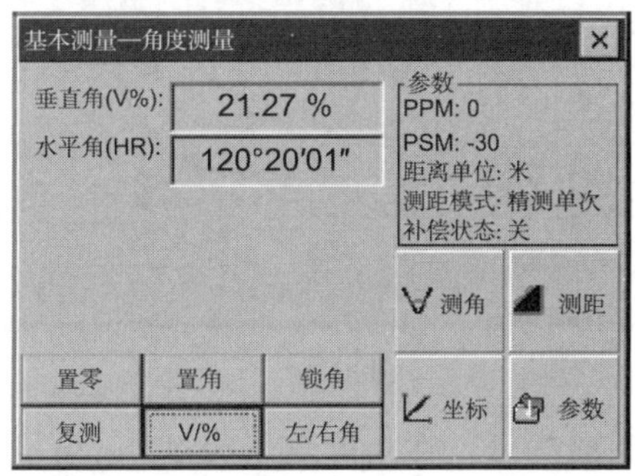

图 4-3-44

2. 距离测量

(1)设置气象参数。在如图 4-3-38 所示的全站仪功能主菜单中，选择“测量设置”，进入如图 4-3-45 所示的“全站仪系统设置”界面，单击“气象参数”选项卡，则显示当前使用的气象参数，如图 4-3-46 所示。用笔针在“温度”项输入新的数据“26”。按照同样方法，输入气压值(可同时输入棱镜常数)。设置完毕，单击“保存”键，显示如图 4-3-47 所示对话框。单击“OK”键，设置被保存，系统根据输入的温度值和气压值计算出 PPM 值，屏幕显示图 4-3-48 所示界面。

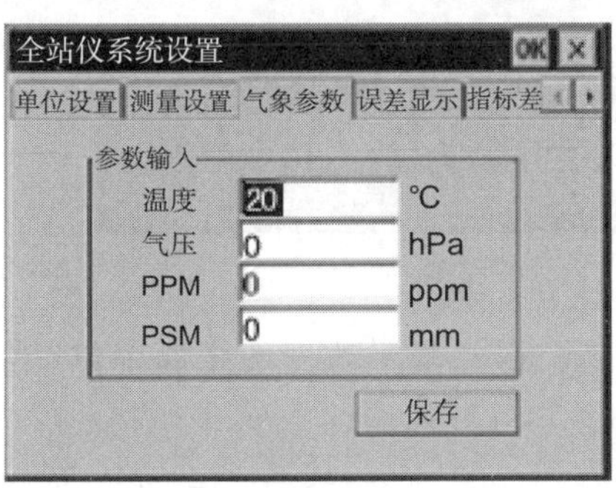

图 4-3-45

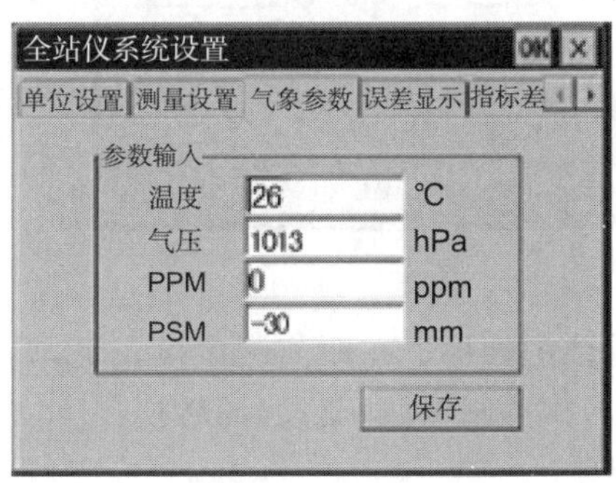

图 4-3-46

(2)在全站仪键盘上按☆键，进入如图 4-3-49 所示星键模式。单击“目标”键，进入目标类型设置功能，如图 4-3-50 所示。用笔针选择目标类型。WinCE(R)型全站仪的选项有无棱镜、反射片、棱镜三种。用笔针选择“激光对点”数字键“1”，可进行激光对中。

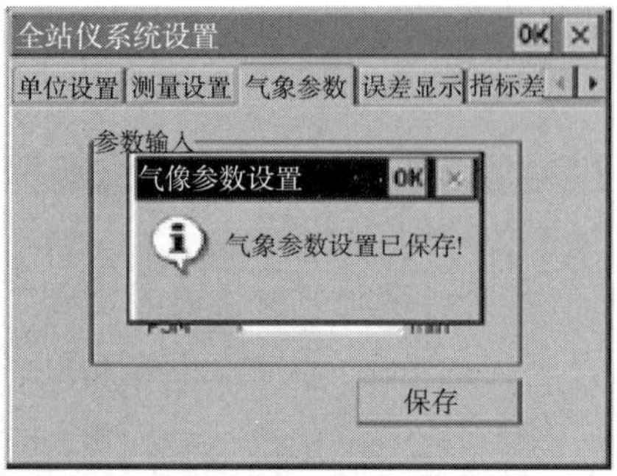

图 4-3-47

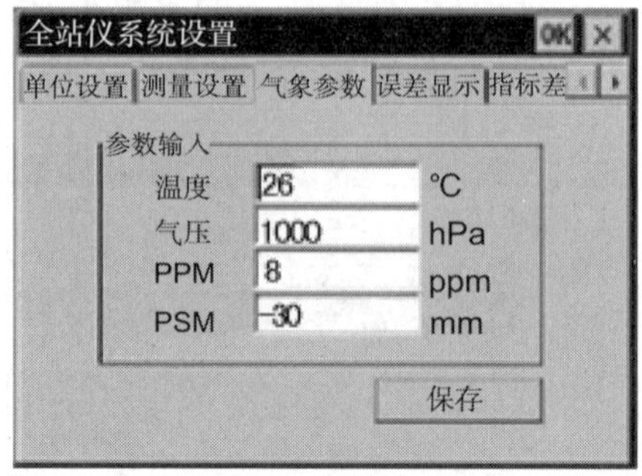

图 4-3-48

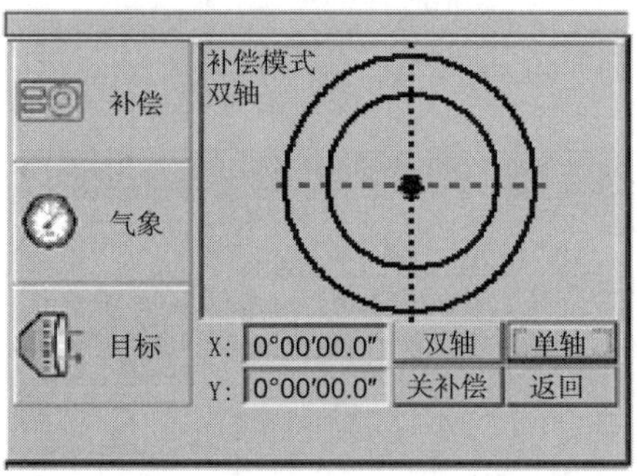

图 4-3-49

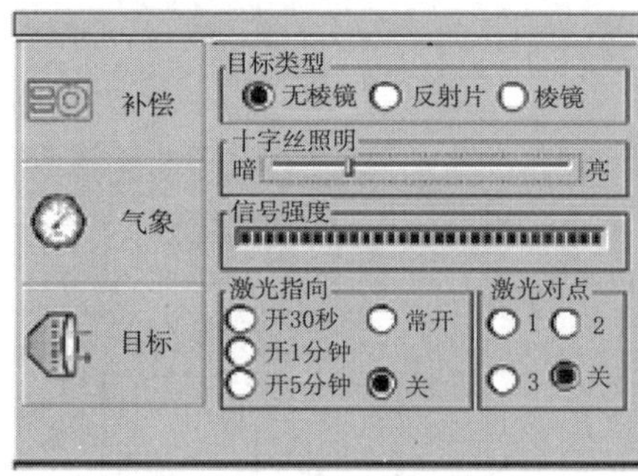

图 4-3-50

(3)距离测量。在角度测量模式下,照准棱镜中心,在"基本测量"状态界面,按"测距"模式软键,如图 4-3-51 所示,系统根据上次设置的测距模式开始测量。单击"模式"键,显示测距模式设置功能对话框,如图 4-3-52 所示。可按测距要求选择测距模式,包括精测单次、精测 N 次、精测连续、跟踪测量。测量完成,显示测量结果。

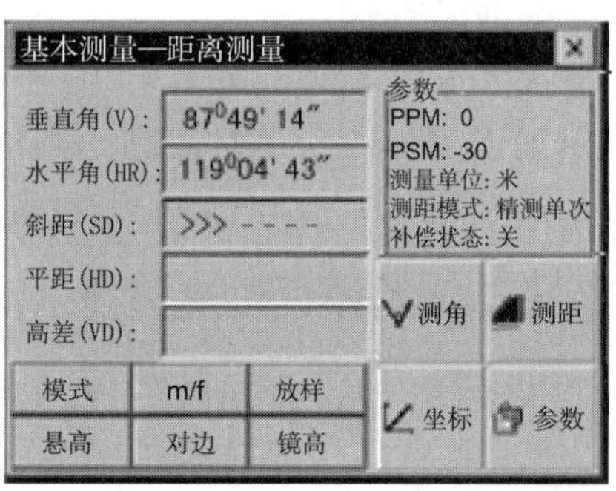

图 4-3-51

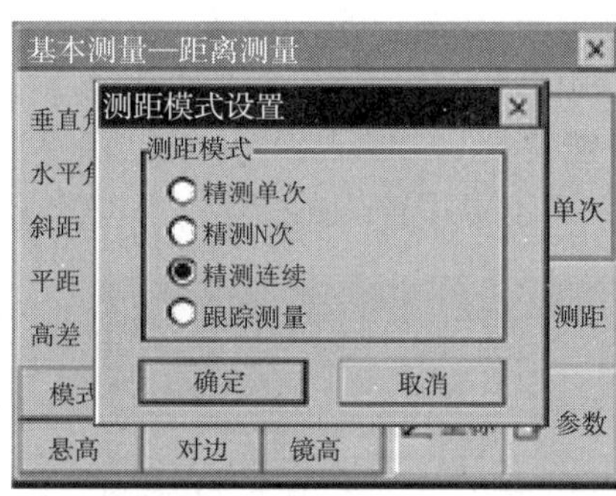

图 4-3-52

(4)距离单位的转换。在距离测量模式下,单击"m/f"键,会显示改变的距离单位,即实现国际制单位(米)和英制单位(英尺)的转换。

3. 坐标测量

(1)在"基本测量"状态界面,按"坐标"模式软键,进入坐标测量模式,如图 4-3-53 所示。单击"设站"键,显示测站坐标输入框,如图 4-3-54 所示。输入测站点坐标,每输入完一项,单击"确定"或按 ENT 键。将光标移到下一输入项。所有项输入完毕后,单击"确定"或按 ENT 键返回坐标测量界面。

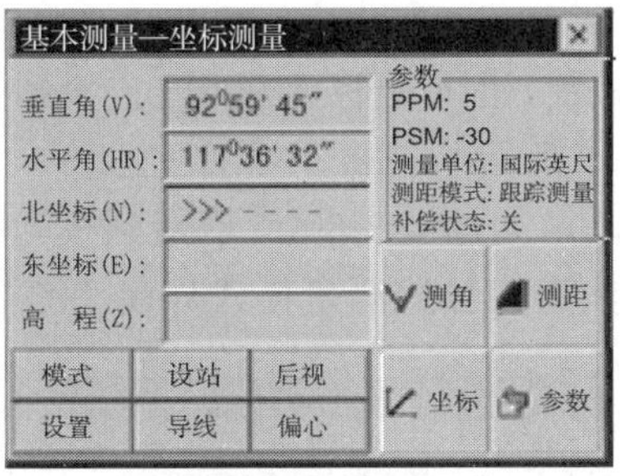

图 4-3-53

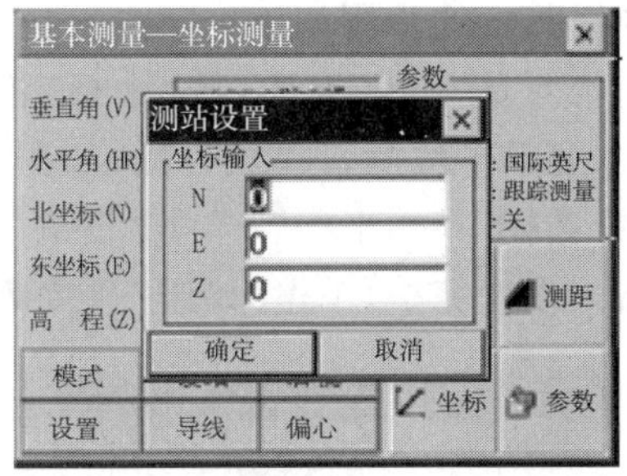

图 4-3-54

（2）设置后视点。单击“后视”键，弹出后视点设置对话框，如图 4-3-55 所示。输入后视点坐标，输入完一项，单击“确定”键或按 ENT 键，将光标移到下一输入项，输入完毕，单击“确定”键或按 ENT 键。确定后弹出“后视设置”对话框，如图 4-3-56 所示。照准后视点，单击“是(Y)”键。系统设置好后视方位角，并返回坐标测量界面。界面中显示刚才设置的后视方位角。

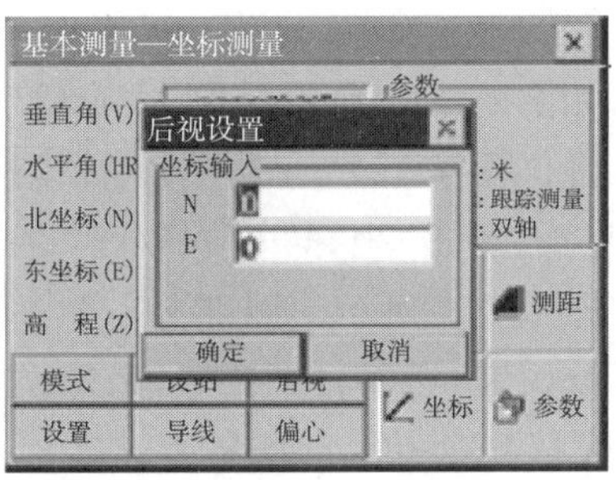

图 4-3-55

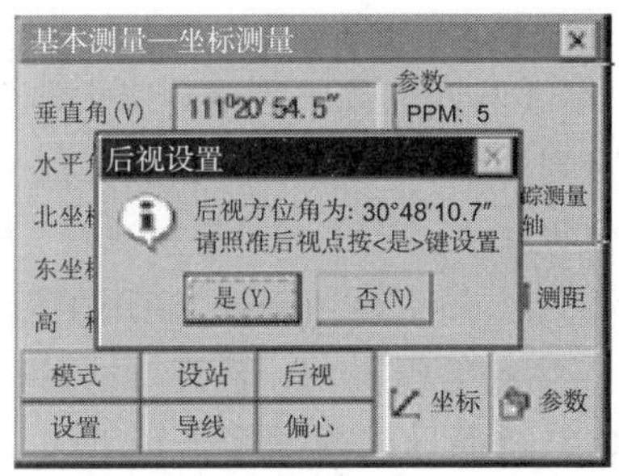

图 4-3-56

（3）设置仪器高/棱镜高。在坐标测量模式下，单击“设置”键，进入仪器高、棱镜高（目标高）设置功能，如图 4-3-57 所示。输入仪器高和棱镜高，输入完一项，单击“确定”或按 ENT 键。所有项输入完毕后，单击“确定”或按 ENT 键，返回坐标测量界面，如图 4-3-53 所示。

（4）坐标测量。照准目标点，单击“坐标”键，测量结束，显示结果，如图 4-3-58 所示。

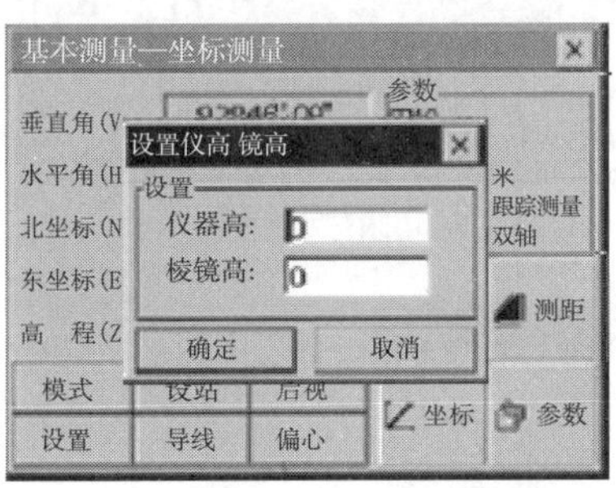

图 4-3-57

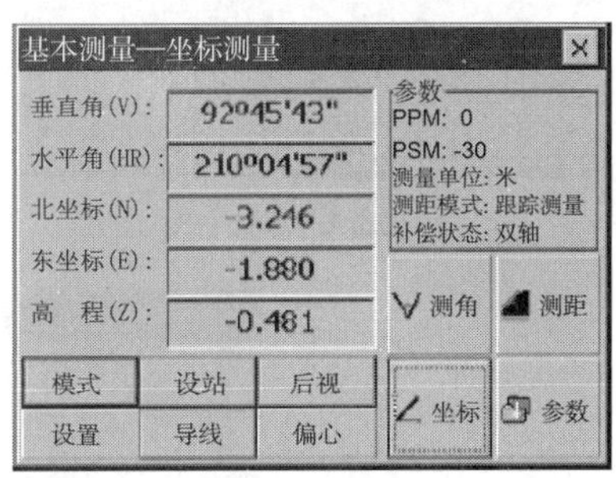

图 4-3-58

4. 导线测量（保存坐标）

在该模式中，前视点坐标测定后被存入内存（可作为下一测站的坐标），仪器迁站到下一个点后，该程序会将前一个测站点作为后视定向点；迁站安置好仪器并照准上一个测站点后，仪器会显示后视定向边的反方位角。若未输入测站点坐标，则取其为（0，0，0）或上次预置的测站点的坐标。导线测量的步骤如下。

(1)在“基本测量”状态界面,按“坐标”模式软键,进入坐标测量模式,如图 4-3-53 所示。单击“导线”键,显示导线测量模式界面,如图 4-3-59 所示。

(2)用笔针选择“存储坐标”,单击“设置”键,显示如图 4-3-60 所示对话框,可重新设置仪器高或棱镜高。设置完毕,单击“确定”或按 ENT 键,返回导线测量模式界面。

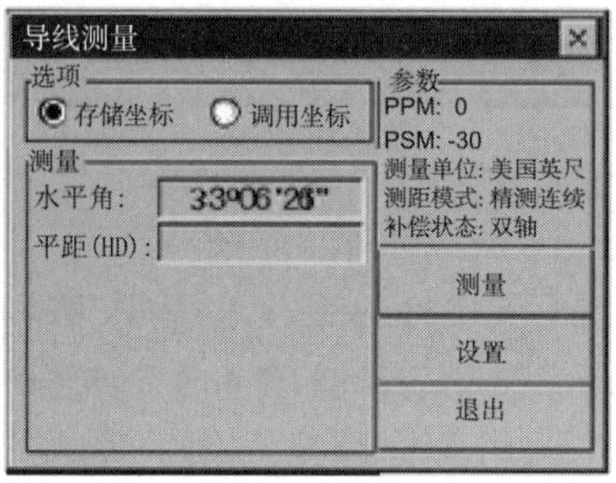

图 4-3-59

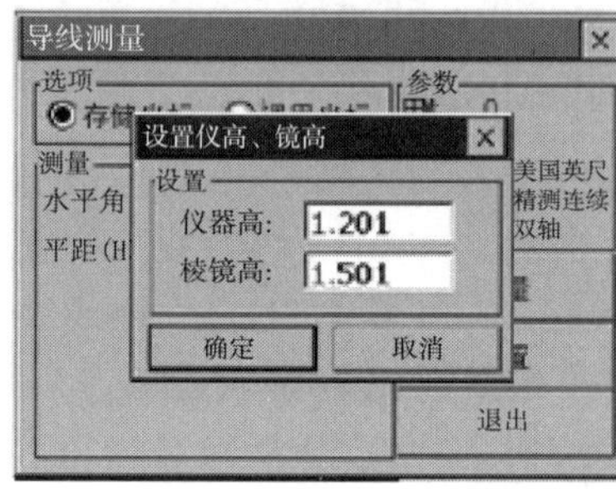

图 4-3-60

(3)照准目标点 P_1 棱镜,单击“测量”键开始测量,显示如图 4-3-61 所示状态。

(4)单击“继续”键,屏幕下方显示 P_1 点坐标,如图 4-3-62 所示。单击“存储”键。P_1 点坐标被确认,返回到图 4-3-53 所示界面。关闭电源,将仪器搬至 P_1 点(P_1 点棱镜搬至 P_0 点)。

(5)仪器设置在 P_1 点后,在“基本测量”状态界面,单击“坐标”模式软键,进入坐标测量模式。单击“导线”键,并用笔针选择“调用坐标”,如图 4-3-63 所示。照准上一个仪器站点 P_0,单击“设置”键。P_1 点坐标及 P_1 至 P_0 的方向角即被设置,返回到图 4-3-53 所示界面。重复步骤(1)至步骤(4),按照导线的顺序进行下去,直到完成整个导线的测量。

(6)若要退出,则单击“退出”键或按 ESC 键。

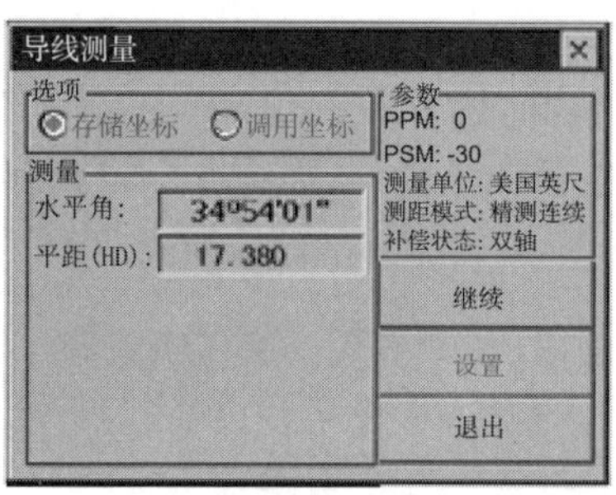

图 4-3-61

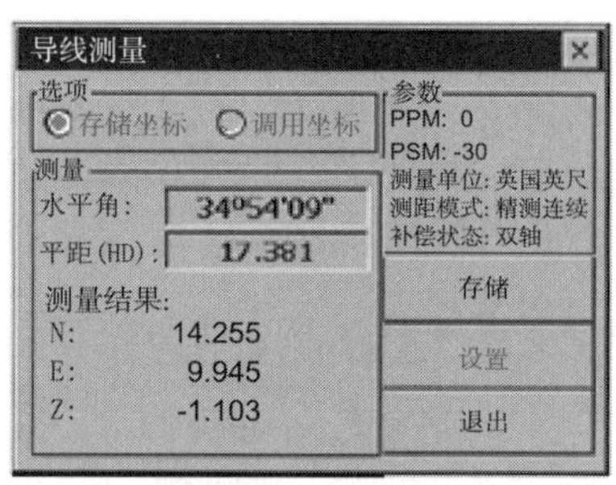

图 4-3-62

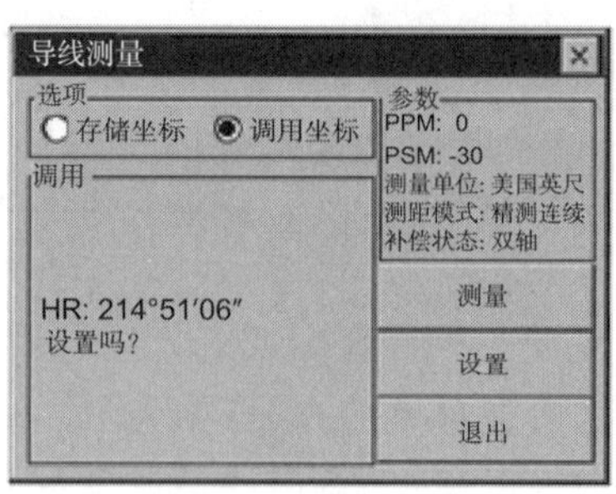

图 4-3-63

5．放样

（1）在距离测量模式下，单击“放样”键，显示放样斜距（默认）输入对话框，如图 4-3-64 所示。

（2）单击“模式”键，选择待放样的距离测量模式，包括斜距、平距、高差。系统弹出的对话框中提示输入待放样的斜距，如图 4-3-65 所示，输入数据后单击“确定”或按 ENT 键，即可进行斜距放样。

若要进行平距放样，则需要在斜距对话框中输入“0”，单击“确定”或按 ENT 键，系统会继续弹出输入平距对话框。输入平距后，单击“确定”或按 ENT 键，即可进行平距的放样。若需进行高差放样，则需要在斜距和平距对话框中输入“0”，系统才会弹出对话框，提示输入待放样的高差。

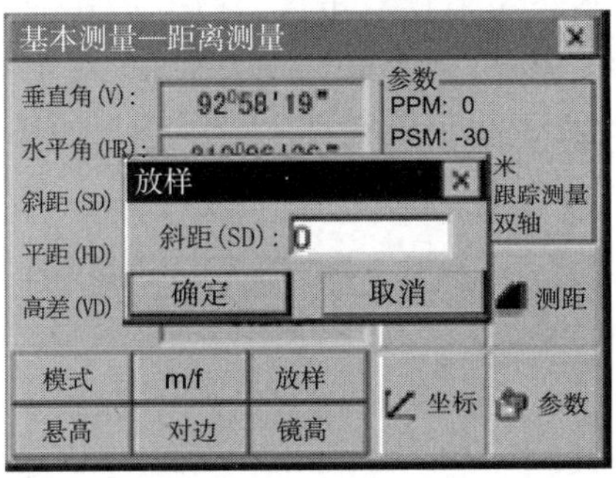

图 4-3-64

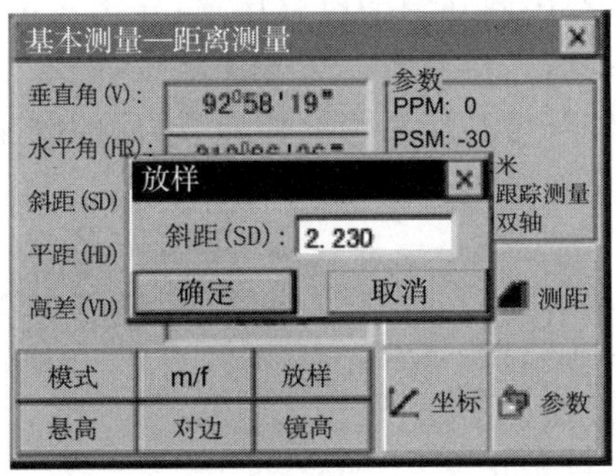

图 4-3-65

（3）开始放样。通过显示测量的距离与预置距离之差（显示值＝观测值－标准（预置）距离），调整棱镜。

（四）标准测量

1．启动标准测量程序

标准测量程序对原始数据、坐标和字符串分别使用带作业名的相应文件。对每一作业，数据存储在指定文件中，包括原始数据、坐标和字符串。作业名可用字母和数字构成，在仪器中可设置多个作业。要存储数据，可建立一个新的作业，也可以打开一个已存在的作业，也可删除某些作业文件。

（1）新建作业。在全站仪功能主菜单界面上，单击“标准测量”键，进入标准测量程序，界面显示如图 4-3-66 所示。单击“工程”，显示如图 4-3-67 所示菜单。在“工程”菜单中，单击“新建”，显示如图 4-3-68 所示对话框。

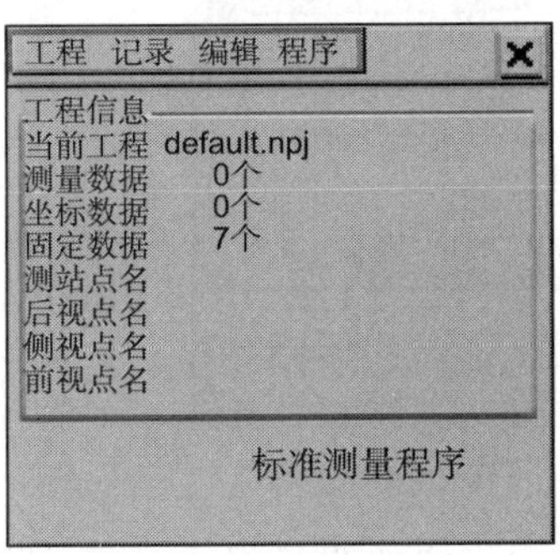

图 4-3-66

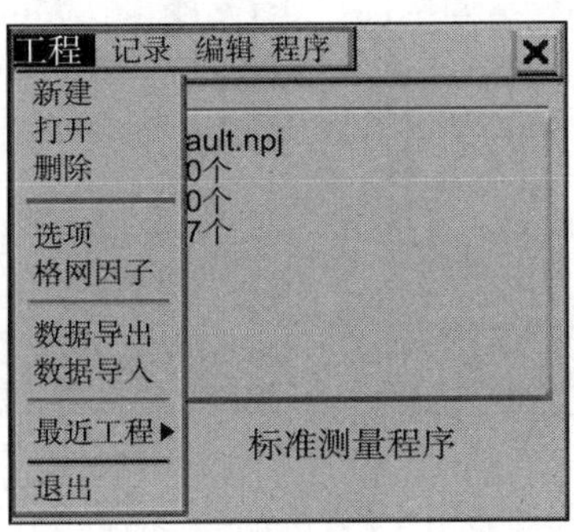

图 4-3-67

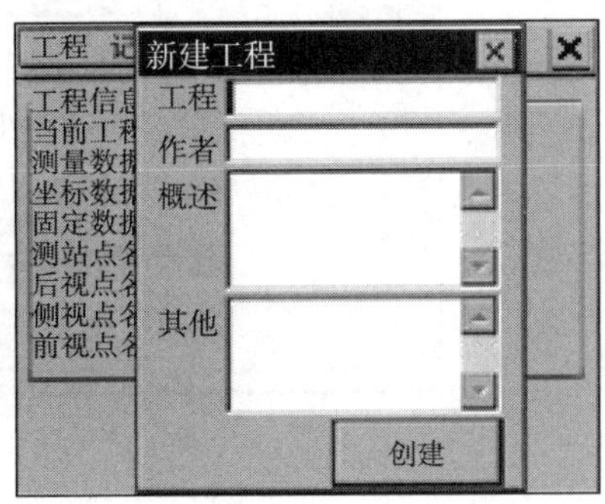

图 4-3-68

建立一个新的作业文件(作业名包括 16 个字符,可以是字母 A～Z,也可以是数字 0～9 和 _、#、$、@、%、+、－等符号,但是第一个字符不能为空格)。

在弹出的对话框中,输入工程名、作者、(工程)概述等信息。输入完一项,按ENT键或用笔针单击下一栏,将光标移到下一输入项。

所有信息输入完毕,单击“创建”将作业存储。新建立的作业默认为当前作业,如果作业名已经存在,程序会提示“同名的工程已经存在!”。因此,如果不能保证内存中是否存在要新建的作业名,可以在新建作业前通过“工程”下拉菜单中“打开”来查看内存中已经存在的作业名。完成新建作业后,系统返回标准测量程序界面。

(2)打开作业。在图 4-3-67 所示“工程”菜单目录下,单击“打开”或按▲/▼键选择“打开”命令,屏幕列出内存中的所有作业,如图 4-3-69 所示。用笔针双击需要打开的作业文件,或在名称栏直接输入作业名。按ENT键后,进入如图 4-3-70 所示界面。在界面中,双击作业名,便打开该文件并将其作为当前作业,以后的测量数据便存储于该文件中。屏幕返回图 4-3-66 所示标准测量程序界面。

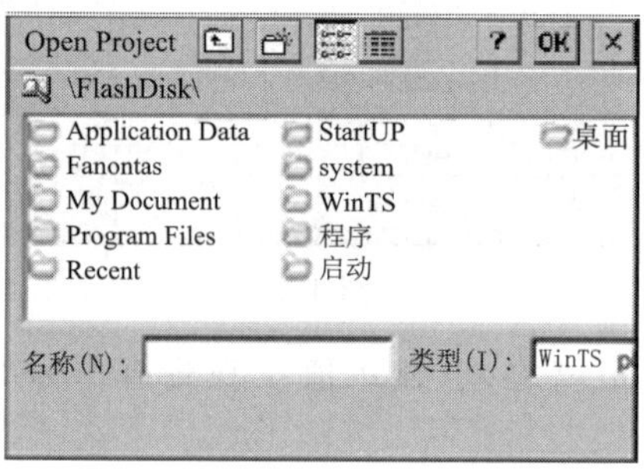

图 4-3-69

图 4-3-70

(3)删除作业。在如图 4-3-67 所示“工程”菜单中,单击“删除”或按▲/▼键选择“删除”命令,屏幕显示如图 4-3-71 所示界面。在屏幕右边框中用笔针双击需要删除的作业(若单击“删除”,则系统默认删除全部工程)。

若只是删除作业中某些数据文件,则还需在屏幕左边框中选择“删除部分文件”,再在“工程”选项中单击被删除的数据文件,如图 4-3-72 所示,单击“删除”键,屏幕提示如图 4-3-73 所示,单击“OK”或按ENT键确认删除,删除结果如图 4-3-74 所示。

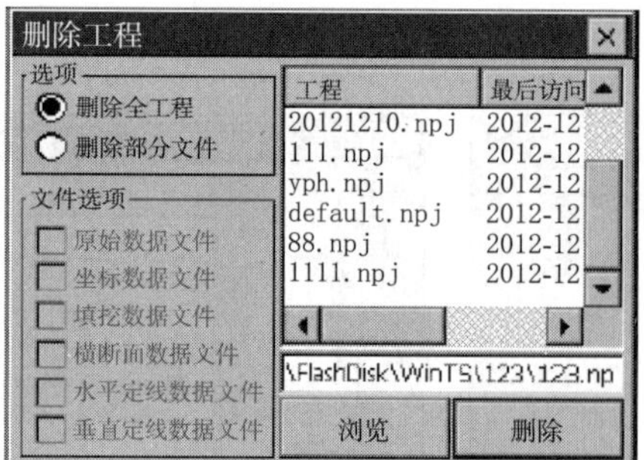

图 4-3-71

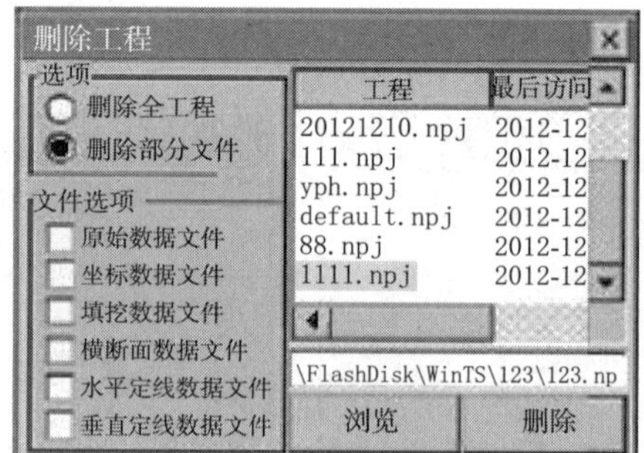

图 4-3-72

(4)数据导出。测量数据、坐标、填挖数据和横断面数据可传输到指定的路径下。

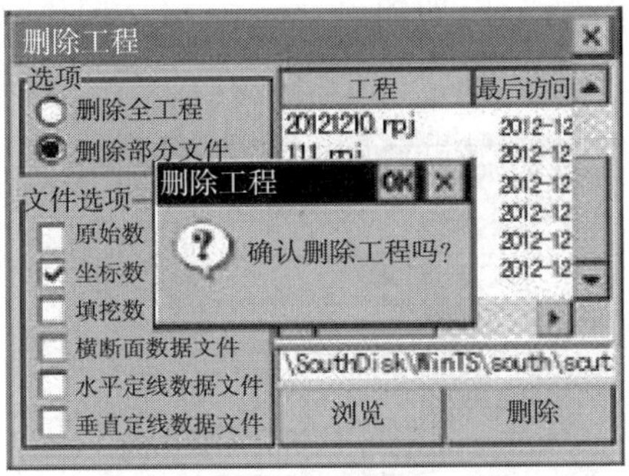

图 4-3-73

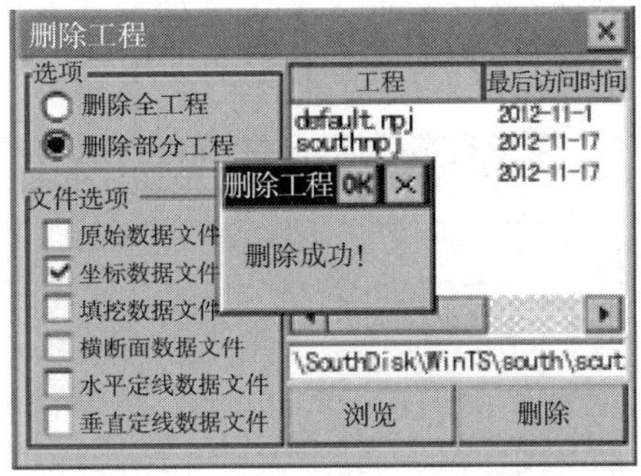

图 4-3-74

在图 4-3-67 所示的“工程”菜单目录下，单击“数据导出”或按▲/▼键选择“数据导出”命令，在系统弹出的对话框中，用笔针选择需要导出的数据类型，如图 4-3-75 所示，并单击“导出”或按ENT键，出现如图 4-3-76 所示界面。选择导出文件的保存位置。在名称栏输入文件名。单击“OK”或按ENT键，数据将被导出到指定位置，再返回标准测量程序界面。

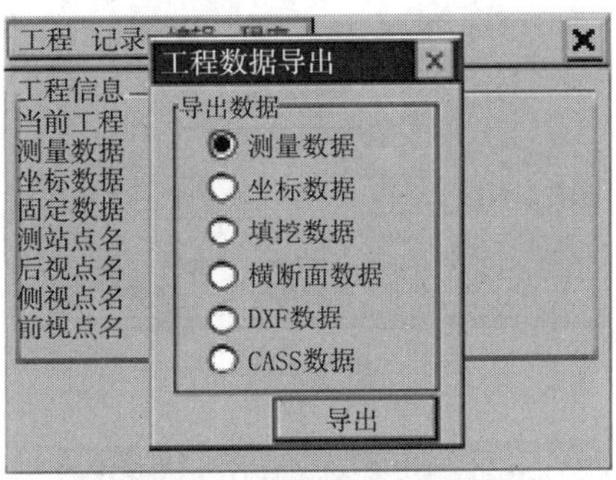

图 4-3-75

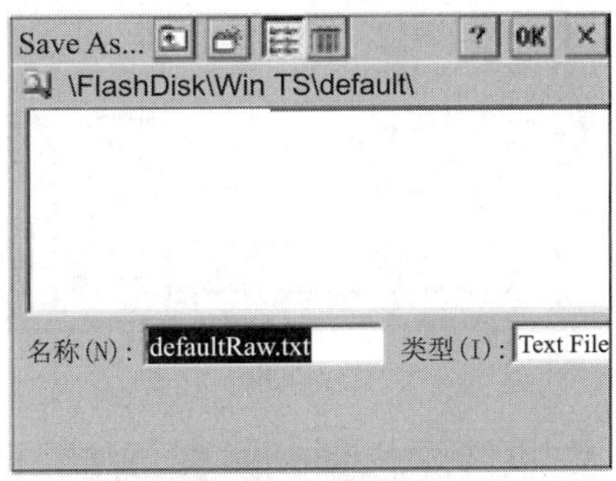

图 4-3-76

（5）数据导入。用于放样的坐标文件、固定点库文件、编码库文件，以及用于放样的定线和横断面文件应先在电脑上编辑并保存，然后复制到全站仪中，再使用导入功能。

在图 4-3-67 所示“工程”菜单目录下，单击“数据导入”或按▲/▼键选择“数据导入”命令，在系统弹出的对话框中，选择需要导入数据的类型，单击“导入”或按ENT键，出现图 4-3-77 所示界面，找到被导入的文件，单击“OK”或按ENT键，数据将被导入至指定位置，再返回标准测量程序界面。

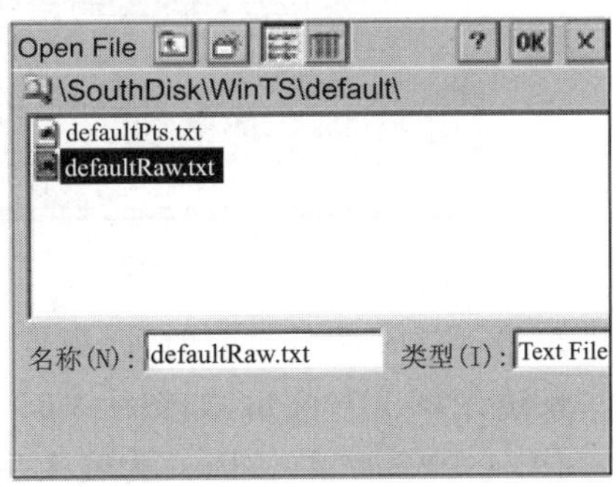

图 4-3-77

（6）记录测量数据，主要用于采集和记录原始数据。可以设置测站点和后视方位，进行后视测量、前视测量、侧视测量和横断面测量。

在如图 4-3-66 所示的标准测量程序界面，单击“记录”或按◀/▶键选择“记录”命令，屏幕显示如图 4-3-78 所示菜单。单击“设置”，显示如图 4-3-79 所示界面。

在“测站点”栏输入点名，并单击“信息”键。若内存中不存在该点名，则会提示进行坐标输入，显示如图 4-3-80 所示对话框；若内存中存在该点名，则系统会自动调用该点，该点坐标也会显示在屏幕上，如图 4-3-81 所示。如果单击“列表”键，在图 4-3-82 所示的下拉菜单中选择

"固定数据"或"坐标数据",系统会列出作业中的坐标数据,如图 4-3-83 所示。选择点名,再单击"调用"键,可实现对该点数据的调用。

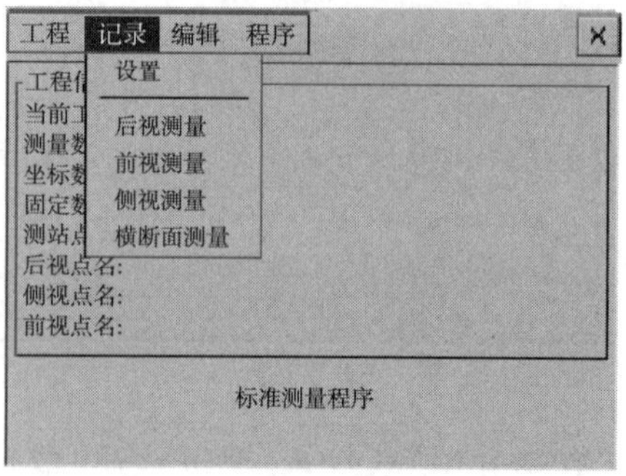

图 4-3-78

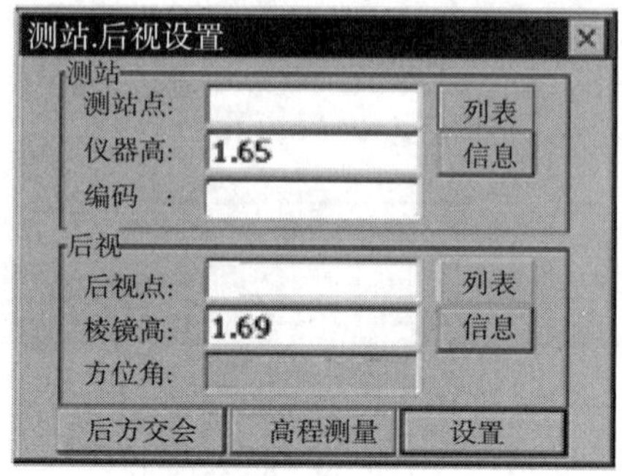

图 4-3-79

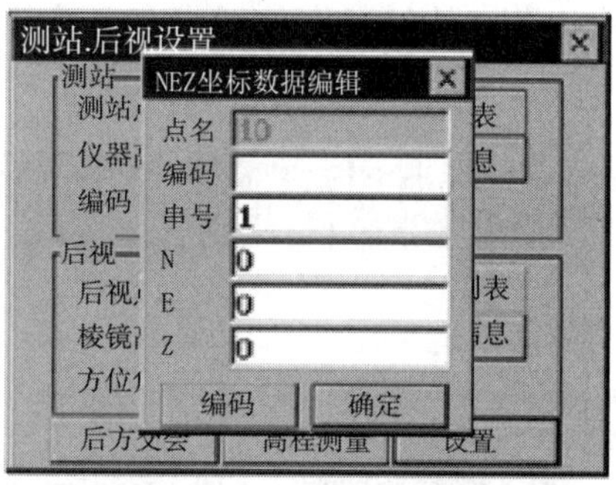

图 4-3-80

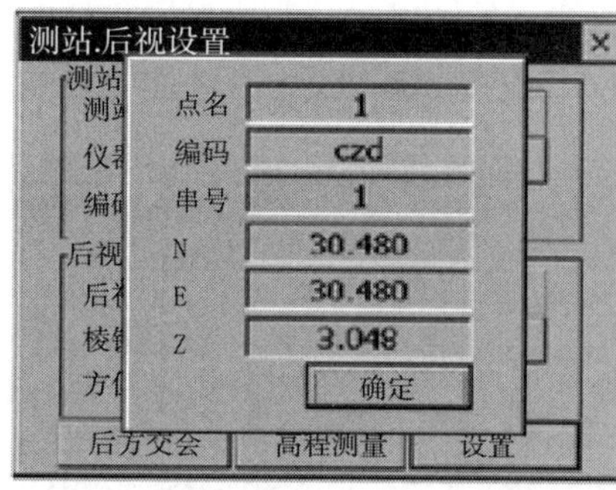

图 4-3-81

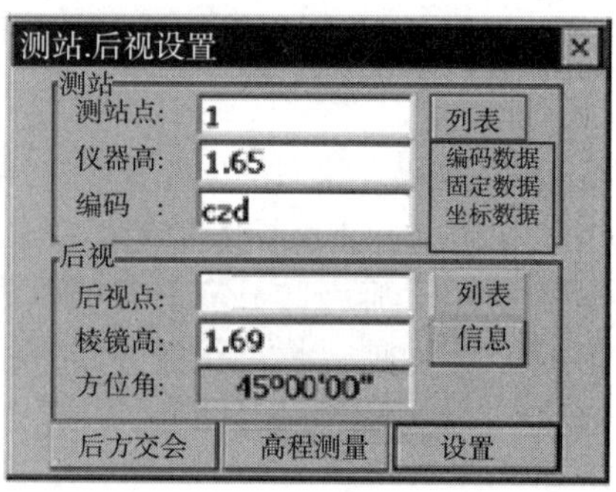

图 4-3-82

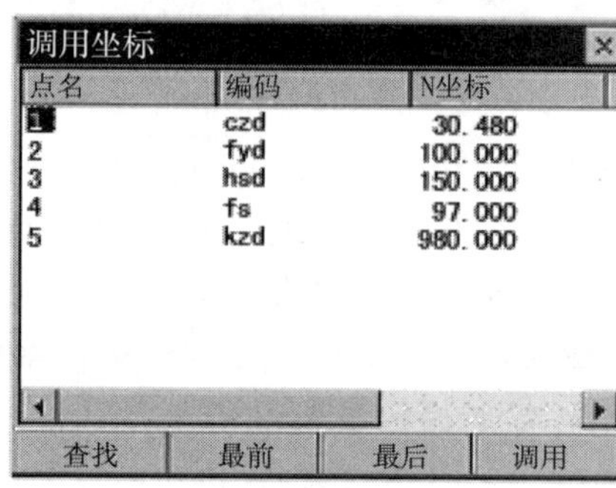

图 4-3-83

在图 4-3-79 所示界面的"后视点"栏输入后视点名,如图 4-3-84 所示,后视点输入方法同上。系统计算出方位角,如图 4-3-85 所示。单击"设置"或按 ENT 键,进入后视点设置功能界面,如图 4-3-86 所示。"Bks"为输入后视点系统计算的方位角或手工输入的方位角,"HR"为此时仪器显示的水平角。

若照准后视点,单击"置零"键,则水平角的显示为"0°00′00″",如图 4-3-87 所示。再单击"确定"键,退出该界面,把后视方向设置为零。若单击"设置"键,则水平角显示的角度便为方位角,如图 4-3-88 所示。

若单击"校核"键,则通过测量后视点的斜距检校后视点坐标,如图 4-3-89 所示。单击"确定"或按 ENT 键,完成后视点的设置,并返回标准测量程序界面。

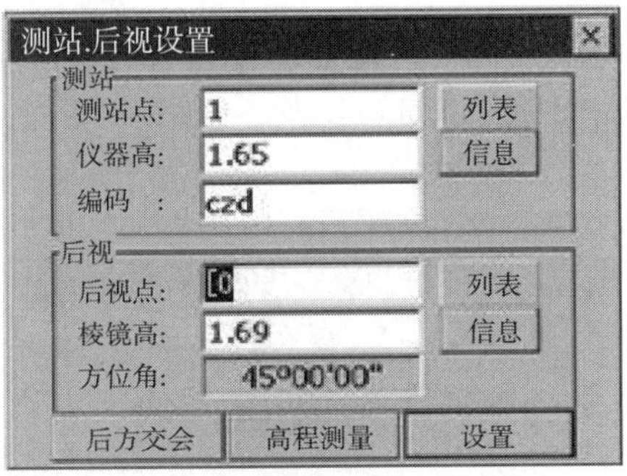

图 4-3-84

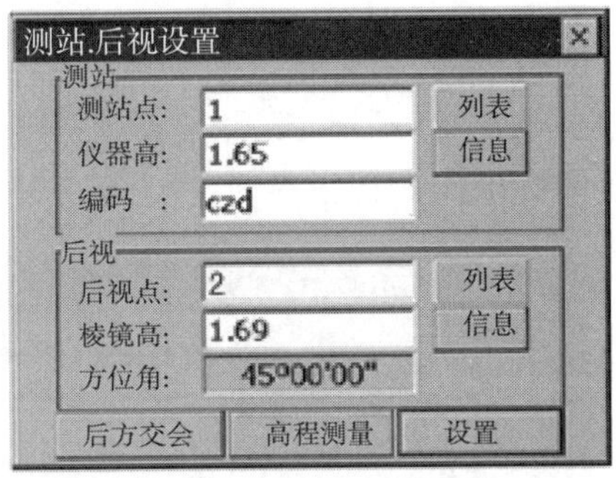

图 4-3-85

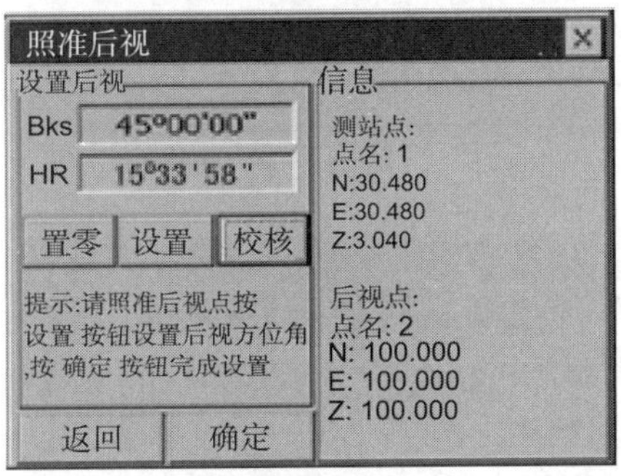

图 4-3-86

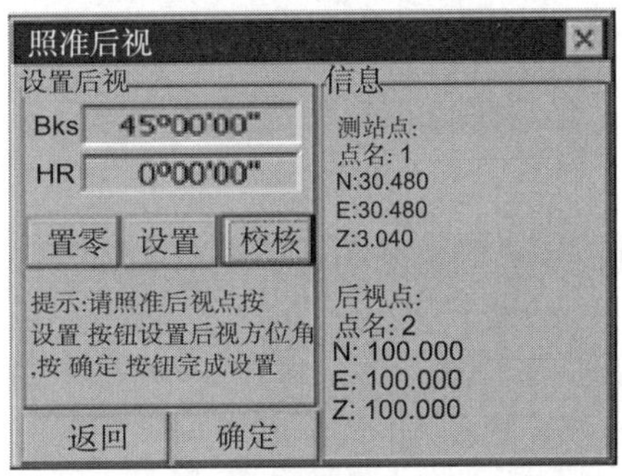

图 4-3-87

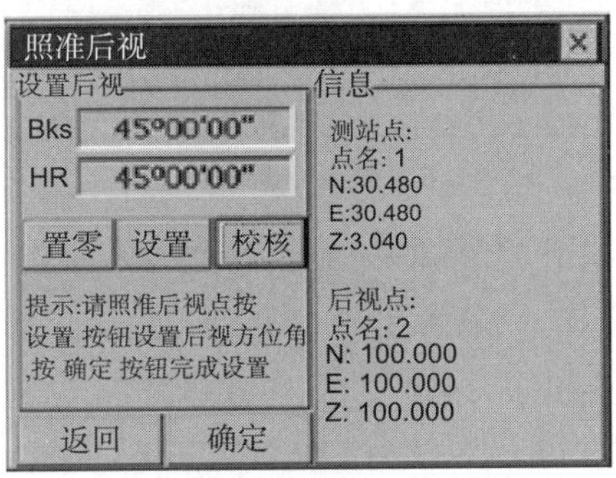

图 4-3-88

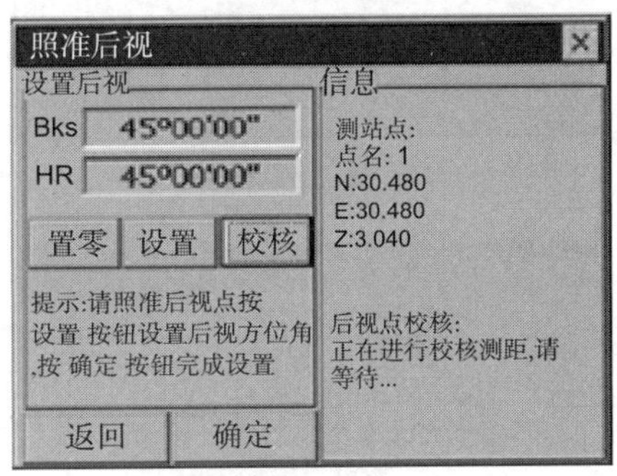

图 4-3-89

2. 坐标测量

坐标测量步骤如下。

(1)在测站点坐标和后视方向已设置的情况下，在如图 4-3-78 所示“记录”菜单，单击“后视测量”或按▲/▼键选择“后视测量”，进入“后视测量”功能状态界面，如图 4-3-90 所示。

输入后视点名及棱镜高度(如不测高程，无须输入棱镜高)。照准后视点上的棱镜中心，单击“测量”键启动测量。测量结束，单击“记录”键，弹出如图 4-3-91 所示对话框，单击“OK”键，记录数据，并返回标准测量程序界面。

(2)如果需要测坐标的前视点为控制点(如导线点)，当设置好测站点和后视点以后，便可以进行测量工作。在如图 4-3-78 所示“记录”菜单，单击“前视测量”或按▲/▼键选择“前视测量”，进入“前视测量”功能状态界面，如图 4-3-92 所示。输入前视点号、棱镜高度，若要改变测量模式，则单击“模式”键(默认为“精测单次”)。用笔针选择测量模式，如图 4-3-93 所示，设置好后单击“确定”键。

单击“测量”键启动测量。测量结束显示结果,单击“记录”键或按ENT键,弹出如图 4-3-94 所示对话框,单击“OK”键,显示 N、E、Z 坐标值,如图 4-3-95 所示,单击“确定”键,测量结果被保存,并返回标准测量程序界面。

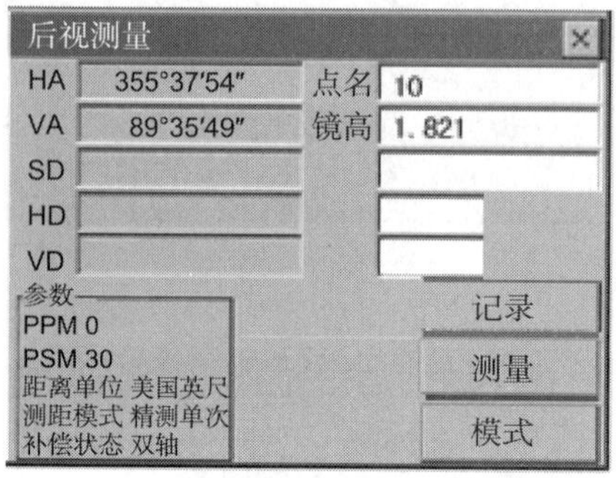

图 4-3-90

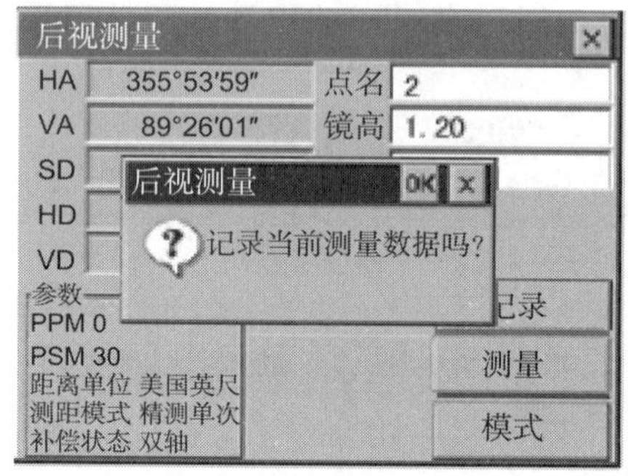

图 4-3-91

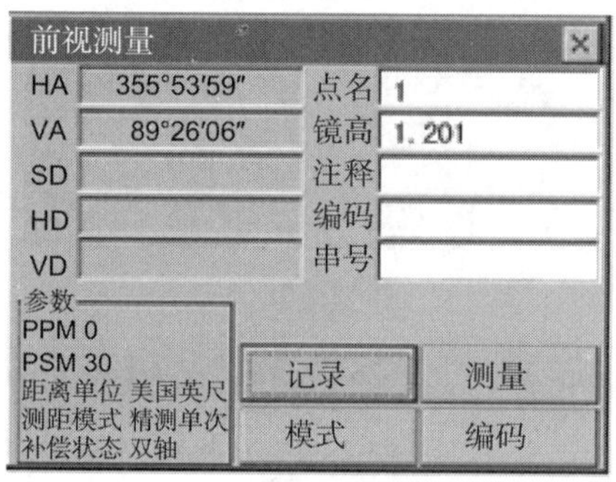

图 4-3-92

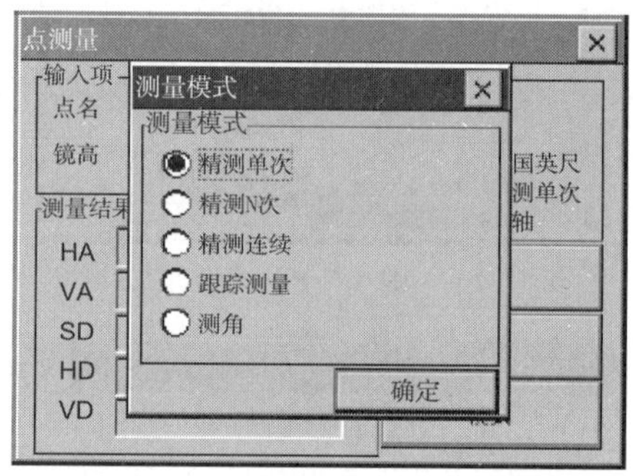

图 4-3-93

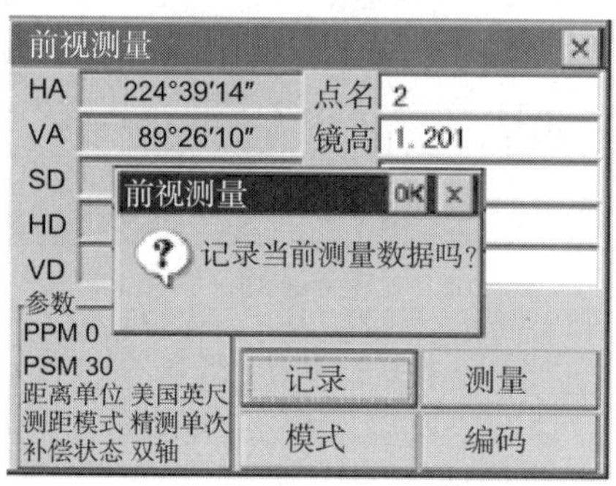

图 4-3-94

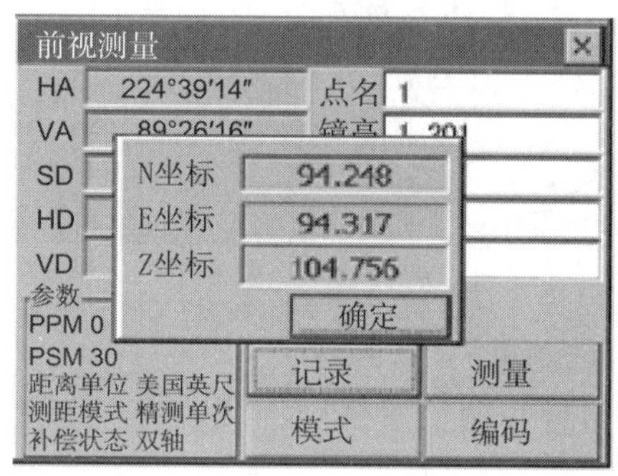

图 4-3-95

(3)如果需测坐标的测点为碎部点(如地形点),可在如图 4-3-78 所示“记录”菜单,单击“侧视测量”或按▲/▼键选择“侧视测量”,进入“侧视测量”功能状态界面,如图 4-3-96 所示。

(4)输入点号、棱镜高度及编码、串号,单击“测量”键,启动测量。测量结束,显示结果,单击“记录”键或按ENT键,弹出如图 4-3-97 所示对话框。单击“OK”键,显示 N、E、Z 坐标值,如图 4-3-98 所示,若该点已存在,则系统会提示“是否覆盖该点?”。单击“确定”键,测量结果被保存。

重复步骤(2)至步骤(4),完成各碎部点的测量。以同样的方法可进行碎部点采集。

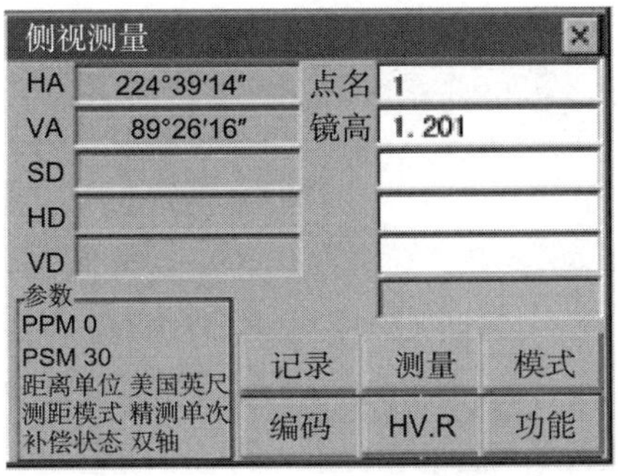

图 4-3-96

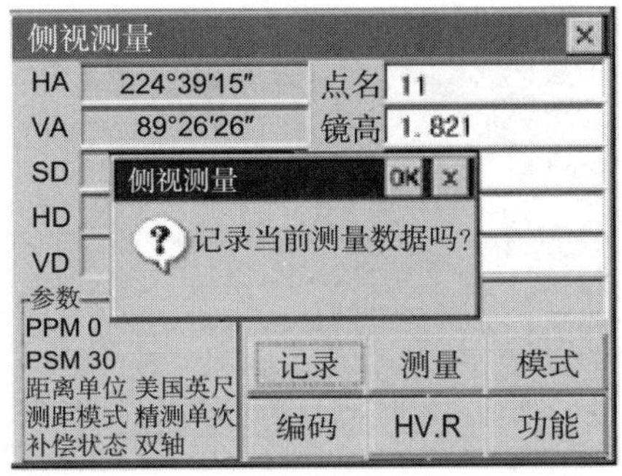

图 4-3-97

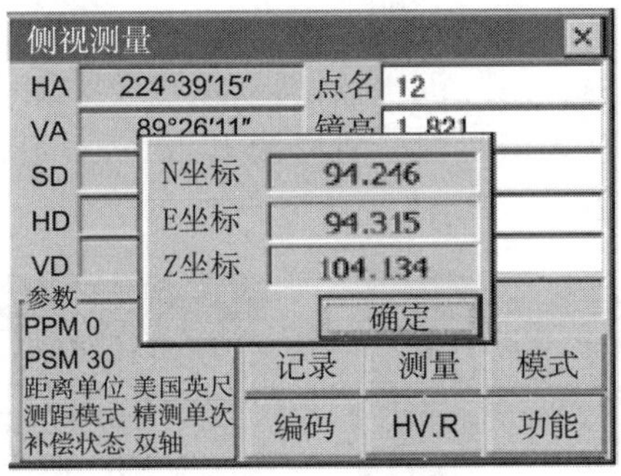

图 4-3-98

3. 坐标放样

(1)设置测站点和后视点。在图 4-3-66 所示标准测量程序界面中，单击“程序”，在出现的“程序”菜单中选择“放样”命令，并在子菜单中单击“设置”键，进入测站点、后视点设置界面，如图 4-3-79 所示。按前述记录测量数据的方法进行测站点、后视点设置。

(2)在“放样”子菜单中，单击“点放样”，如图 4-3-99 所示。在弹出的对话框中，输入待放样的点名及棱镜高，如图 4-3-100 所示。在图 4-3-101 所示的对话框中输入点名，若作业中存在输入的点名，则系统会自动调用；若作业中不存在输入的点名，则系统会弹出坐标编辑对话框要求先输入坐标。待放样的点也可以预先存入作业中，再单击“列表”键从其中调用，如图 4-3-102 所示。

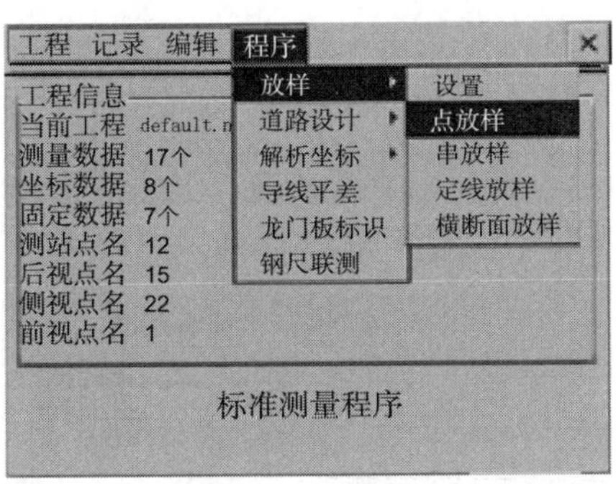

图 4-3-99

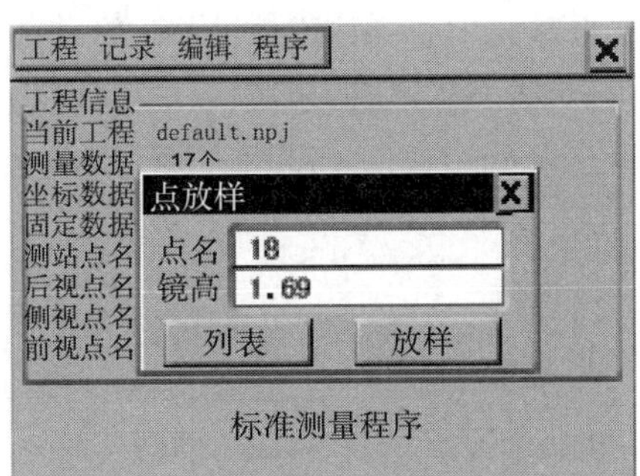

图 4-3-100

(3)设置好放样点后，单击“放样”键或按ENT键，便开始放样。照准棱镜中心，单击“测量”键启动测量，如图 4-3-103 所示。

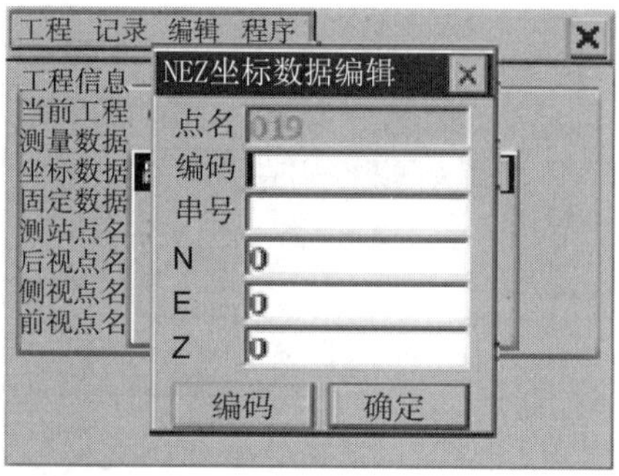

图 4-3-101

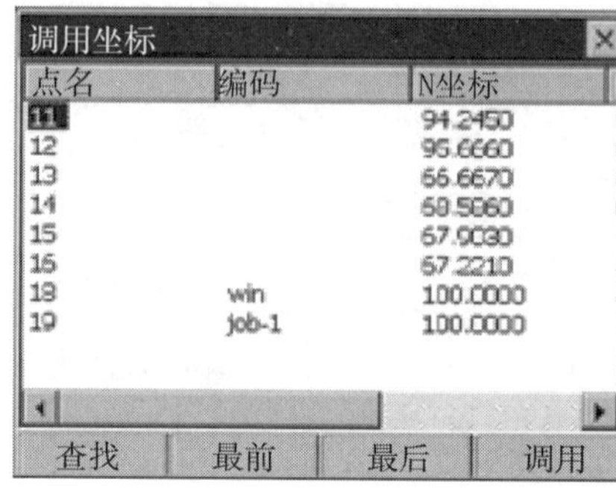

图 4-3-102

转动仪器照准部,使“Turn”项与“→”项显示为 0,并指挥立尺员移动棱镜。照准棱镜中心,单击“测量”键启动测量,并指挥立尺员前后移动棱镜使“Away”项与“↑”项显示为 0。

当以上四项均显示为 0 值,表示找到待放样的点。“Cut”项表示填挖量。“Cut”为正表示挖,“Cut”为负表示填,如图 4-3-104 所示。

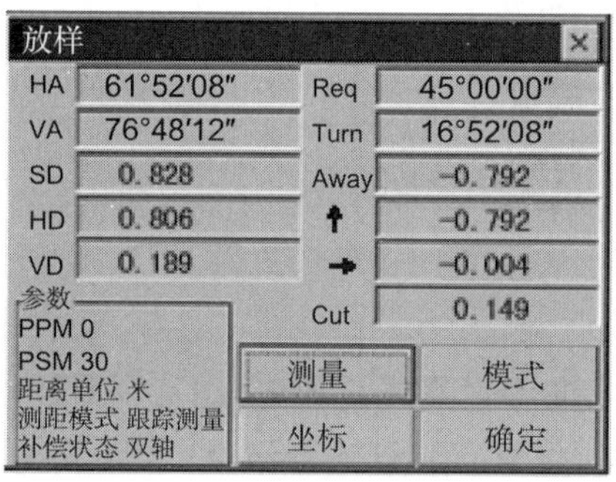

图 4-3-103

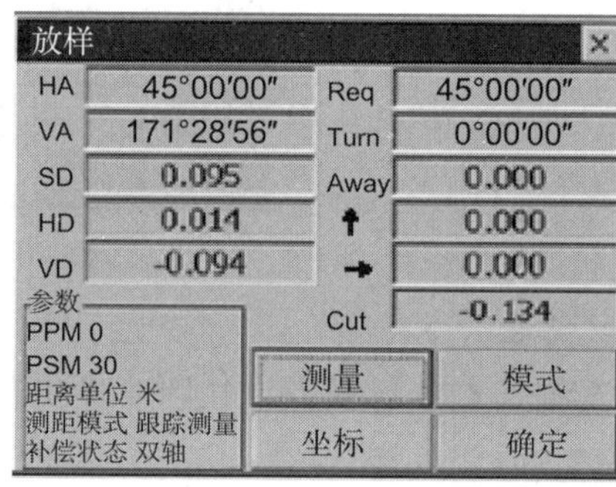

图 4-3-104

(4)放样结束,单击“确定”键或按 ENT 键退出,返回图 4-3-100 所示屏幕。重复同样步骤,完成其他点的放样。

(5)串放样。设置好测站点和后视点后,在“放样”子菜单中单击“串放样”,弹出如图 4-3-105 所示的对话框,输入待放样点号的编码和串号,并单击“放样”,系统自动启动搜索功能。若找到了该串,则显示该串中第一个点的点号对话框,如图 4-3-106 所示,输入目标棱镜高,单击“放样”或按 ENT 键。照准棱镜中心,单击“测量”键,启动测量。放样方法同前。放样完毕,单击“确定”键或按 ENT 键退出,系统显示该串中的第二个放样点。单击“放样”或按 ENT 键开始放样第二个放样点。

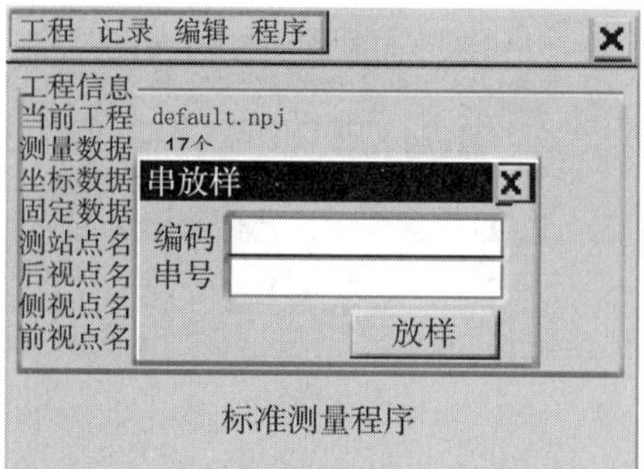

图 4-3-105

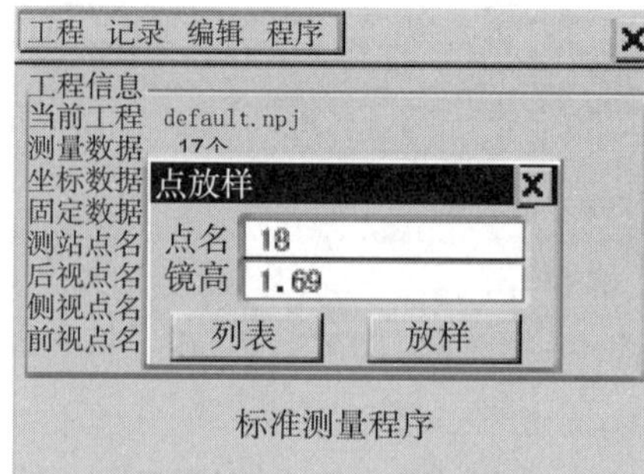

图 4-3-106

七、徕卡 TCA2003 全站仪

(一)徕卡 TCA2003 全站仪的特点

徕卡 TCA2003 全站仪(图 4-3-107)属于 TPS1000 系列仪器，简称测量机器人。徕卡 TCA2003 全站仪主要的特点为：①采用静态条码式码盘测角技术(开机时，无须角度初始化)；②精巧的液态双轴补偿器(光路上采用更加紧凑的线性 CCD 阵列)；③智能型目标自动识别与照准技术(实现目标的自动识别、照准与跟踪)；④超高频测距频率与动态校准技术(电尺的刻度分划值更小，并保证测距频率的稳定性)；⑤相位法激光无棱镜测距技术(实现各种特征位置无棱镜测量)；⑥RTOS 实时操作系统(在特殊的、恶劣环境下操作系统正常使用)；⑦友好开放的 MIMI 技术(用户可进行定制显示、输出)；⑧无限位微动螺旋(通过转动编码器给微处理器提供信号来驱动马达)；⑨激光对中技术(借助激光对中器的红色光斑，在地面标志点上可以快速精确安置仪器)。

图 4-3-107　徕卡 TCA2003 全站仪

仪器自带的符合计算机工业标准的 PCMCIA 卡供记录数据和程序使用，其数据格式和所有徕卡仪器兼容，并允许与徕卡 GPS 系统进行数据交换。可单独提供应用程序，用户也可以自己编写程序。仪器角度测量精度等于或优于±0.5″；距离测量精度等于或优于±($1\ mm+1\times10^{-6}D$)；当范围不大于 200 m 时，搜索精度等于或优于 1 mm。

(二)徕卡 TCA2003 全站仪目标自动识别

测量机器人通过 CCD 影像传感器和其他传感器对现实测量世界中的“目标”进行识别，迅速做出分析、判断与推理，实现自我控制，并自动完成照准、读数等操作，以此完全代替人的手工操作。

1. 基本原理

内置的自动目标识别(automatic target recognition，ATR)装置发射出激光束，经过仪器的光学部件多次反射处理后与望远镜视准轴同轴发射出去，由目标棱镜反射回来并引导 ATR 光束至 CCD 阵列上，形成光点。光点位置以 CCD 相机的中心作为参考点来精确确定。如果望远镜视准轴与 CCD 相机中心一致，那么使用 ATR 功能测得的角度值可直接从 CCD 相机上光点的位置计算出来；如果望远镜视准轴和 CCD 相机中心不一致，那么其偏移量可用来计算改正数，改正水平角和垂直角。因此，可以对马达进行控制，转动仪器以便使十字丝照准棱镜中心。

为了减少测量时间，当望远镜十字丝与棱镜中心有小量偏差时就停止转动仪器(该偏差可达 5 mm)，然后由 ATR 测出十字丝与棱镜中心的偏移量并对水平角和垂直角进行相应改正。因此，可以不考虑十字丝是否真正精确地对准棱镜中心，所得的水平角和垂直角均是对棱镜中心的值。

2. 自动识别过程

ATR 自动目标识别和照准可分以下几个过程。

(1)初始设置过程。在专门的观测室或观测墩处安置仪器系统，在观测体上布设反射棱镜(或贴反射片)作为目标点，先由观测员进行一次初始测量。

(2)目标搜索过程。启动 ATR 功能，计算机控制微处理器按角度变化给出步进马达在水平与竖直方向应转动的步数，当由角度传感器所获得的角值与初值之差在规定范围内时，启动寻标照准程序。ATR 的感应区位于望远镜的中心，大约占 1/3 视场，在此感应区，ATR 可立即识别出棱镜。

(3)目标照准过程。全站仪的光轴在驱动马达的带动下，在与光轴垂直的平面上做螺旋形运动，当接收到的光强信号大于某一给定值时，寻标过程结束。

(4)测量过程。照准反射棱镜并达到照准允许精度后，计算机发出测角、测距指令，既启动距离和角度测量，同时又测定气象元素，进行距离、方向改正，存储改正后的观测值。

(5)如果已在上载程序中设置命令，则随后可启动马达程序，照准下一个目标点。

第四节　全球导航卫星系统

一、概述

全球导航卫星系统(global navigation satellite system，GNSS)是利用卫星信号进行定位的各种定位系统的统称。目前 GNSS 主要包括美国的全球定位系统(Global Positioning System，GPS)、中国的北斗导航卫星系统(BeiDou Navigation Satellite System，BDS)、俄罗斯的格洛纳斯导航卫星系统(Global Navigation Satellite System，GLONASS)、欧洲的伽利略导航卫星系统(Galileo Navigation Satellite System，Galileo)，以及日本、印度的区域导航卫星系统等。

(1)GPS。该系统是由美国国防部研制，于 1973 年开始设计、实验，历经 20 年，到 1993 年 7 月，工作卫星已达 24 颗，具备了初步运行的能力，它是以军事应用为主，军民两用的卫星导航定位系统。GPS 已经经历了第一代和第二代，现在已升级到第三代，具有全球(陆地、海洋、航空和航天)、全天候、连续和实时的导航、定位和授时功能。

(2)北斗导航卫星系统。北斗导航卫星系统是我国自主研制的定位系统，可在全球范围内全天候、全天时为各类用户提供高精度、高可靠的定位、导航、授时服务，定位精度为分米、厘米级，测速精度为 0.2 m/s，授时精度为 10 ns，并且具备短报文通信能力。自 20 世纪 80 年代开始，我国探索适合中国国情的卫星导航系统发展道路，形成了“三步走”发展战略。第一步，建设北斗一号系统。1994 年，启动北斗一号系统工程建设；2000 年，发射 2 颗地球静止轨道卫星，建成系统并投入使用，采用有源定位体制，为中国用户提供定位、授时、广域差分和短报文通信服务；2003 年发射第 3 颗地球静止轨道卫星，进一步增强系统性能。第二步，建设北斗二号系统。2004 年，启动北斗二号系统工程建设；2012 年年底，完成 14 颗卫星(5 颗地球静止轨道卫星、5 颗倾斜地球同步轨道卫星和 4 颗中圆地球轨道卫星)发射组网。北斗二号系统在兼容北斗一号系统技术体制基础上，增加无源定位体制，为亚太地区用户提供定位、测速、授时和短报文通信服务。第三步，建设北斗三号系统。2020 年 7 月 31 日上午 10 时 30 分，北斗三号全球卫星导航系统正式开通。北斗三号系统继承北斗有源服务和无源服务两种技术体制，能够为全球用户提供基本导航(定位、测速、授时)、全球短报文通信、国际搜救服务，中国及周边地区用户还可享有区域短报文通信、星基增强、精密单点定位等服务。目前，全球有多种卫星定位系统、多个信号频段，且接收机能同时接收多种卫星定位系统的信号。多系统、多频段定位将会提高定位可靠性、定位精度和定位速度。

(3)GLONASS。该系统是由苏联开发的、现为俄罗斯继承拥有的导航卫星系统，是继GPS之后第二个具备完全运营服务能力的导航卫星系统，可以为全球用户提供全天候的三维定位、测速和授时服务。第一颗GLONASS卫星于1982年由苏联发射，到1996年的13年内一直没有终止或间断卫星的发射。1995年年初该系统有16颗卫星在轨工作，1995年经历了3次成功发射，将9颗卫星送入轨道，完成了24颗工作卫星加1颗备用卫星的布局。经过数据加载、调整和检验，整个系统于1996年1月18日正式运行。GLONASS是以军事应用为主、军民两用的导航卫星系统。

(4)Galileo。该系统是由欧盟研制和建立的全球导航卫星系统。该系统计划于1999年2月由欧洲委员会公布，欧洲委员会和欧空局共同负责。系统由30颗卫星组成，其中27颗工作星，3颗备份星。

二、GNSS的组成

GNSS是由空间卫星部分(卫星星座)、地面监控部分和用户设备三部分构成。现以GPS为例进行介绍，其构成如图4-4-1所示。

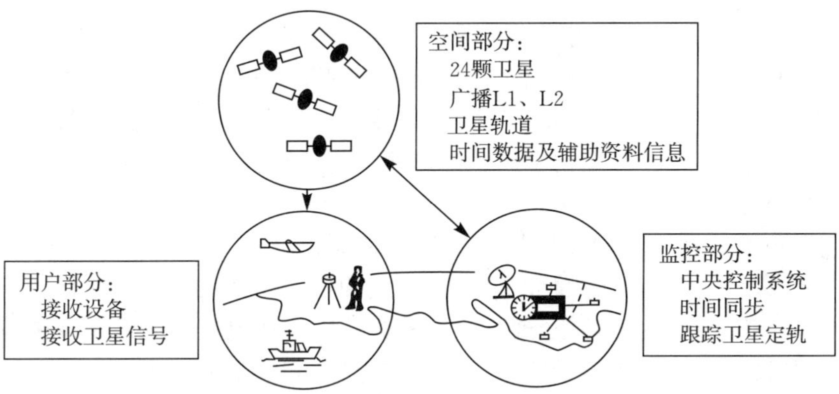

图4-4-1　GPS的构成

(一) 空间星座部分

GPS卫星星座由24颗卫星组成，其中21颗工作卫星，3颗备用卫星。工作卫星分布在6个近圆形轨道面内，每个轨道上有4颗卫星，卫星轨道面相对地球赤道面倾角为55°，各轨道面升交点赤径相差60°，轨道平均高度为20 200 km。卫星运行周期为11小时58分钟。同时在地平线以上的卫星至少有4颗，最多可达11颗。这样的布设方案将保证在世界任何地方、任何时间，都可进行实时三维定位。

GPS卫星主体呈圆柱形，直径为1.5 m，重约774 kg。两侧有双叶太阳能板，能自动对日定向，以提供卫星正常工作所需用电。每颗卫星装有4台高精度原子钟(2台铷钟、2台铯钟)，为GPS测量提供高精度时间标准。

GPS卫星主要功能是接收并存贮由地面监控站发来的导航信息，接收并执行主控站发出的控制命令，如调整卫星姿态、启用备用卫星；向用户连续发送卫星导航定位所需信息，如卫星轨道参数、卫星健康状态、卫星钟改正数及卫星信号发射时间标准。

GPS卫星向地面发射的信号是经过二次调制的组合信息，包括导航电文、载波和测距码。

(二) 地面监控部分

地面监控部分是由分布在世界各地的1个主控站、1个备用主控站、11个注入站、15个监测站及通信和辅助系统组成。

监测站内设有GPS接收机、高精度原子钟、气象参数测试仪和计算机等设备。主要任务是完成对GPS卫星信号连续观测,并将收集、处理后的数据和当地气象观测资料传送到主控站。

主控站除了协调管理地面监控系统外,还负责将监测站的观测资料进行联合处理来推算卫星星历、卫星钟差和大气修正参数,并将这些数据编制成导航电文送到注入站。另外,它还可以调整偏离轨道的卫星,使其沿预定轨道运行或启用备用卫星。

注入站的主要任务是将主控站编制的导航电文通过天线注入给相应的卫星。

(三)用户设备

用户设备是指用户GPS接收机。GPS接收机的主要任务是捕获卫星信号,跟踪并锁定卫星信号;对接收的卫星信号进行处理,测量GPS信号从卫星到接收机天线的传播时间;译出GPS卫星发射的导航电文,实时计算接收机天线的三维位置、速度和时间。

三、GNSS 定位原理

GNSS定位按照接收机的状态可分为静态定位与动态定位,按照测距原理不同可分为测距码定位与载波相位定位,按照求解绝对位置还是相对位置可分为绝对定位和相对定位。其中,伪距单点定位是导航中最常用的定位方法,载波相位静态相对定位是控制测量中最常用的定位方法,而动态载波相位差分定位常用于地形测量与工程测量中。

(一)伪距单点定位原理

伪距单点定位就是利用GNSS接收机在某一时刻测定的4颗及以上GNSS卫星到接收机的距离R^1、R^2、R^3、R^4、…,如图4-4-2所示。由于钟误差电离层延迟、对流层延迟等误差的影响,所测距离不等于真实的卫地距,通常将其称为伪距。从卫星导航电文中获得相关参数计算卫星位置,采用距离交会法求定天线所在的三维坐标,其数学模型为

$$R^i=\sqrt{(X_i^s-X)^2+(Y_i^s-Y)^2+(Z_i^s-Z)^2}+\delta_{\rho_1}+\delta_{\rho_T}-c\delta_t^s+c\delta_{t_g} \tag{4-4-1}$$

式中,δ_{ρ_1}为电离层延迟改正,δ_{ρ_T}为对流层延迟改正,δ_t^s为卫星钟差改正,δ_{t_g}为接收机钟差改正,X、Y、Z为接收机三维坐标。

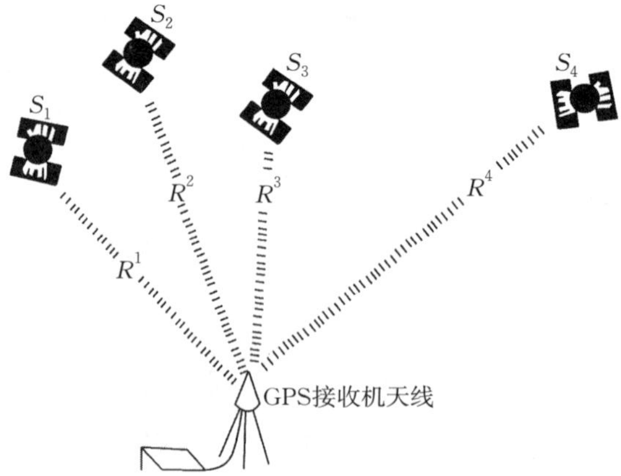

图4-4-2 GNSS伪距单点定位

这些误差中 δ_{ρ_1}、δ_{ρ_T} 可以用模型修正。δ_t^s 可用卫星发播的广播星历文件中提供的卫星钟修正参数修正。由此可知，有 4 个未知数 X、Y、Z、δ_{t_g}，GNSS 三维定位至少需要 4 颗卫星，建立 4 个以上的方程式才能解算上述未知数。

由于大气延迟、卫星钟差、星历误差等误差影响，伪距法单点定位精度不高。但是由于伪距单点定位速度快、无多值性问题，因此在运动载体的导航定位上应用很广泛。

(二)载波相位相对定位原理

由于测距码的码元较长，因此测距分辨率低，这也是伪随机码定位低的主要原因。C/A 码码长 293 m，测量精度为百分之一时，伪距精度为 3 m；P 码码长 29.3 m，P 码伪距精度为 0.3 m。用这样精度的观测值去定位，满足不了测绘工作的需要。而如果将载波作为量测信号，由于载波波长短，L1 载波 $\lambda_{L1}=19$ cm、L2 载波 $\lambda_{L2}=24$ cm，按测量精度为百分之一，载波相位测量精度为 2 mm。但是由于载波信号是一种周期性正弦信号，在相位测量中只能测定其不足一个周期(即波长)的小数部分，存在着整周数不确定性问题，因此载波相位解算过程比较复杂。

为了消除或削弱大气延迟、钟误差的影响，可采取相对定位的方法，一般用两台 GNSS 接收机，分别安置在测线两端(该测线称为基线)，固定不动，同步接收卫星信号。利用相同卫星的相位观测值进行解算，求定基线端点的相对位置或基线向量。当其中一个端点坐标已知，可推算另一个待定点的坐标。

载波相位相对定位普遍采用将相位观测值进行线性组合的方法，具体方法有三种，即单差法、双差法和三差法。

1. 单差法

如图 4-4-3 所示，单差法是将不同测站 (T_1、T_2) 同步观测相同卫星 S_i 所得到的相位观测值 φ_1、φ_2 求差，这种求差法称为站间单差。站间单差可以消去卫星钟差。当 T_1、T_2 两测站距离较近时，其两站电离层和对流层延迟相关性较强，还可以消除这些误差。

2. 双差法

双差法是将不同测站同步观测一组卫星得到的单差求差，如图 4-4-4 所示。这种求差称为站间星间差。双差法更适宜应用的主要原因在于消除了接收机钟差的影响，也大大减少了未知数个数，从而减少数据处理的工作量。因此，在 GNSS 相对定位中都是采用双差法作为基线解算的基本方法。

为了提高相对定位精度，同步观测时间会比较长。同步观测时间和基线长度、使用仪器类型(单频机还是双频机)及解算方法有关。目前，在短基线(<15 km)上使用双频机，并采用快速处理软件，野外每个测站同步观测时间只需 10～15 分钟即可达到$\pm(5\text{ mm}+1\times10^{-6}D)$精度。

3. 三差法

三差法是将不同历元 (t 和 $t+1$ 时刻) 同步观测同一组卫星所得观测值的双差求差。如图 4-4-5 所示，由于在跟踪观测中测站对于各个卫星的整周模糊度 N_0 是不变的。因此经过站间、星间、历元之间三差后消去了整周模糊度差。三差方程中只剩下基线坐标增量，故可解基线坐标增量。利用三差法求定的坐标增量为三差解。

由于三差模型中是将观测方程进行三次求差，且求出来的基线向量是浮点解，组合观测值噪声增加，三差方程的几何强度较差。实际工作中并不采用三差法解算基线向量。

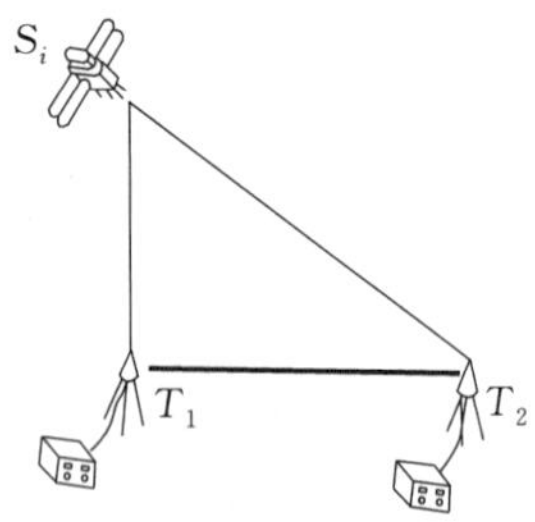

图 4-4-3 单差法

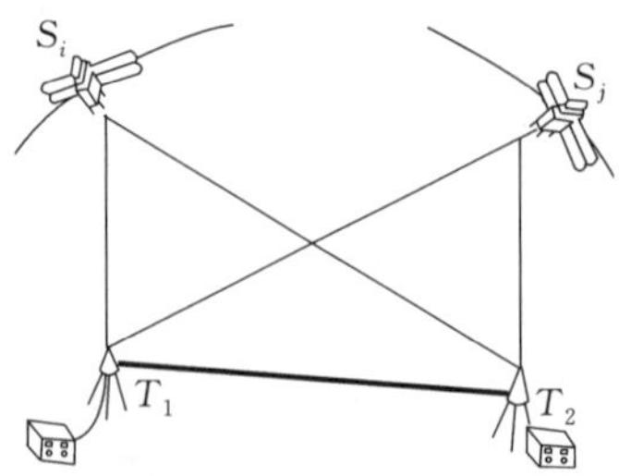

图 4-4-4 双差法

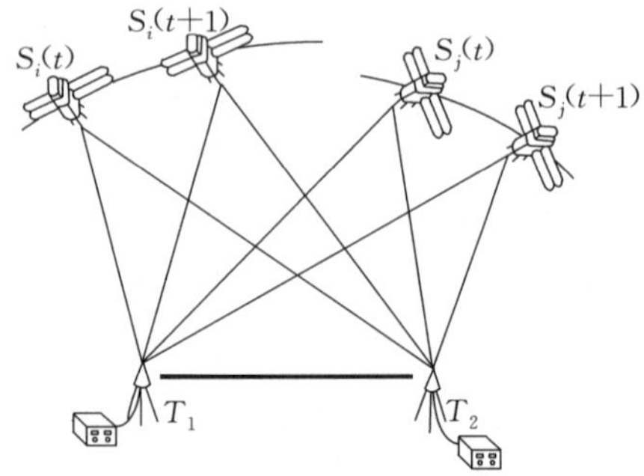

图 4-4-5 三差法

(三)载波相位实时差分定位

载波相位相对定位可分为静态定位和动态定位。实时动态(real-time kinematic,RTK)一般指实时动态载波相位差分技术,是实时处理两个测量站载波相位观测量的差分方法,即将基准站采集的载波相位发给用户接收机进行求差解算坐标。由于载波相位观测值精度高,若通过数据链将基准站载波相位观测值传到流动站,在流动站进行实时载波相位数据处理,则其定位精度可达到 1～2 cm。它分为修正法和差分法两类:修正法是将基准站的载波相位修正值发送给流动站,改正流动站观测的载波相位;差分法则是将基准站采集的载波相位发送给流动站,与流动站观测的载波相位进行求差,从而解算坐标。

RTK 分为单站 RTK 和网络 RTK。单站 RTK 差分距离一般可到 30 km。另外,流动站是否能进行 RTK 差分,还取决于数据通信链是否可靠。在城市测量中因受高楼遮挡的影响,单站 RTK 采用 UHF❶ 或 VHF❷ 电台,通信距离一般只能到十几千米。由于网络 RTK 使用无线通信网,差分距离大幅度增加,差分速度大大提高。

利用多基站网络 RTK 技术建立的卫星导航定位(连续运行)基准站(continuous operational reference system,GNSS CORS)已成为城市 GNSS 应用的发展热点之一。CORS 系统由基准站网、数据处理中心、数据传输系统、定位导航数据播发系统、用户应用系统五个部分组成,各基准站与监控分析中心间通过数据传输系统连接成一体,形成专用网络。

基准站网由范围内均匀分布的基准站组成。负责采集 GNSS 卫星观测数据并输送至数据处理中心,同时提供系统完好性监测服务。数据处理中心接收各基准站数据,进行数据处理,形成多基准站差分定位用户数据,连续不断地向各类用户提供码相位或载波相位差分修正信息,以便实时解算流动站的精确点位。数据传输系统负责将各基准站数据通过光纤专线传输至监控分析中心,该系统包括数据传输硬件设备及软件控制模块。定位导航数据播发系统通过移动网络、UHF 电台、因特网等形式向用户播发定位导航数据。用户应用系统可以分为毫米、厘米、分米级和米级用户系统等,还可以分为测绘与工程用户(厘米、分米级)、车辆导航与定位用户(米级)、高精度用户(事后处理)、气象用户等几类。

目前,RTK 技术可应用于地形测图、地籍测量和一般的工程测量等,应用范围较广。

(四)精密单点定位技术

传统 GNSS 单点定位是指利用伪距及广播星历的卫星轨道参数和卫星钟差改正进行定

❶ UHF:ultra high frequency,特高频。

❷ VHF:very high frequency,甚高频。

位。由于伪距(即使是 P 码伪距)的观测噪声一般为分米级精度，广播星历的轨道精度为米级，卫星钟差改正精度为纳秒级，因此传统单点定位的坐标分量精度只能达到十米级(P 码单点定位精度约为 3 m)，仅能满足一般的导航定位需求。

精密单点定位(precise point positioning，PPP)技术是指采用单台卫星定位接收机独立工作，对全球范围内的任何动态目标进行高精度定位、测速和授时。它利用载波相位观测值和若干个国际导航卫星系统服务(IGS)的跟踪站或区域 CORS 提供的高精度或适时的卫星星历及卫星钟差，并使用 GNSS 双频接收机采集的非差相位数据作为主要观测值，来进行单点定位计算，实现厘米级精度的静态定位、分米级精度的动态定位。这种非差相位精密单点定位是最近几年发展起来的一项 GNSS 定位技术，也是精密实时定位与导航的关键技术。近年来，PPP 技术已成为国内外的研究热点之一，加拿大、澳大利亚、美国、瑞士和我国在这方面都取得了较好的成果。

四、GNSS 接收机

GNSS 接收机主要由 GNSS 接收机天线、GNSS 接收机主机(含操作手簿)和电源三部分组成，如图 4-4-6 所示。其主要功能是接收 GNSS 卫星信号并经过信号放大、变频、锁相处理，测定出 GNSS 信号从卫星到接收机天线间的传播时间、解译导航电文、实时计算 GNSS 天线所在位置(三维坐标)及运行速度。

按照其用途可将其分为导航型接收机、测地型接收机和授时型接收机等。

导航型接收机定位精度低，但这类接收机价格低廉，故在个人及车载导航机中广泛使用。测地型接收机主要用于大地测量、工程测量等高精度定位领域。这类仪器主要采用载波相位观测值进行相对定位，定位精度高，但仪器构造复杂、价格较贵。

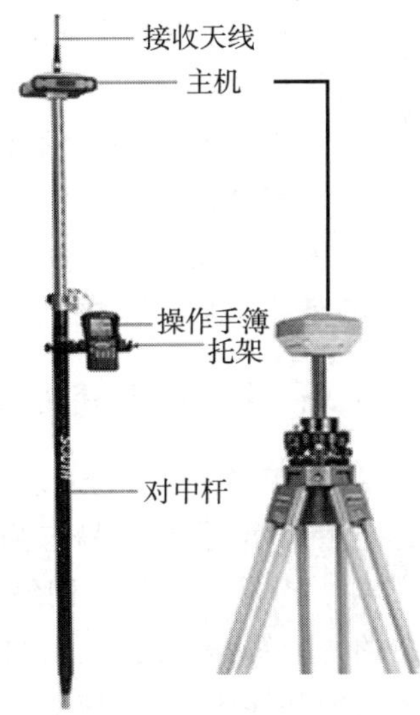

图 4-4-6　GNSS 接收机

五、GNSS 接收机的使用

GNSS 测量过程包括方案设计、外业观测和内业数据处理。GNSS 测量的技术设计是进行 GNSS 测量的基础，要根据所承担的测量任务设计合适的工作方案。外业观测工作包括选点、建立标志、编制卫星可见性预报图，编制作业调度表(内容包括观测时段、测站信息、接收机信息、作业人员)、交通调度计划、实际数据采集等。

(一)静态观测过程中 GNSS 接收机的使用

(1)在测站标志点上安置三脚架，这一步应注意：标志点周围开阔，远离大功率信号源，远离信号反射源。

(2)小心打开仪器箱，取出基座及对中器，将其安置在三脚架上，进行对中、整平。

(3)从仪器箱取出接收机，将其安置在基座上并固定。

(4)量取天线的高度，不同厂家接收机量取方式也有所不同。需要注意，安置好仪器后，用户应在各测段的开始和结束时分别测量天线高，精确至毫米，并做好记录。

(5)开启接收机，选择静态测量模式进行观测。

(6)一个时段结束观测后，查看记录是否齐全，再次量取仪器高，确保无误后关机，迁站至下一个测站重复上述步骤。

(7)内业数据的处理。将 GNSS 接收机观测数据传输到计算机,按照数据处理软件操作步骤进行基线解算、网平差。

(二)实时动态过程中 GNSS 接收机的使用

(1)收集测区的控制点资料(坐标系统、中央子午线、控制点坐标),确定测区的坐标转换参数。

(2)如果采用传统的 RTK 测量,那么需要在基准点上安置一台 GNSS 接收机作为参考站,并需要另一台 GNSS 接收机作为移动站进行测量,如图 4-4-6 所示。如果采用网络 RTK 测量则无需这一操作,只需要利用一台 GNSS 接收机连接相应的数据供应商提供的服务器即可进行测量作业。

(3)将移动站和手簿通过蓝牙连接起来。当手簿显示移动站的信号稳定后,可通过手簿新建项目文件、设置坐标椭球参数等。

(4)通常情况下,当前仪器内数据的坐标系统往往和目标坐标系统不一致。可在测区范围内选取合适的已知点并采集其坐标,利用已知点上所观测到的坐标数据和已知点的目标数据求取坐标转换参数,以便将测量坐标转换到目标坐标中。

(5)利用移动站采集地面点的三维坐标。将移动站放置在需要测量坐标的待测点上,当解算结果显示为"固定解"且精度因子满足要求时,可直接测量并保存该点三维坐标数据。

(6)内业数据处理。GNSS 接收机所采集的数据可以传输到计算机内,利用相应软件进行处理,满足要求后输出成果。

六、千寻星矩 SR6 惯导网络 RTK 接收机使用实例

目前,市场上 GNSS 接收机产品较多。这里以国产"千寻星矩 SR6"惯导网络 RTK 接收机的使用为实例,介绍静态测量和 RTK 测量的操作过程。

千寻星矩 SR6 惯导网络 RTK 接收机(图 4-4-7)是一款人工智能互联网 RTK,内置自主研发的智能算法,支持设备自动升级,具备语音控制、智能客服、远程协助等人性化功能,具备电离层抑制能力,有效应对当前电离层抑制扰动,提升固定率和固定精度。配备工业级三防手簿 HC6,具有升级版 5 英寸大屏,如图 4-4-8 所示。HC6 手簿便于野外带图作业,定制版物理按键输入法及自定义功能按键可满足用户的个性化使用状况。该手簿硬件配置较高,可让海量数据流畅运行。

图 4-4-7 千寻星矩 SR6 惯导网络 RTK 接收机

图 4-4-8 HC6 手簿

手簿搭载的“测呗”是千寻位置为测绘行业打造的首款互联网测量软件，引入高科技跨界技术，整合多项智能应用，在为测绘用户提供智能新体验的同时，极大提高作业效率。其主界面如图 4-4-9 所示，根据界面上操作按钮可以完成多种测量工作。

(一)静态测量

1. 连接仪器

进入“测呗”应用软件后，通过单击左侧菜单栏“设备连接”或者右上角“设备”按钮进入“设备连接”界面。在设备连接界面，可选择使用 Wi-Fi 或蓝牙方式连接设备，如图 4-4-10 所示。

图 4-4-9　“测呗”应用软件主界面

图 4-4-10　设备连接

2. 模式配置

通过左侧菜单栏选择“设备配置”(图 4-4-11)或单击右上角“设备”按钮选择“工作模式”，进入“设备配置”界面，如图 4-4-12 所示。单击“新建”按钮，进入“新建配置”界面，在“类型”右侧选择“静态站”，如图 4-4-13 所示。

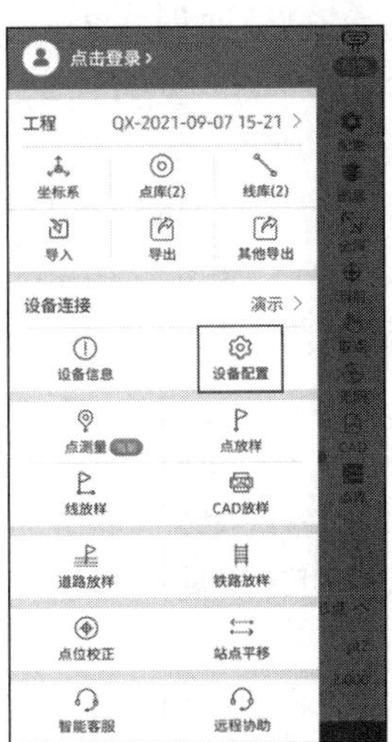

图 4-4-11　菜单栏

图 4-4-12　设备配置

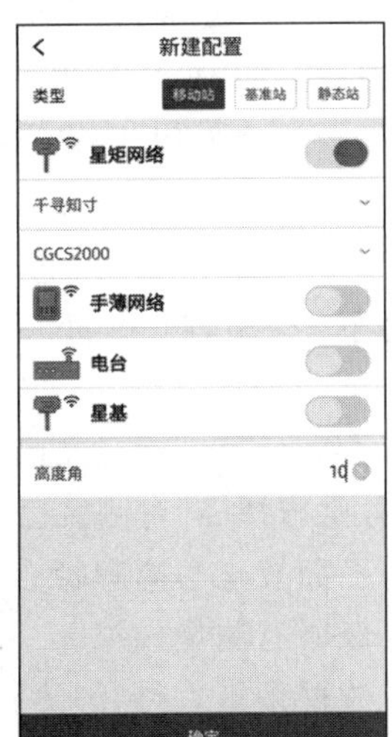

图 4-4-13　新建配置

3. 参数设置

静态站模式用于布设控制网及加密控制点等使用,此时需要增加配件辅助测量板、GNSS 基座转接头及水准器基座。若在应用软件中启用静态站工作模式,则需要输入测站相关信息,事后无须在后处理软件中进行编辑。静态站模式界面如图 4-4-14 所示,具体内容如下。

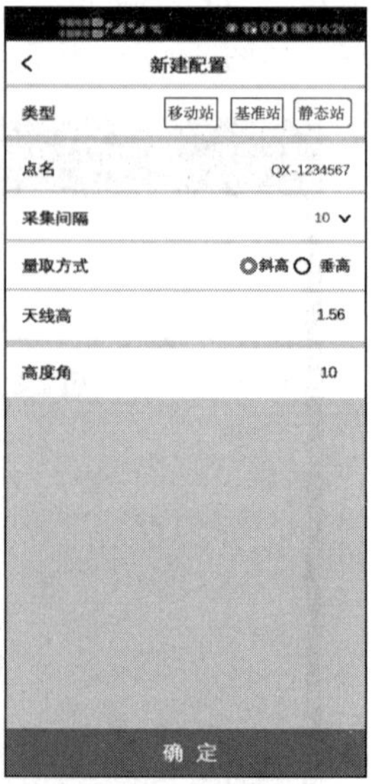

图 4-4-14 静态站设置

(1)点名。该测站的控制点名。

(2)采集间隔。原始观测数据的采集频率建议按后处理软件计算间隔来填写,如 30 s。采样间隔越短数据量越大,能保证事后处理时有更多的调整空间。

(3)量取方式。从地面点量取高度时的方法,斜高指地面控制点量取到辅助测量板边缘的距离,垂高指接收机底部到天线相位中心的高度。通常在专业测绘机构的标准固定站上使用。

(4)天线高。量取的天线高度(到测高片或垂高)。

4. 数据导出

按照要求完成静态测量后,使用数据线将静态观测数据传输到电脑里,再利用相应的 GNSS 静态后处理软件处理即可,这里不再介绍。

(二)RTK 测量

RTK 实时差分定位是一种能够在野外实时获得厘米级定位精度的测量方法,它的出现极大地提高了野外作业效率。RTK 定位的工作模式主要可分为网络 CORS 模式和电台模式。

1. 网络 CORS 模式

(1)连接仪器。进入"测呗"应用软件后,通过单击左侧菜单栏"设备连接"或者右上角"设备"按钮进入设备连接界面。在设备连接界面,可选择使用"Wi-Fi" 或"蓝牙"连接设备,如图 4-4-10 所示。

(2)新建工程。打开"测呗"应用软件后,会自动根据当前定位到的经度创建工程,默认工程名为当前时间,坐标系为 CGCS2000,投影为高斯投影,如图 4-4-15 所示。如有需要,可在左侧菜单栏中新建工程或修改工程信息及所需坐标系参数,如图 4-4-16 所示。

(3)模式配置。通过在左侧菜单栏选择"设备配置"或单击右上角"设备"按钮选择"工作模式＞＞"进入设备配置界面,可直接应用"移动站主机网络",如图 4-4-12 所示。若需要新建配置,则可单击"新建"按钮,在"类型"中选择"移动站",在"星矩网络"下选择"千寻知寸""CGCS2000"即可。

(4)参数计算。通过左侧菜单栏选择"点位校正",可进入"参数计算"界面,如图 4-4-17 所示。按需要选择 N 对测区已知点平面坐标及已知点对应源椭球下经纬度坐标,单击"计算"按钮,求解平面校正与高程拟合参数,单击"应用"按钮可将计算结果应用到当前工程坐标系参数中,并更新所有测量成果。

(5)数据采集。打开"测呗"应用软件后,默认主界面即为点测量模式,如图 4-4-18 所示。在点测量模式下,可选择界面右侧工具栏第一个"配置"按钮,配置所需的测量参数。在主界面下部,可切换测量点类型(包括控制点、连续点、快速点、地形点、偏心点),输入所需的观测点数等参数后，单击“开始测量”即可采集所需类型点位数据。

图 4-4-15　新建工程

图 4-4-16　设置坐标系统

图 4-4-17　参数计算

(6)数据导出。通过左侧菜单栏选择“点库”，再选择“导出”可导出当前测量成果。在点库中，选择所需点位、导出文件类型、文件格式，并进行导出。导出的数据默认存储在“QXWZ/RTK/工程名/export”目录下，可自行选择导出目录，如图 4-4-19 所示。

图 4-4-18　点测量和测量配置

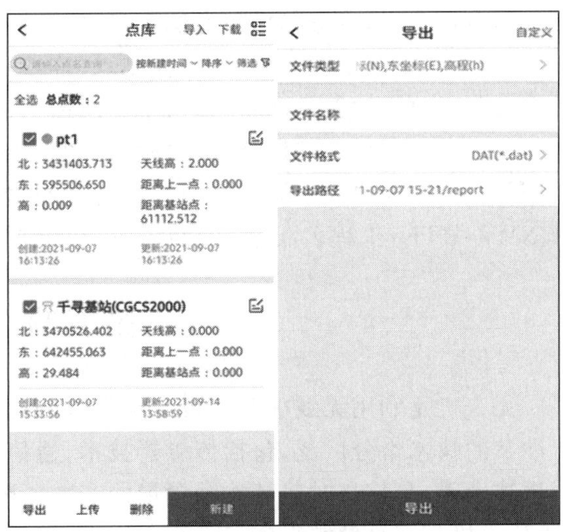

图 4-4-19　数据导出

2. 电台模式

(1)基准站设置。选择一合适区域，架设一台主机。可选择已知点架设，也可以选择任意点架设。打开手簿，通过“Wi-Fi”或“蓝牙”连接手簿和主机。

通过在手簿左侧菜单栏选择“设备配置”或右上角单击“设备”按钮选择“工作模式”，进入设备配置界面。

如图 4-4-20 所示，单击“新建”按钮，“类型”选择“基准站”，配置电台相关参数单击“确定”完成配置。若有已知点，则可选择“手动启动/已知点启动”方式，输入地面点坐标及天线斜高后进行启动。

图 4-4-20　基准站设置

(2)移动站设置。断开手簿与基准站的连接,使手簿与另一台SR6连接,将另一台SR6配置为移动站使用。进入设备配置界面后,在“创建移动站模式”单击“新建”按钮,“类型”选择“移动站”,选择电台模式,并将移动站电台相关参数设置成与基准站一样。移动站接收到基准站的信号后,若手簿上解的类型由“单点”转变为“固定”,则说明电台模式设置成功。

(3)新建工程。打开“测呗”应用软件后,应用软件会自动根据当前定位到的经度创建工程,默认工程名为当前时间,坐标系为CGCS2000,投影为高斯投影,如图 4-4-15 所示。如有需要,可在左侧菜单栏中新建工程或修改工程信息及所需要的坐标系参数,如图 4-4-16 所示。

(4)参数计算。通过左侧菜单栏选择“点位校正”,可进入“参数计算”界面,如图 4-4-17 所示。按需要选择 N 对测区已知点平面坐标及已知点对应源椭球下经纬度坐标,单击“计算”按钮,求解平面校正与高程拟合参数,单击“应用”按钮,可将计算结果应用到当前工程坐标系参数中,并更新所有测量成果。

(5)数据采集。打开“测呗”应用软件后,默认主界面即为点测量模式,如图 4-4-18 所示。在点测量模式下,可选择界面右侧工具栏第一个“配置”按钮,配置所需要的测量参数。在主界面下部,可切换测量点类型(包括控制点、连续点、快速点、地形点、偏心点),输入所需的观测点数等参数后,单击“开始测量”即可采集所需类型点位。

(6)数据导出。通过左侧菜单栏选择“点库”,再选择“导出”,可导出当前测量成果。在点库中,选择所需点位、导出文件类型、文件格式,并进行导出。导出的数据默认存储在“QXWZ/RTK/工程名/export”目录下,也可自行选择导出目录,如图 4-4-19 所示。

第五节　无人机

无人机是利用无线电遥控设备和自备的程序控制装置操纵的不载人自动飞行器。无人机所涉及的技术十分广泛,包括传感器技术、通信技术、信息处理技术、智能控制技术及航空动力推进技术等,是信息时代高技术含量的产物。随着无人机研发技术逐渐成熟,制造成本大幅降低,无人机在测绘领域得到了广泛应用,在国防、农业、新闻报道、气象、抢险救灾、交通快递、旅游、娱乐等方面发挥了巨大作用。

一、无人机系统

无人机系统一般由无人机飞行平台、地面控制系统、任务载荷系统和数据链路系统这四部分组成。

(一)无人机飞行平台

无人机飞行平台主要包括机体系统、测控系统、机载系统、发射和回收系统等,是无人机航空摄影测量系统的重要组成部分。无人机飞行平台承担的任务就是把传感器带到空中指定地点和高度，使飞行器沿着规划好的航线安全完成测量作业。目前，我国使用较多的无人机飞行平台主要有多旋翼无人机、固定翼无人机和复合翼无人机，如图 4-5-1 所示。

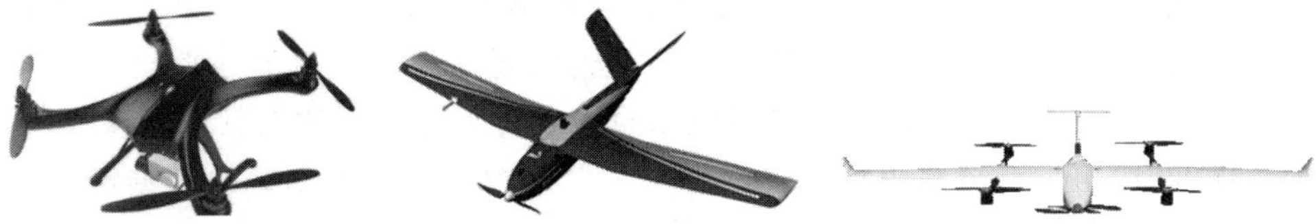

（a）多旋翼无人机　（b）固定翼无人机　（c）复合翼无人机

图 4-5-1　无人机飞行平台

1. 多旋翼无人机

多旋翼无人机是一种具有三个及以上旋翼轴的特殊的无人驾驶直升机，通过每个轴上的电动机转动带动旋翼，从而产生升推力。旋翼的总距固定，不像一般直升机那样可变。通过改变不同旋翼之间的相对转速，可以改变单轴推进力的大小，从而控制飞行器的运行轨迹。

多旋翼无人机的优点是体积小、重量轻，可以垂直起降，飞行灵活和机动，飞行高度低，成本低，安全性好，拆卸方便，易于维护。

多旋翼无人机的缺点是速度慢，飞行距离短，视线容易被建筑物遮挡，不宜拍摄大面积建筑群。

2. 固定翼无人机

固定翼无人机，即机翼外端后掠角可随速度自动或手动调整的、机翼固定的一类无人机。

固定翼无人机的优点是飞行距离长，巡航面积大，飞行速度快，飞行高度高。

固定翼无人机的缺点是不能悬停连续获取某处影像，只能按照固定航线航行，飞行不够灵活，操作难度较大，上手难，风险高，成本较高。

3. 复合翼无人机

复合翼无人机指的是固定翼与旋翼无人机型的组合，又称垂直起降固定翼无人机。复合翼无人机具有多旋翼和固定翼两类无人机的优势，兼具固定翼无人机飞行速度快、飞行高度高、飞行时间长，以及多旋翼无人机垂直起降、悬停、灵活等特点。

（二）地面控制系统

无人机测绘系统中地面控制系统的作用是管理任务荷载并控制飞行器的飞行姿态和轨迹，主要功能如下。

（1）可进行测绘飞行任务规划和飞行。

（2）通过数据链，地面控制系统可以向飞行控制系统发送数据和控制指令等。

（3）可接收、存储、显示、回放无人机的高度、空速、地速、航迹等飞行数据。

（4）能显示任务设备工作状态，如机载电源电压。

（5）出现机载电源电压不足、导航卫星失锁、无人机平台失速等危机情况时，有报警自动返航功能。

（三）任务载荷系统

无人机测绘任务中的任务载荷主要为影像的获取与存储。常用的荷载设备有高分辨率光学传感器、红外传感器、机载激光雷达等，实际作业时，会根据不同的测绘任务选择荷载不同的任务设备。

(四)数据链路系统

无人机数据链路系统是无人机系统的重要组成部分，是飞行器与地面系统联系的纽带。数据链负责完成对无人机的遥控、遥测、跟踪定位和传感器传输。无人机数据链按照传输方向可以分为上行链路和下行链路。上行链路主要完成地面站到无人机的遥控指令的发送和接受，下行链路主要完成无人机到地面站的遥测数据及红外或电视图像的发送和接收，并根据定位信息的传输，利用上下行链路进行测距。普通无人机大多采用定制视距数据链，而中高空、长航时无人机则都会采用视距和超视距卫通数据链。

二、精灵 4 RTK 无人机

精灵 4 RTK 无人机(图 4-5-2)是一款小型多旋翼高精度航测无人机，面向低空摄影测量应用，具备厘米级导航定位系统和高性能成像系统，便携易用，可全面提升航测效率。精灵 4 RTK 集成全新 RTK 模块，提供实时厘米级定位数据，显著提升图像元数据的绝对精度。精灵 4 RTK 采用双备份高灵敏度 GNSS，保障无人机在弱信号环境仍能稳定飞行。双备份 GNSS 相互配合，显著提升了精灵 4 RTK 的飞行安全，同时为复杂的测量、测绘及巡检任务提供高精度数据。精灵 4 RTK 能够满足多种任务场景下的作业需求。定位系统支持连接 D-RTK 2 高精度 GNSS 移动站，可通过 4G、5G 无线网卡或 Wi-Fi 热点与 NTRIP (network transport of RTCM via internetprotocol)连接。系统提供卫星原始观测值与相机曝光文件，支持动态后处理差分(post processed kinematic，PPK)，不受限于通信链路与网络覆盖，作业更加灵活高效。精灵 4 RTK 无人机的主要技术参数如表 4-5-1 所示。

图 4-5-2　精灵 4 RTK 无人机

表 4-5-1　精灵 4 RTK 主要技术参数

飞行参数	规格及指标
轴距	350 mm
最大水平飞行速度	50 km/h(定位模式)、58 km/h(姿态模式)
最大旋转角速度	150(°)/s(姿态模式)
最大续航时间	30 min
卫星定位模块	GPS、BDS、Galileo
水平悬停精度	垂直精度±0.1 m，水平精度±0.1 m(启用 RTK)
影像传感器	1 in(英寸)CMOS 传感器，有效像素 2 000 万(总像素 2 048 万)
镜头	视场角(FOV)84°，8.8 mm/24 mm(35 mm 格式等效)，光圈范围 f/2.8～f/11，带自动对焦
遥控器工作频率	5.725～5.850 GHz
可遥控距离	5 km
云台可控转动范围	俯仰范围－90°～＋30°

(一)无人机主要部件

无人机部件由飞行器部件和遥控器部件两部分组成，如图 4-5-3 和图 4-5-4 所示。

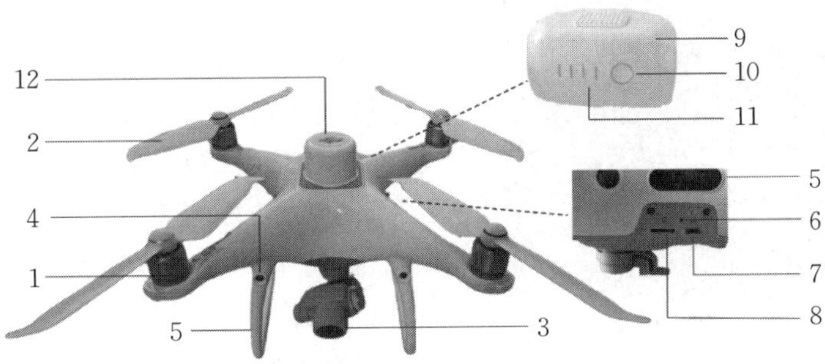

1——电机；2——螺旋桨；3——一体式云台相机；4——前视视觉系统；5——天线及指南针；6——对频状态指示灯；7——调参接口(Micro USB)；8——相机 microSD 卡槽；9——智能飞行电池；10——电池开关；11——电池电量指示灯；12——机载 D-RTK 天线

图 4-5-3　飞行器主要部件

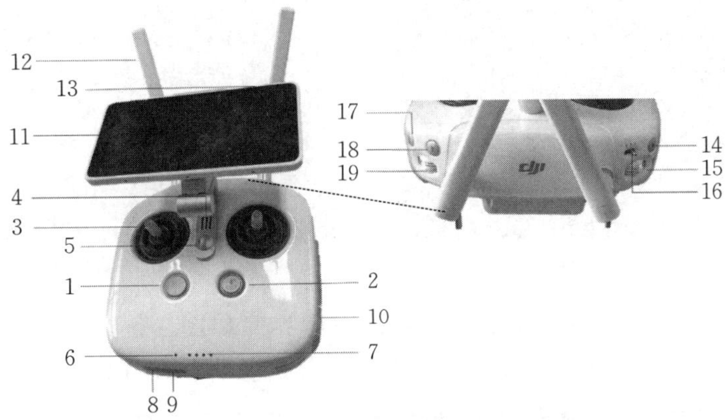

1——电源按键；2——返航按键；3——摇杆；4——扬声器；5——吊带挂钩；6——遥控器状态指示灯；7——遥控器电量指示灯；8——USB-C 接口；9——3.5 mm 音频接口；10——microSD 卡槽；11——显示设备；12——天线；13——屏幕开关；14——录影键；15——云台俯仰控制拨轮；16——挡位调节键；17——回放照片；18——拍照；19——录影回放

图 4-5-4　遥控器主要部件

(二)无人机基本操作

1.飞行准备

(1)仪器开箱后，移除云台锁扣，安装遥控器和飞行器电池。

(2)安装螺旋桨。桨帽有黑圈的螺旋桨安装到有黑点的电机桨座上，桨帽有银圈的螺旋桨安装到没有黑点的电机桨座上。安装时，将桨帽嵌入电机桨座并按压到底，沿锁紧方向旋转螺旋桨至无法继续旋转，松开后螺旋桨将被弹起锁紧。

(3)短按一次，再长按 2 s 开启遥控器和飞行器电源，进入 GS RTK 应用软件。进行网络诊断，确保飞行器网络能正常连接。单击右上角设置界面，打开 RTK 模块。接收 RTK 信号方式选择“网络 RTK”。回到执行界面，确保飞行器进入 RTK 定位状态，如图 4-5-5 所示。

2.飞行

在飞行前，应确保无人机自动完成各项安全检查，没有红色提示则表示某项功能需要校正

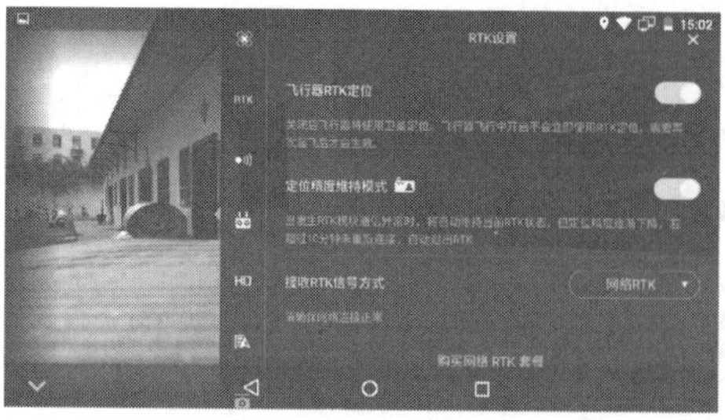

图 4-5-5 RTK 设置

或检查。

起飞操作:左右手同时进行“内八”的掰杆动作,进行电机启动。缓慢向上推动油门杆飞行器起飞。试飞 30 s,目视检查无人机是否正常。

降落操作:缓慢向下拉动油门杆,直至飞行器降落。保持油门杆处在最低位置 3 s,电机停止。

3. 作业

(1)在 GS RTK 应用软件主界面单击“规划“,选择“摄影测量 3D(五向飞行)”,如图 4-5-6 所示。

(2)设置测区范围。单击地图添加作业区域顶点,可以拖动顶点调整测区范围,如图 4-5-7 所示。

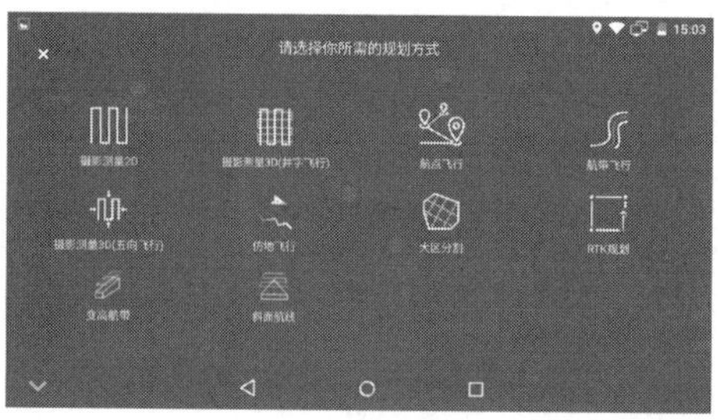

图 4-5-6 规划方式

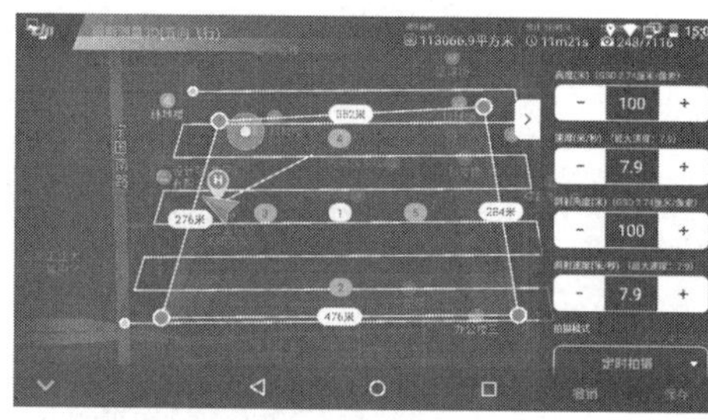

图 4-5-7 设置测区范围

(3)在遥控器屏幕右侧参数界面进行参数设置,界面如图 4-5-8 所示,包含航高、重叠率、拍摄模式和相机设置,设置完成后需要保存任务。参数说明和设置如下。

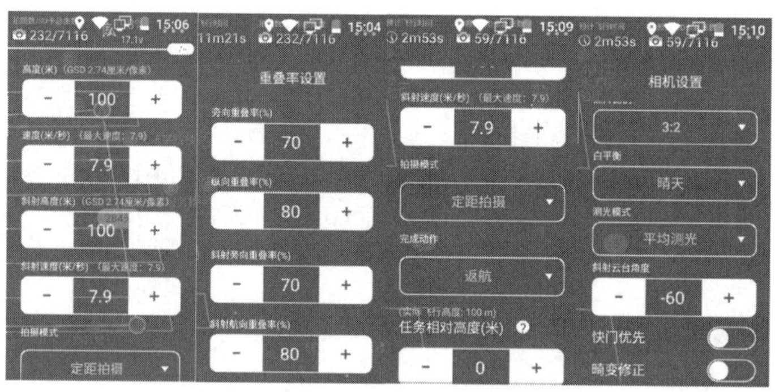

图 4-5-8 参数设置界面截图

——绝对航高(H):根据 $H=f\times GSD/a$ 设计航高,其中 f 为镜头焦距,a 为像元尺寸大小,GSD 为地面分辨率。

——飞行速度:最低 6 m/s,系统会自动计算最优速度。

——航向、旁向重叠率:建议分别设置为 80%、70%。

——拍摄模式:定距拍摄。

——相机设置:根据天气情况设置白平衡参数,“测光模式”设置为平均测光。

(4)执行测绘作业。单击屏幕右下“调用”按钮,滑动滑块后无人机自动执行测绘任务,如图 4-5-9 所示。

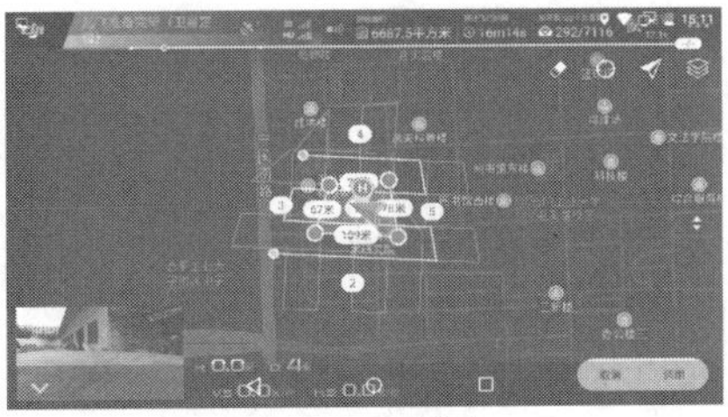

（a）任务调用

（b）任务执行

图 4-5-9　测绘任务执行

第六节　无人船

无人船(unmanned surface vessel,USV)是一种无人操作的水面舰艇,主要用于执行危险及不适合有人船只执行的任务。一旦配备先进的控制系统、传感器系统、通信系统和武器系统,无人船就可以执行多种战争和非战争军事任务,如侦察、搜索、探测和排雷,搜救、导航和水文地理勘察,反潜作战、反特种作战以及巡逻、打击海盗、反恐攻击。由于无人船具有吃水浅,定位精准,集群作业易于组织、作业效率高,可在恶劣天气作业等优点,无人船在水下地形测量、库容测算、水文流速流量勘测中都得到了广泛应用。

一、无人船的分类

无人船可以从排水量和航速两个方面进行分类。

(一)按排水量分类

无人船艇按照排水量的不同可细分为以下五类:排水量小于 0.5 t 的微型无人船艇,排水量为 0.5～2 t 的小型无人船艇,排水量为 2～10 t 的中型无人船艇,排水量为 10～100 t 的大型无人船艇,排水量大于 100 t 的超大型无人船艇。

当然,无人船艇排水量的选择与应用环境、应用场景和任务负荷密不可分。内陆江河湖库、近海水域的调查、地貌测绘等在较低风浪和流速环境下执行的任务,对无人船艇的排水量要求较低,以增加便捷性、减少运输和吊放成本、覆盖更多的作业区域为优先,因此使用对象以微型无人船艇和小型无人船艇为主;而在深远海域、恶劣海况下的环境调查、海上巡逻、灾害救援等高任务负荷应用场景下,无人船艇需要较大的排水量,以抵御较大的风浪,搭载更多任务负荷,并保障无人船艇的安全,同时实现任务种类扩展,使用对象以中型无人船艇和大型无人船艇为主;超大型无人船艇未来则适合智慧航运和海上安防等场景。

(二)按航速分类

无人船艇按照航速的不同可分为以下四类:最大航速小于 15 kn[1] 的低速无人船艇,最大航速为 15～30 kn 的中速无人船艇,最大航速为 30～50 kn 的高速无人船艇,最大航速在 50 kn 以上的超高速无人船艇。当然,无人船艇的速度要求也与执行的具体任务有关。在生态环境监测、水域测绘、海洋调查、海上风电运维、海上油气运维等应用场景中,需要最大航速小于 15 kn 的低速无人船艇,确保任务载荷采集数据的质量和稳定性,从而提高成果的可靠性;而在海上巡逻、灾害救援等应用场景,就需要具备更高航速的无人船,以便高效地完成任务。

---

❶ kn:节,1 kn=1.852 km/h。

二、iBoat BS3 无人测量船

图 4-6-1 所示的是 iBoat BS3 无人测量船。iBoat BS3 由船体、遥控器、测量通信集成盒组成,该系统具有体积小,重量轻,适应河流、湖泊、水库等多种水域作业,可搭载多种测绘、水文仪器及传感器,可自主导航或手动操作完成测量任务等特点。

图 4-6-1 iBoat BS3 无人测量船

(一)iBoat BS3 无人测量船基本参数结构

iBoat BS3 为三体型船体结构,其长度为 1.1 m,宽为 0.56 m,高为 0.28 m,重量约为 6 kg(空载)。体积小,重量轻,便于投放,可直接存放于普通汽车的后备箱中,运输十分方便。该无人船配有 GPS、HD-MAX 测深模块,可搭载声学多普勒海流剖面仪(acoustic Doppler current profiler,ADCP)或侧扫声呐,可现场更换传感器,操作简便快捷。三体船设计可满足 3 级风、2 级浪的河流水库等作业环境,详细参数见表 4-6-1。

表 4-6-1 iBoat BS3 无人测量船基本参数

船体参数	尺寸	1 100 mm×575 mm×380 mm
	船体重量	6 kg(空载)
	船体材料	碳纤维、凯夫拉防弹布高强度复合材料
	船体设计形态	载重型三体船设计,重心低、阻力小、航行稳
	抗风浪等级	3 级风、2 级浪
动力及电气参数	续航能力及时间	保持 2 m/s 船速航行,可以续航 6 小时
	船速	最大 6.5 m/s
	动力装置	可拆卸模块化涵道式推进器
	推进器类型	直流无刷电机驱动
	摄像头	360°云台摄像头
	电源系统	外置可拆卸、智能模块化、高度集成化、IP67 等级
	方向转向控制	支持无舵机转向功能和“倒车”航行技术
安全性参数	自动返航	电量低或失联自动返航
遥控器参数	支持操作系统	支持 Android 操作系统,支持采集导航软件
	通信模式	实施射频点对点
	传输距离	电台 3 km(支持选配 4G/5G 通信,距离无限)
	遥控距离	3 km
	尺寸	272 mm×183 mm×94 mm
	产品参数	7 in 高清显示屏、5 GB 存储空间
	防水等级	IP67
	功能	实时切换工作模式、控制船速、转向、图像查看、数据采集等功能
定位精度	RTK	平面:$\pm(8\ mm+1\times10^{-6}D)$($D$ 为被测点间距离)

(二)iBoat BS3 无人测量船系统构成

iBoat BS3 由船体、遥控器、测量通信集成盒组成。

1. 无人船船体

船体作为主要载体，上面配备了无人船智能控制系统、定位系统及能源动力系统。智能控制系统主要是对无人船的自动航行实施智能控制，属于无人船的核心技术；定位系统为 GNSS 设备，为船体及测量仪器提供位置信息。iBoat BS3 无人测量船配备了外置可拆卸、智能模块化、高度集成化锂电池，以及模块化涵道式推进器，可有效防止渔网、水草等杂物缠绕，可浅滩作业，放置方便。船体采用了高强度复合材料，并采用载重型三体船设计，内部结构设计合理，具有重量轻、体积小、航行平稳、载重能力强、防水性能好等优点。

2. 遥控器

遥控器(图 4-6-2)为工业级控制手柄，简单易用，内置大容量电池，作业时间可达 8 h，一键切换手动、定速、返航等模式，遥控距离为 3 km。遥控器内置通信电台，实时射频点对点通信，通过无线电传输的方式来实现遥控器对船体的控制及对测量设备的数据接收。电脑或平板与遥控器通过 Wi-Fi 连接实现数据通信。

3. 测量系统

(1)多功能无人船控制器(图 4-6-3)。控制器内置船控、通信电台、HD-MAX 测深模块，整体稳定性提升，防水等级为 IP68。可选配 4G 或 5G 模块，数据通信无距离限制(视网络情况定)。

图 4-6-2　遥控器

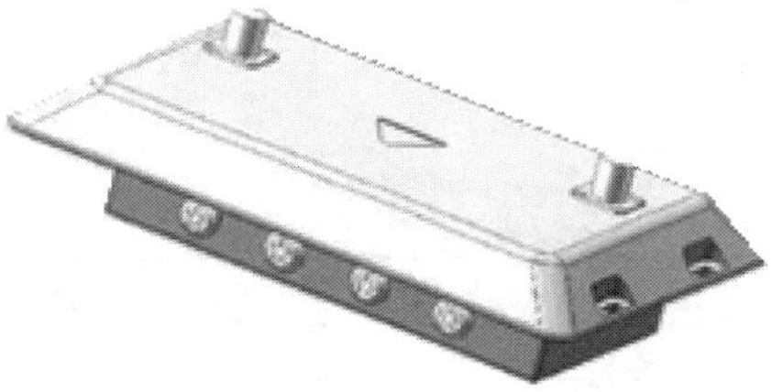

图 4-6-3　多功能无人船控制器

(2)V96 智能 RTK。V96 配备新一代测量引擎，支持北斗三号卫星、实时传输协议(real-time transport protocol，RTP)星站差分、断点续测、无校正倾斜测量，内置 4G 全网通信和新一代全协议电台，使用 Linux3. 2. 0 操作系统，内置高清 OLED 显示和电容式触摸屏，是一款智能、轻巧的测量型 GNSS 接收机。

(三)无人船的基本操作

1. BS3 无人测量船设置

(1)RTK 设置。设备连接，RTK 需要通过“手簿设备\设备连接\蓝牙连接上\移动站\设置”进行内置网络设置。RTK 得到固定解后，通过“返回\辅助功能\小五芯连接外接设备”，将波特率设置为 19 200，构选 GGA、ZDA、VTG、RMC 四个选项，单击确定，完成数据输出设置。

(2)遥控器开机。按住遥控器开机键 1～2 s 遥控器开机，遥控器开机后手指由上往下滑并打开“热点”。左上角拨杆 SW1 拨到最上方“解锁”(拨杆拨到中间为上锁)，右上角拨杆 SM4 拨到最上方“手动模式”。此外，拨杆拨到中间为定速，拨到下面为返航至“home 点”(开机地点即为 home 点)。

(3)打开无人船电池开关,船自检通过后,可查看遥控器屏幕右上角信号格或者拨动前后、左右油门判断遥控器是否与船正常连接。

(4)通信连接。打开电脑或平板 Wi-Fi 连接遥控器热点。Wi-Fi 连接成功后,右键“网络”,打开“网络与 internet”设置,修改该 Wi-Fi IP 地址(改为 192.168.43.88)、子网掩码(改为 255.255.255.0)、默认网关(改为 192.168.43.1)。打开虚拟串口软件,创建船控、GNSS 和 ADCP 虚拟串口,如图 4-6-4 所示。图 4-6-4 中,“目标 IP 192.168.144.28;端口号 7000”对应船控虚拟串口,“目标 IP 192.168.144.28;端口号 8000”对应 GNSS 虚拟串口,“目标 IP 192.168.144.28;端口号 9000”对应 ADCP 虚拟串口。

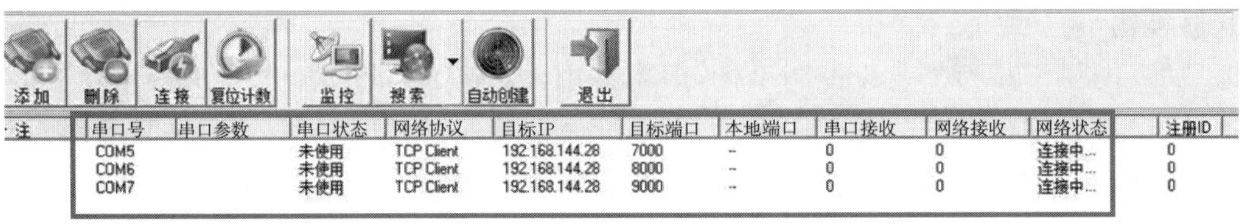

图 4-6-4 船控、GNSS 和 ADCP 虚拟串口设置

(5)GNSS 设置。选择 GNSS 连接的串口和波特率,可以单击自动检测波特率,如图 4-6-5 所示。选择当前连接的 GNSS 仪器类型,如图 4-6-6 所示。如果当前的 GNSS 仪器类型不在“仪器类型”下拉列表中,选择“其他(NMEA-0183)”,通过国际通用的 NMEA-0183 标准协议与 GNSS 设备建立连接。天线高设置可以通过手动输入、天线类型计算和水面高程测算完成,如图 4-6-7 所示。最后单击“开始测试”,将打开串口进行接收和解析数据,文本框显示接收的数据,并在右下方显示“测试结果”的综合评价。

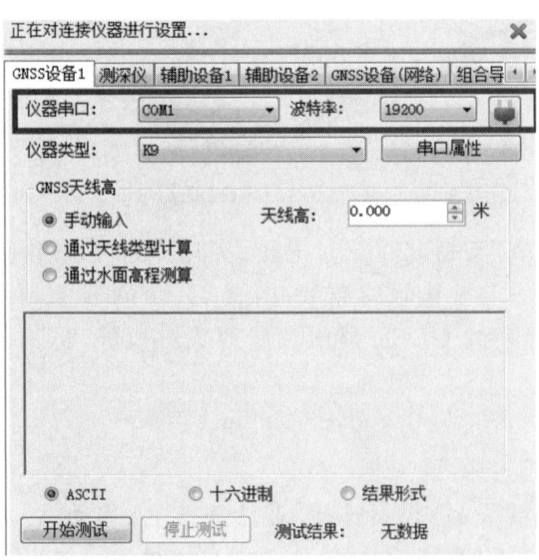

图 4-6-5 GNSS 串口设置

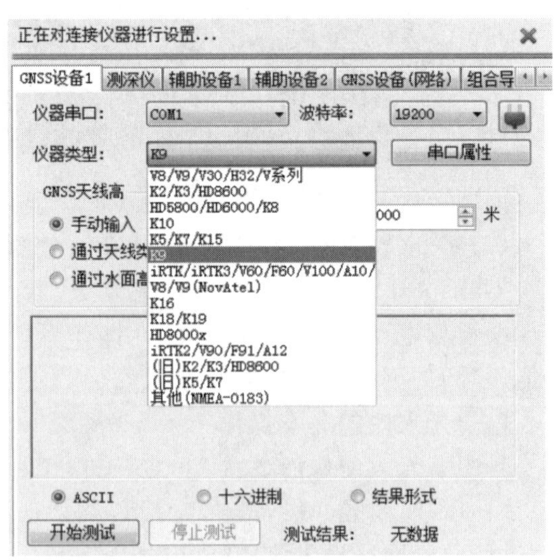

图 4-6-6 GNSS 仪器类型

(6)测深仪。根据使用的测深仪型号,对应选择 HD-MAX/LITE/550/570/BS3(部分)(即带基站无人船)、BS3(多功能盒)、HD-MAX DF 双变频。也可自行配置 IP 协议地址和端口,如图 4-6-8 所示。

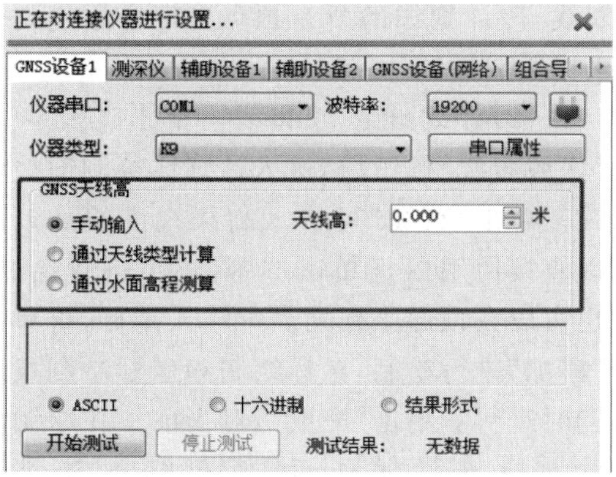

图 4-6-7　天线高

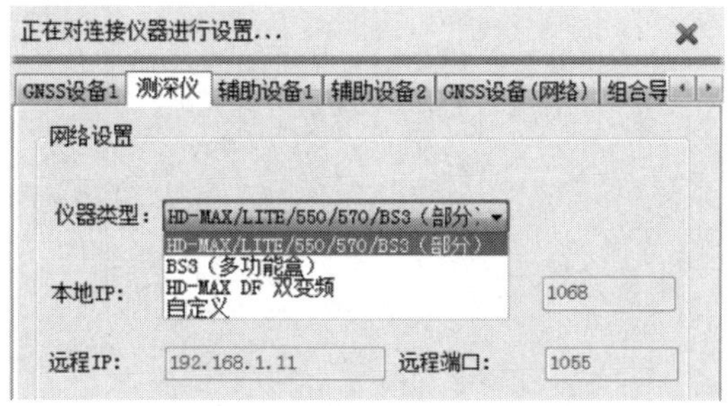

图 4-6-8　仪器类型显示

2. 计划线设计

在软件主菜单界面，单击“计划线设计”，进入计划线设计主界面，如图 4-6-9 所示。可以鼠标绘制或坐标输入绘制计划线，并支持计划线编辑，也可以通过航道布线、区域布线、平行布线、垂直布线、扇形布线等方式实现快速布线，还可以导入 DXF 格式的计划线数据。

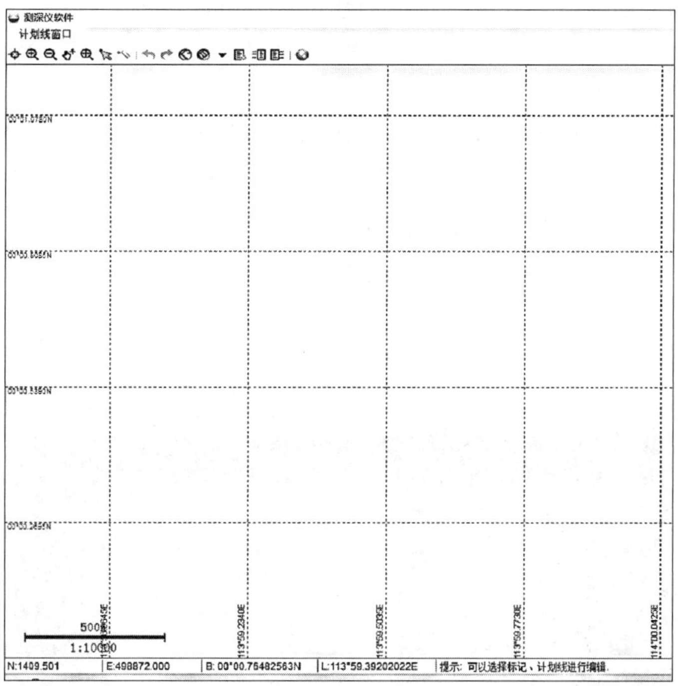

图 4-6-9　计划线设计主界面

(1)绘制计划线。

——鼠标或坐标做图。该方法即用鼠标绘制或坐标绘制一条基线。鼠标做图通过单击鼠标左键，确定计划线的顶点位置，鼠标单击位置的坐标会自动添加到坐标列表中。单击鼠标右键，结束当前计划线的绘制，并退出计划线绘制模式。坐标做图是通过简捷模式菜单添加坐标的方式进行绘制的。

——鼠标选择已有的线。选择一条已有的计划线,该计划线的所有顶点坐标会添加到基线坐标列表中,对列表中的坐标点进行编辑,不会改变所选择的计划线。

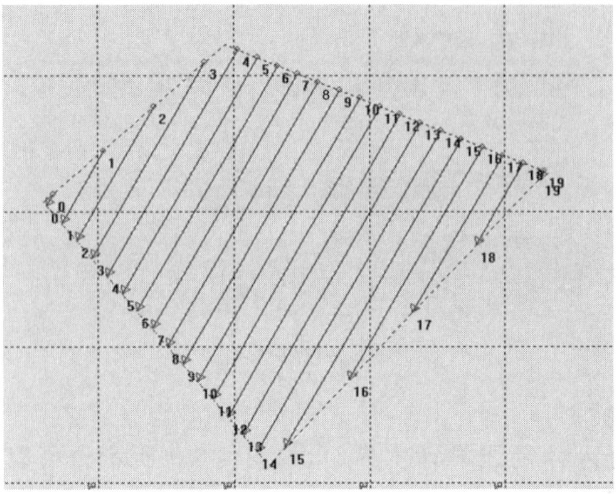

图 4-6-10　区域布线示意

(2)计划线区域布线。单击工具栏的“区域布线”按钮,进入计划线绘制简捷模式。单击“高级”可进入高级视图模式。可以直接使用鼠标单击屏幕,逐点进行绘制,也可以在顶部坐标列表中输入坐标,再单击“添加”进行绘制,鼠标绘制和坐标绘制可以同时进行。单击“完成”,对当前正在绘制的计划线进行保存,区域布线示意图如图 4-6-10 所示。区域布线要求有三个或以上坐标点才能完成布线。

(3)区域计划线块编辑。区域计划线块编辑的两种方式如下。

——设置界面修改。鼠标选中区域计划线后,将弹出区域计划线设置界面。重设参数,单击“应用设置”即可。

——鼠标拖动调整块进行调整。计划线块被选中红色高亮后,等鼠标进入白色或红色方块,可单击鼠标左键进行拖动,到目标位置后,释放左键。

(4)导入导出计划线。单击工具栏的“计划线导入”按钮,弹出打开文件对话框,选择要导入的 DXF 文件,单击“打开”即可导入文件。计划线导入系统后,可以对导入的计划线进行编辑。单击工具栏的“计划线导出”按钮,弹出文件对话框,选择路径,即可将当前计划线导出为 DXF 文件。

3. 数据采集

单击遥控器上“采集”按钮,再单击“开始测量”,系统自动执行水深数据采集,如图 4-6-11 所示。

图 4-6-11　水深数据采集

将屏幕中下方信息栏上滑,即可调出回波信息图像,如图 4-6-12 所示。再次单击“采集”即结束水深数据采集。水越深,增益和功率参数也就越大;水越浅,增益和功率越小。若自动功率和增益的回波效果不好，则可根据回波情况手动调节参数。

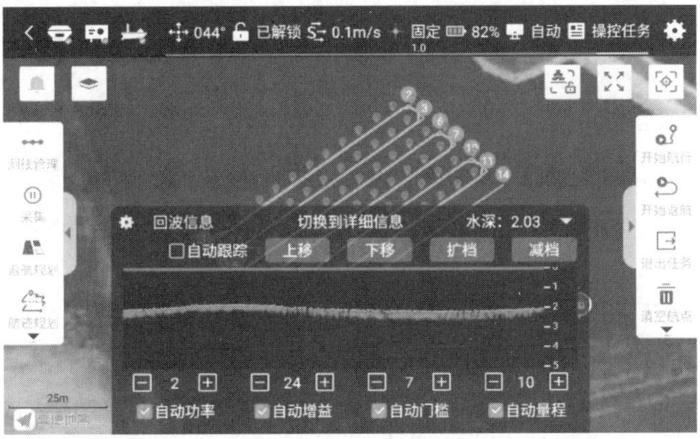

图 4-6-12　回波信息

第七节　激光扫平仪与激光铅垂仪

一、激光扫平仪

激光扫平仪是利用快速旋转轴带动激光束绕轴旋转，使可视激光点（一般有红光和绿光）扫出同一平面的光线，以便于操作人员快速定位高度等位置的一种仪器。

激光扫平仪配合脚架竖直放置时可以自动产生一个水平面和一根铅垂线，如图 4-7-1 所示。当仪器卧置时，可以自动产生一个铅垂面和一根水平线，如图 4-7-2 所示。

（一）激光扫平仪的分类

激光扫平仪依据补偿系统不同，大致可分成三类：水泡式激光扫平仪、自动安平激光扫平仪和电子自动安平扫平仪。图 4-7-3 所示为苏州一光生产的 JP300 全自动安平激光扫平仪。

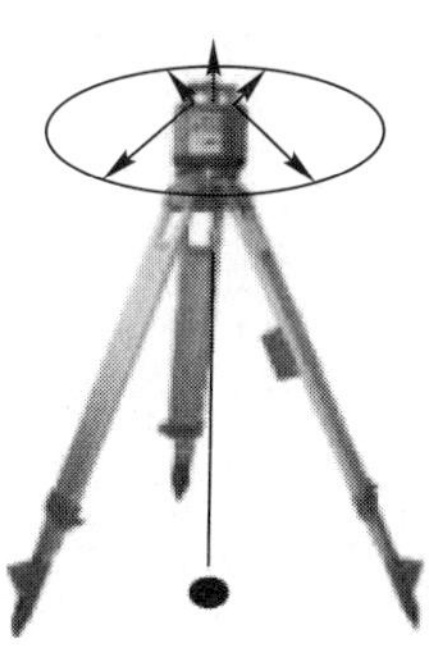

图 4-7-1　竖直放置仪器

图 4-7-2　仪器卧置

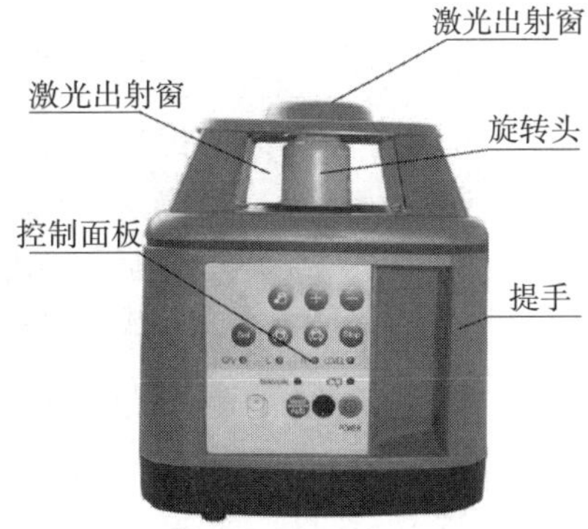

图 4-7-3　JP300 全自动激光扫平仪

1. 水泡式激光扫平仪

水泡式激光扫平仪内装有五角棱镜（或直角棱镜）系统。激光二极管发出的激光经过物镜和五角棱镜分光后，形成两束光，其中一束直接通过，另一束改变方向（90°），由直流电机通过齿轮带动仪器的选择头旋转,形成一个扫描的激光平面。仪器上装有水准器(长水泡),用于安平仪器。将激光二极管发出的铅垂激光束变换为一个旋转的水平激光光束平面,从而提供一个水平基准平面。如果将仪器卧放,根据垂直水准器可得激光扫描出的铅垂基准面。

2. 自动安平扫平仪

在自动安平扫平仪中,金属吊丝将准直物镜(含激光器)悬吊在仪器内部,利用重力作用实现出射光束的自动安平。不论仪器如何倾斜,在补偿范围内仪器将始终保持扫描出的激光平面处于水平面内。

3. 电子自动安平扫平仪

电子自动安平扫平仪系统一般由传感器、电子线路和执行机构组成。圆水准器充有导电液,代替一般气泡水准器中的水,涂有金属盖层,并形成两个对称的电极。两个电极相当于两个电阻,当气泡居中时,电阻相等(两个电阻的导电液面位置相同);当倾斜时,气泡发生位移,从而破坏了两个电阻的平衡状态(两个电阻的导电液面位置不同),使传感器电路组成的电桥失去平衡,并产生相应的电压输出。输出信号经电子处理并放大驱动执行机构,使伺服电机产生相应的正转或反转,保持电桥平衡,也就是达到了电子自动安平的目的。传感器除用电阻的方式外,也有用电容或电感传感元件的方式。

(二)JP300 全自动激光扫平仪的构成及技术指标

1. JP300 全自动激光扫平仪的构成

图 4-7-4 为 JP300 全自动激光扫平仪的控制面板。JP300 全自动激光扫平仪属于电子自动安平扫平仪,仪器主体主要包括底座、机身、提手、控制面板、旋转头、激光出射窗等。

控制面板上的操作键包括:电源开关键、遥控接收键、手动与自动安平模式转换键、圆水准器、设置键、左旋键、右旋键、定向扫描键、旋转加速键、旋转减速键、停止键。控制面板上操作键的分布如图 4-7-4 所示。

图 4-7-4 JP300 全自动激光扫平仪的控制面板

2. JP300 全自动激光扫平仪的技术指标

JP300 全自动激光扫平仪的主要技术指标如表 4-7-1 所示。

表 4-7-1　JP300 全自动激光扫平仪的技术指标

自动安平精度		自动安平范围	测量范围	旋转速度	坡度设置范围	激光下对点器	遥控距离
水平	竖直	±5°	直径 300 m	2～600 r/min 连续可调	±5°	精度±1 mm/1.5 m	约 20 m
±10″	±15″						

3. 激光扫平仪的使用

(1)安装电池。仪器可使用干电池，也可使用备用的可充电电池。电池盒位于仪器底部，按电池盒上指示的极性方向放入电池，盖好盒盖。

(2)安置仪器。水平扫描时，将仪器置于脚架上，或置于一稳固的平面上，或悬挂在墙面上。仪器基本竖直，倾斜度不超过±5°即可；竖直扫描时，借助横卧基座，将仪器置于脚架上或置于一稳固的平面上，调节脚架或横卧基座上的水平调节螺旋，使控制面板上的圆水泡居中。

提示：若激光束无须对准地面固定脚中心，则只需要将圆水泡调整到圆水准器的两条竖直线之间即可。

(3)按键开机，电源指示灯亮，自动安平功能启动。电源指示灯闪烁，表明电池电压不足。此时，应更换新的干电池或对在机可充电电池充电。若需要关机，再按键，电源指示灯灭。

(4)安平指示。当完成自动安平后，自动安平指示灯亮，同时激光束发出，旋转头按约 300 r/min 右旋。如果仪器安置不当，由于其他原因造成仪器倾斜度超过±5°时，自动安平指示灯将闪烁，激光束不出射，此时应重新安置仪器。

提示：①超范围报警约 5 min 后，仪器将自动关机；②在做垂直扫描时，若未将圆水泡调整到两条竖线之间，则自动安平指示灯也将闪烁。

(5)旋转状态。通过控制面板上的相关功能键，可改变旋转头的旋转速度和方向。按键，旋转头顺时针方向转动。按键，旋转头逆时针方向转动。按+键，旋转速度加快。当旋转速度达到最高速时，右旋指示灯或左旋指示灯将快速闪烁。按−键，旋转速度减慢。当旋转速度达到最低速时，右旋指示灯或左旋指示灯将慢速闪烁。

(6)停止及单步转动状态。按Stop键，旋转头停止旋转。此时，按键，旋转头顺时针方向单步转动；按键，旋转头逆时针方向单步转动。再按Stop键，旋转头按原速度和原方向旋转。

(7)定向扫描。按Stop键，旋转头停止旋转。按定向扫描键，旋转头做定向扫描。按+或−键，扫描宽度改变；按或键，扫描方向移动。

(8)设置坡度。仪器竖直放置做水平扫描时，可在给定方向设置坡度。

先使出射光束对准需要设置坡度的方向，按键，待自动安平指示灯 LEVEL 亮后，双击Set键，指示灯亮，仪器进入坡度设置模式。按+或−键，激光束向上或向下移动。持续按住+或−键，可加快激光束移动的速度。

按Stop键，指示灯熄灭，仪器退出坡度设置状态，进入自动安平状态。

注意：①在坡度设置状态，+或−键用于调整坡度，在此状态下，旋转头的旋转速度不能调整，对于所需要的旋转速度，应在进入坡度设置状态前调整好；②按Stop键可选择在静止或旋转状态下设置坡度。在静止状态下设置坡度，激光束应对准给定方向。

(9)铅垂面的转动。当仪器卧置做铅垂面扫描时，铅垂面(或水平线)的方向可以转动。

设置铅垂面方向。仪器卧置,当仪器完成自动安平后,双击Set键,指示灯亮,进入铅垂面方向调整模式。

按Stop键,旋转头停止转动。按+键,铅垂面方向顺时针转动;按−键,铅垂面方向逆时针转动。

按Stop键,完成铅垂面方向调整,旋转头开始扫描。

按Set键,指示灯熄灭,退出铅垂面方向调整模式。

(10)关闭自动安平功能。双击Manual/AUTO键,MANUAL 灯亮,自动安平功能关闭。激光常亮,扫描功能开放。在此模式下,水平、垂直精度不予保证。再按一下Manual/AUTO键,MANUAL 灯灭,自动安平功能恢复。

仪器具有红外线遥控功能,将遥控器的发射窗对准仪器方向,可实现遥控操作。遥控操作的具体使用参见使用说明书。

二、激光铅垂仪

在高层建筑(如高层商住楼、电视发射塔、斜拉桥索塔、水塔、电梯井、地下建筑和地下铁道)的施工测量中,常需要测设以铅垂线为标准的点和线(也称垂准线),建立垂准线的作业称为垂直投影。由于高层建筑施工场所的范围较小,测量工作条件就会受到限制,而且容易受到施工干扰,因此对施工测量的方法和仪器也提出了一定的要求。专门测设铅垂线用的仪器称为铅垂仪。激光铅垂仪也称为天顶仪,是指借助仪器中安置的高灵敏度管状水准器或水银盘反射系统,将激光束导至铅垂方向,用于进行竖向准直的一种工程测量仪器。

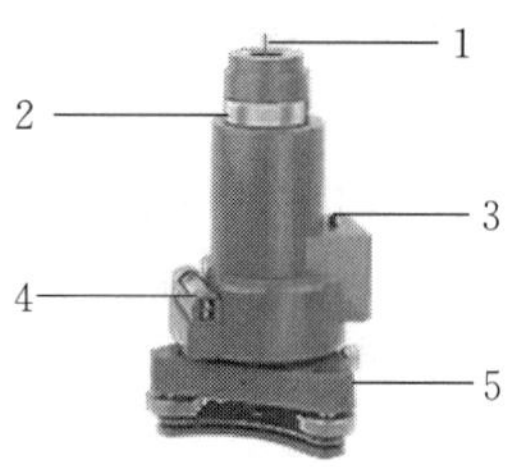

1——激光光束;2——调焦螺旋;
3——激光器电源开关;4——管状水准器;
5——基座;

图 4-7-5 JZY-20 激光铅垂仪

(一)激光铅垂仪的构成

激光铅垂仪是由基座、半导体激光器及其电源、光学系统、调平系统等构成的。图 4-7-5 为 JZY-20 激光铅垂仪。

基座起到支撑上部仪器及连接三脚架的作用。基座可用中心螺旋紧固在三脚架上。基座上部孔内固定有仪器中心轴套,与中心轴相连的座体上有光学对中器或激光对中器,供仪器在控制点上对中之用。基座下部的脚螺旋供仪器调平之用。

激光器固定在与光学系统镜筒相连的座体内,充电电池密封在仪器的壳体内,在壳体外设有充电插孔和激光电源开关。

仪器的天顶激光光学系统由扩束光具组、调焦装置和楔形镜组组成。扩束光具组可将激光器发出的光束进行调焦。旋转调焦螺旋可将激光光斑调至最小(光斑最亮)。

仪器的调平系统由竖轴、管状水准器和脚螺旋组成。

(二)激光铅垂仪的安置和使用

中高层建筑施工激光铅垂仪的安置可分为外设式和内设式两种。外设式是将仪器安置于墙(柱)外侧,内设式是将仪器安置于墙(柱)内侧。两种方式的控制点又分为地基控制点和墙上槽钢控制点两种。地基控制点是将控制点埋设在建筑物内侧或外侧的地基上;墙上槽钢控制点是将槽钢埋设在内墙或外墙上,在槽钢表面上标出控制点。两种控制点至墙(柱)面的垂直距离一般为 0.5 m 左右。

激光铅垂仪在地基控制点上可利用光学对中器或激光对中器进行对中，对中方法与光学经纬仪相同。在墙上槽钢控制点对中的方法如下：先在槽钢上以控制点为中心，画出与仪器基座半径相同的圆形，仪器对中时使仪器基座边缘与圆形吻合即可。

可用脚螺旋进行仪器整平。

仪器对中、整平后，开启激光器电源开关，仪器即给出铅垂激光束，此时在光束上方所要标定的位置上安置仪器附件——靶板。移动靶板，使其中心与光斑中心相重合，即可根据丈量的距离确定建筑物内外墙(柱)的位置。

在控制点外设的情况下，应将靶板置于一个筒体内，防止日光直射靶面影响激光光斑的清晰度；在控制点内设的情况下，应在上层楼板预留通光孔。以上两种情况均应采取安全措施，以确保仪器安全。

三、激光扫平仪与激光铅垂仪使用注意事项

(1)实验场所因受条件限制，架设仪器时应注意，保证仪器稳定、架设高度适中和便于操作。

(2)激光扫平仪及铅垂仪在使用过程中一定要注意安全，千万不可用眼睛直视激光束，否则将导致眼睛严重损害甚至失明。

(3)仪器使用前，应进行扫平仪自动安平及铅垂仪管状水准器管轴垂直于竖轴的检验和校正，以确保激光束的铅垂精度。

(4)仪器各部件不可随意拆卸。

第八节 三维激光扫描仪

三维激光扫描仪，也称 3D 测量仪，是无合作目标激光测距仪与角度测量系统组合而成的自动化快速测量系统，可在复杂的现场和空间对被测物体进行快速扫描测量，以阵列式点的形式直接获得激光点所接触的物体表面的水平方向、天顶距、斜距和反射强度，自动存储并计算获得的点云数据。三维激光扫描仪最远测量距离可超过 1 000 m，最高扫描频率可达每秒上万个，扫描数据可通过 TCP/IP 协议自动传输到计算机，外置数码相机拍摄的场景图像可通过 USB 数据线同时传输到电脑中。点云数据经过计算机处理后，能精确地进行逆向建模、构建三维地形模型、进行土方填挖量计算及爆破前后体积变化量分析，完成地质层彩色扫描、露天矿测量、文物修复、数字化工厂、水土流失监控、泥石流评估等工作。三维激光扫描技术的出现为测绘技术提供了新的手段。

一、三维激光扫描仪的原理及分类

三维激光扫描仪的种类按照测距原理的不同，一般可分为相位式与脉冲式两类。

(一)基于相位差测距原理的三维激光扫描仪

相位式测量是用无线电波段的频率，对激光束进行幅度调制并测定调制光往返测线一次所产生的相位延迟，再根据调制光的波长，换算此相位延迟所代表的距离，即用间接方法测定出激光经往、返测线所需要的时间，进行距离计算，通过软件计算出观测点的三维数据。

相位式测量方式的三维激光扫描仪的特点：测量速度快、测量精度较高，测程较短，一般不超过 150 m。这类扫描仪广泛应用于隧道、地下空间、车载、船载、建筑、考古、文物保护、计量、

刑侦、工业领域。

(二)基于脉冲测距原理的三维激光扫描仪

激光脉冲发射器周期地驱动激光二极管发射激光脉冲,由接收透镜接收目标表面后向反射产生的接收信号,利用稳定的石英时钟对发射与接收时间差进行计数,最后由电脑按照算法处理原始数据,从中计算出采样点的空间距离。通过传动装置的扫描运动,完成对物体的全方位扫描,然后进行数据整理,从而获取目标表面的点云数据。

脉冲式三维激光扫描仪的特点:测程较长,但速度较慢,精度与扫描距离强相关,即随着距离的增加,精度逐渐降低。该扫描仪主要应用于地形地貌测量、矿山开采、水利水电、滑坡监测、泥石流检测等领域。

二、ILRIS-3D 扫描仪

ILRIS-3D 扫描仪为脉冲式三维激光扫描仪,是工程测绘领域使用较为广泛的一种数字扫描仪。

(一)ILRIS-3D 扫描仪的主要技术指标

图 4-8-1 所示为加拿大 Optech 公司生产的 ILRIS-3D 扫描仪,主要技术指标如表 4-8-1 所示。

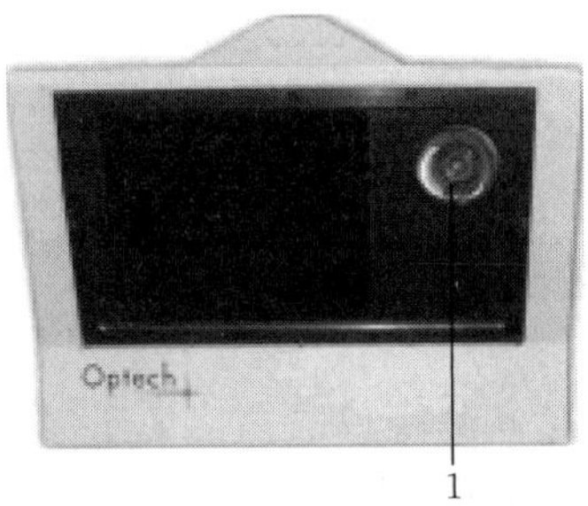

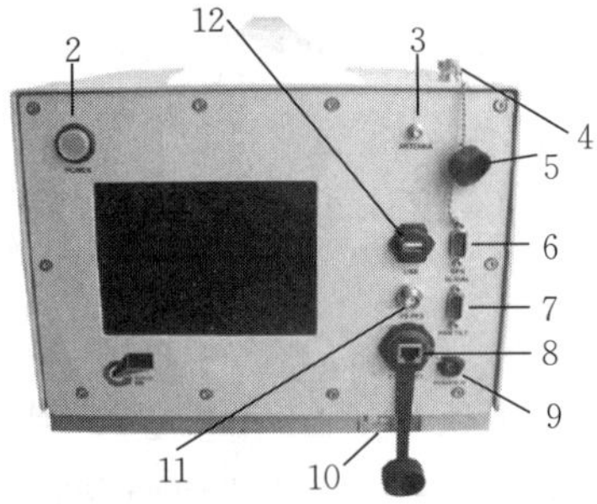

1——内置镜头;2——开关按钮;3——天线接口;4——连接器;5——连接器盖;6——GNSS 系列插口;7——底座插口;8——网络插口;9——电源插口;10——管状水准器;11——GNSS PPS 接口;12——USB 接口

图 4-8-1 ILRIS-3D 扫描仪

表 4-8-1 ILRIS-3D 扫描仪主要技术指标

测距能力/m	1 700(@80%反射率),650(@10%反射率)
最小测量距离/m	3
激光发射频率/Hz	2 500～3 500
有效率/(%)	100
原始角度精度	8 mm@100 m(80 μrad)
视场角/(°)	40×40
最小角步径/(°)	0.001 146(20 μrad)
最小点间距	2 cm@1 000 m
旋转速度/((°)/s)	0.001～20
旋转角步径(最小) /(°)	0.001 146(20 μrad)
激光光斑直径	22 mm@100 m
激光光束发散率/(°)	0.009 740(170 μrad)
仪器重量/kg	13

(二)ILRIS-3D 扫描系统特点

ILRIS-3D 扫描系统是一种完整、完全、便携式的激光影像与数字化的测图系统。系统由高度集成化的数字影像获取和复杂的软件工具组成。ILRIS-3D 扫描仪具有 600 万像素的数码相机和大型 LCD 监视器，还有一个视频接口。在性能扩展方面具有高数据采样率和从 3 m 至 1 500 m 的大动态范围。

ILRIS-3D 扫描仪的设置比较简单，仪器无须整平，而且可以通过一台无线掌上电脑加以控制。目标区域和扫描状态都显示在屏幕上，数据可直接存入存储器中。测量区域和点的密度都是可以定义的。

ILRIS-3D 扫描仪可直接架设在三脚架上，如图 4-8-2(a)所示，还可以安装在配备有一个全马达驱动的旋转与仰俯的基座上，如图 4-8-2(b)所示。增加了水平 360°、纵向 90°的旋转功能，可无缝隙地覆盖扫描大面积区域，基座旋转与仰俯可通过软件控制。

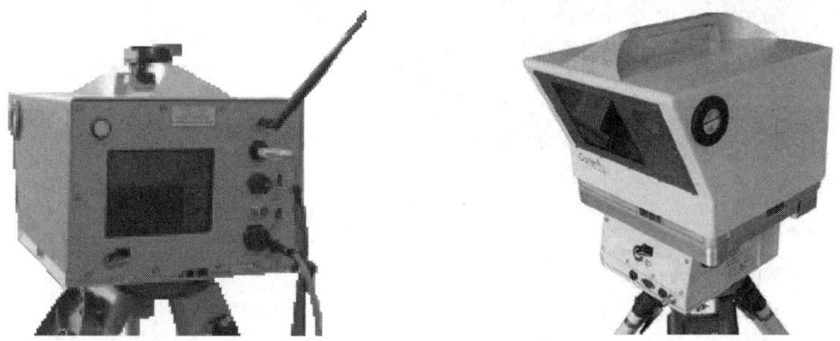

(a) 直接架设　　(b) 配备马达驱动基座

图 4-8-2　ILRIS-3D 扫描仪的架设

ILRIS-3D 扫描仪内置有高精度数码相机，拍摄的像片配合扫描仪测量出的点云，可以得到真彩色点云，有助于精确、方便地寻找目标。

ILRIS-3D 扫描仪通过配置动态补偿装置可以配合其内置的位置与方位系统进行动态测量，适合于在车载平台或船只上面进行移动扫描。扫描仪输出的每个激光点数据中都包含 GNSS 时间，可以用位置与方位系统数据解算出每个时间点扫描仪的位置与方位。最终将获得在运动平台上采集到的统一坐标系原点。

ILRIS 可由惠普掌上电脑或便携式计算机编程控制。这两个设备中任意一个 ILRIS 控制器软件都是预装的，可与设备通信、ILRIS 扫描仪通过任一无线或有线网络进行连接。

(三)ILRIS 软件

ILRIS 包括两个基本的应用程序软件：ILRIS 控制器的参考系的扫描操作程序和 ILRIS 解析器的后续处理程序。

1. ILRIS 控制器

控制器程序为 ILRIS 提供了实时图形显示扫描设置和操作，其操作界面如图 4-8-3 所示。利用控制器可以从 ILRIS 相机捕获图像，执行现场地理坐标参照（后方交会或后视）扫描程序，定义并添加测量区域，启用和禁用三个不同范围平均选项，开始和停止扫描，显示器扫描仪硬件，监视扫描的进度。

2. ILRIS 解析器

解析器处理原始 ILRIS 扫描数据，以使其适合于由计算机辅助设计(computer aided

design,CAD)、地理信息系统(geographic information system,GIS)或其他建模软件进行处理。

图 4-8-3　ILRIS 控制器操作界面

当一次扫描结束后,使用解析器可以处理测量扫描数据,输出适合标准 CAD、GIS 和建模软件的数据文件。

解析是一个将对象转换成数字信息的过程,包括处理和重复处理扫描数据、更改之前的解析器设置、解析并快速选择所有输出选项等。

3. 第三方软件选项

另外,ILRIS 提供了可选的第三方软件(PolyWorks 和 Kubit 软件)协助处理 ILRIS 测量数据。

三、ILRIS-3D 扫描仪的工作流程

(一)内业安装

内业安装需要解压缩 ILRIS 软件,并安装所有必要的软件到操作和处理计算机上。

1. 过程

在第一次使用 ILRIS 时,应解压缩 ILRIS,检查所有硬件,给 ILRIS 电池充电,安装 ILRIS 控制器和解析器,安装并注册所有的第三方软件,如 PolyWorks。

2. 软件对系统的要求

ILRIS 控制器和解析器应安装在以下规格的计算机上。

(1)Windows 操作系统。

(2)600 MHz 英特尔奔腾Ⅲ处理器或更高。

(3)1 GB 内存。

(4)1 GB 的可用磁盘空间。

(5)OpenGL 兼容视频名片。

正在处理的每个数据文件需要相同大小的磁盘和交换空间，如 400 MB 的文件需要 400 MB 的磁盘空间和 400 MB 的交换空间，总共 800 MB。

3. 控制器的安装

(1)将 ILRIS 光盘插入计算机。

(2)浏览光盘上的控制器文件夹。

(3)单击并拖动 Controller. exe 文件到桌面。

(4)从计算机中弹出 ILRIS 光盘。

4. ILRIS 解析器的安装

对 ILRIS 的测量数据进行预处理之后，将使用 ILRIS 解析器。ILRIS CD 中提供了解析器安装软件。在计算机上安装解析器应按下列步骤进行。

(1)将 ILRIS 光盘放入电脑光驱中。

(2)在桌面上创建一个名为“Parser”的文件夹。

(3)在计算机中浏览光盘 Parser 文件夹，双击 Parser. zip 文件。

(4)单击“浏览”按钮找到创建的文件夹。

(5)单击“Unzip”按钮从特定文件夹中提取文件。

(6)取出 ILRIS 光盘。

5. 安装 PolyWorks

安装 PolyWorks，需要查看产品文件夹。PolyWorks 软件包中包括一个硬件保护器。在运载数据之前，Optech 记录了保护器的 ID，用户需要自己注册 PolyWorks(第三方软件，需要获取授权)。如果没有相关授权信息，软件将无法运行。

(二)外业测量过程

(1)建站。在扫描现场选择适当的位置作为测站。

(2)安装。在测量现场安装 ILRIS 扫描仪的三脚架(可选用平移或倾斜基座)。

(3)操作。①在掌上电脑或笔记本电脑上配置局域网设置；②启动控制器；③建立扫描仪和 ILRIS 操作界面之间的通信；④执行现场地理坐标参照(后方交会或后视)；⑤定义一个或多个目标区域，并设置扫描参数；⑥在三脚架或平移或倾斜的基座上进行扫描；⑦显示扫描过程控制，当扫描完所有目标区域时停止扫描。

(4)数据处理。①打开 ILRIS 解析器软件；②扫描数据加载到分析器；③确认提前设置的解析器设置(可选)；④选择输出格式，并指定输出文件的位置；⑤用分析器分析数据。

(5)外业测量。外业测量过程流程图如图 4-8-4 所示。

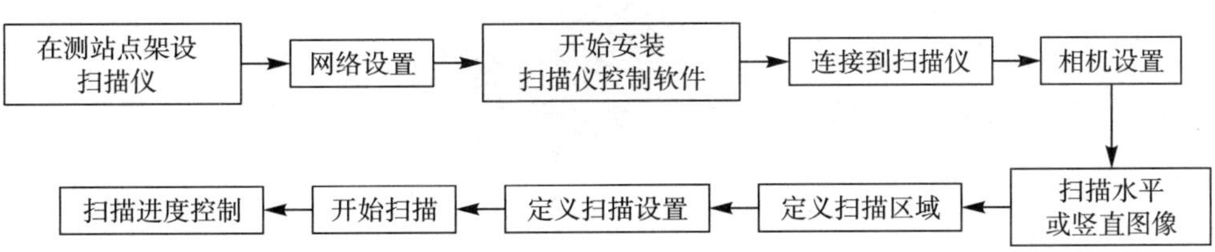

图 4-8-4　外业测量过程流程

第九节　探地雷达

测量工程中的一项重要的任务就是使用地下管线探测设备定出地下管线的位置及深度。地下管线探测设备根据探测原理可分两类:一类是利用电磁感应原理探测金属管线、光缆,以及一些带有金属标志线的非金属管线,这类管线探测仪的特点是探测速度快、简单直观、操作方便、精确度较高,但是在探测非金属管线时,必须借助非金属探头;另一类是利用电磁波探测所有材质的地下管线,也可用于地下掩埋物体的查找,称为探地雷达,其优点是既能探测金属管线,也能探测非金属管线。

一、探地雷达的分类

探地雷达分机载(航空)探地雷达及地面探地雷达。地面探地雷达又分侧视探地雷达、下视探地雷达(手拖或车载)及前视探地雷达,如图 4-9-1 所示。各种探地雷达仪器的工作原理基本相同,但各类设备的具体功能、技术规格、结构、重量等各有特点,且因执行任务的不同而分别用于不同行业。通常,在测量工程中车载及手拖探地雷达的使用较为常见。

(a) 机载　(b) 侧视　(c) 车载　(d) 手拖

图 4-9-1　不同类型的探地雷达

二、RD1100 便携式探地雷达系统

图 4-9-2 是英国雷迪公司生产的手拖式探地雷达系统。RD1100 利用雷达技术产生锥形可视图像,其主要优点是既可以探测金属管线,也可探测非金属管线(包括塑料管线)。

图 4-9-2　RD1100 便携式探地雷达

(一)RD1100 便携式探地雷达系统的构成

RD1100 便携式探地雷达系统由传感器、传感器支撑带、显示单元、显示单元电缆、电池

箱、电池电缆、里程表电缆、显示单元固定座、小推车底架、小推车手柄、小推车手柄固定销等配件构成,如图 4-9-3 所示。

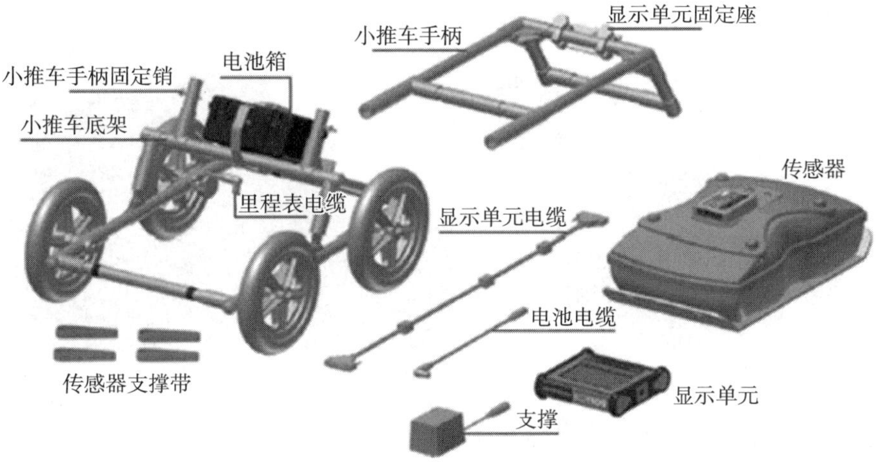

图 4-9-3 RD1100 便携式探地雷达的组成部分

(二)RD1100 便携式探地雷达的组装

(1)用小推车手柄固定销将小推车手柄和小推车底架连接,如图 4-9-4 所示。

(2)使用传感器支撑带将传感器与小推车连接,如图 4-9-5 所示。应保证传感器方向正确,连接部分朝向小推车后部。使用传感器支撑带调节传感器高度,使传感器盒距离地面 1～2 cm。

(3)将显示单元装在推车的显示单元托盘上,如图 4-9-6 所示。显示单元向下滑入托盘,卡在支架的两侧,并通过拔销固定。当听到咔哒声时,表明显示单元已固定。调节显示单元角度的方法如下:拧松显示单元托盘下方的手旋螺丝,旋转显示单元到想要的角度后拧紧手旋螺丝。拆下显示单元的方法如下:断开所有电缆的连接,拔出拔销后提起显示单元。

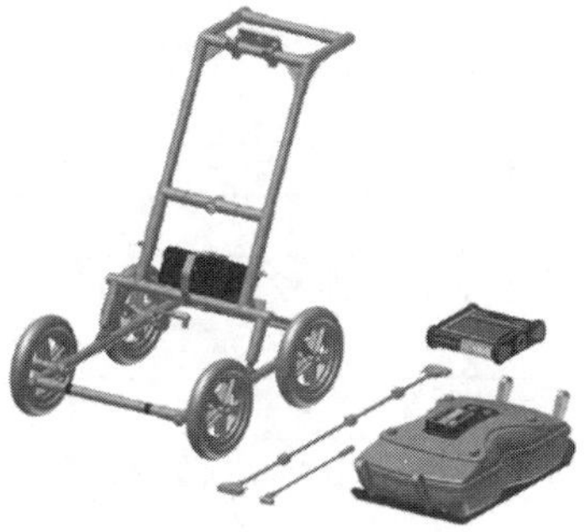

图 4-9-4 小推车组装

图 4-9-5 传感器安装

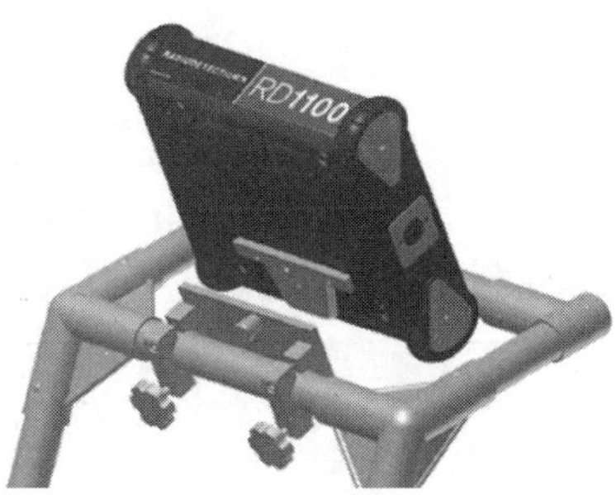

图 4-9-6 安装显示单元

(4)将显示单元电缆连接到显示单元后面,电缆另一端与传感器盒连接。将连接好的电缆置于电池托架的下侧。确保电缆连接正确,如图 4-9-7 所示。

(5)固定里程表和电池电缆。将里程表电缆连接到传感器上,与传感器盒上最近的插座相连,再将电池电缆分别与传感器盒和电池箱连接,如图 4-9-8 所示。系统现在已安装完成并做好使用准备。

图 4-9-7　显示单元与传感器连接

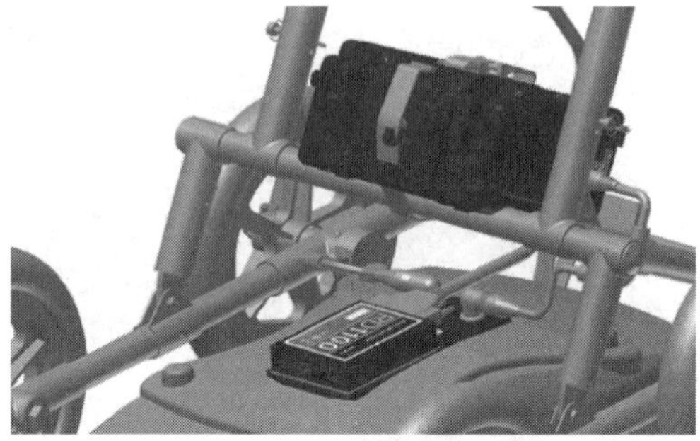

图 4-9-8　里程表、电池箱与传感器连接

(6)此时，就可以使用 RD1100 便携式探地雷达系统进行探测。

(三)RD1100 便携式探地雷达显示单元

RD1100 便携式探地雷达系统显示单元控制面板如图 4-9-9 所示，操作键功能如表 4-9-1 所示。

图 4-9-9　RD1100 便携式探地雷达系统显示单元控制面板

表 4-9-1　RD1100 便携式探地雷达显示单元操作键功能

按键	名称	功能
	数字键	标有数字 1～8 的蓝色按钮对应屏幕上出现的菜单选项
	方向键	控制某个菜单的上/下/左/右操作
	相机键	保存线数据、网格数据或地图视图显示的屏幕截图
	星号/特殊功能键	用于在数据采集过程中添加标记，以及快速进入非保存(No Save)模式进行线扫描数据收集
Start	键盘测试键	按开始(Start)键开始测试，该测试要求用户在 20 s 内将每个按钮按一次
Screen shot Gallery	屏幕截图库键	屏幕截图库可管理保存在 RD1100 上的所有屏幕截图
Tools	工具键	可设置偏好、调整系统设置、执行系统测试并管理文件

系统开启后(数据采集期间除外)，出现系统设置界面。可用手指从屏幕顶部向底部“滑动”，调出一个包含下列项目的下拉菜单(图 4-9-10)，菜单中包含内容如下。

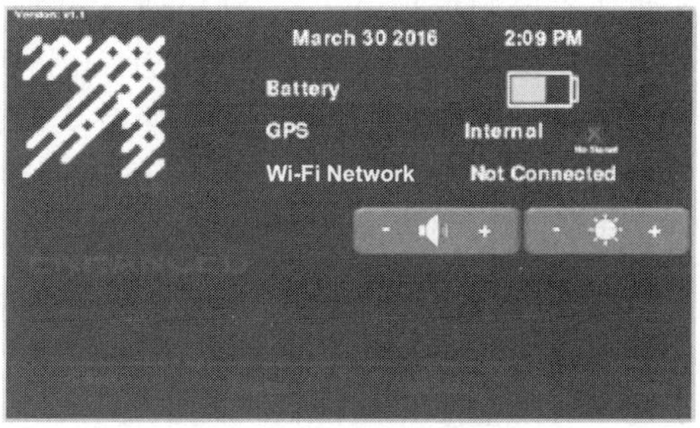

图 4-9-10　下拉菜单

(1)日期和时间:显示当前的日期和时间(12 小时制)。

(2)电池:电池图标显示电池的剩余电量。如果电池电量减少,图标颜色将从橙色变为红色(匹配键盘上的发光二极管颜色)。

(3)GNSS:显示 GNSS 接收器的状态和信号强度。

(4)Wi-Fi 网络:指示系统是否已连接到无线网络,如果已连接到移动网络,将显示网络名称。

(5)音量:音量“+”和“-”按钮用于增大和减小扬声器音量。

(6)亮度:亮度“+”和“-”按钮用于增大和减小屏幕亮度,如增大亮度设置可提高屏幕在明亮阳光下的可见性。

如果要关闭“滑动”下拉菜单,只需要触摸下拉菜单下方屏幕上的任意位置。

(四)RD1100 便携式探地雷达系统的使用

数据收集通过显示单元进行控制。显示单元带有内嵌软件,可设置勘测参数并收集、显示和存储数据。

设备安装就位后,在主界面按“开始”键 Start ,显示器界面如图 4-9-11 所示。

当沿直线推动系统采集数据时,收集到的数据将从右向左滚过屏幕,如图 4-9-12 所示。

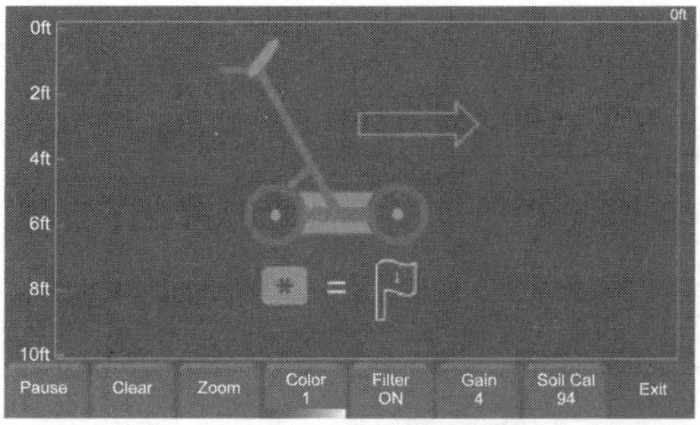

图 4-9-11　“开始”状态界面

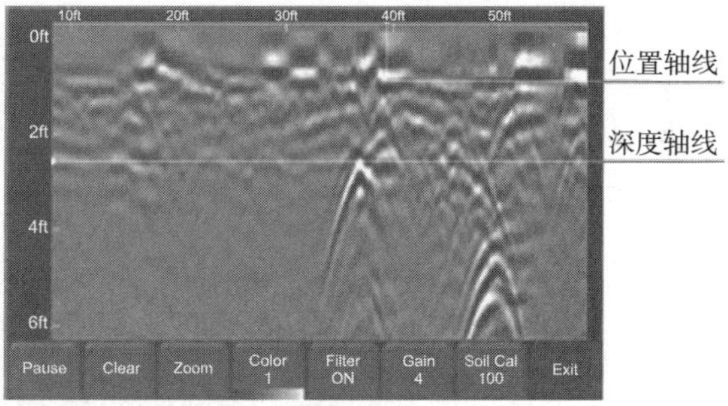

图 4-9-12　收集到的数据和轴线标签

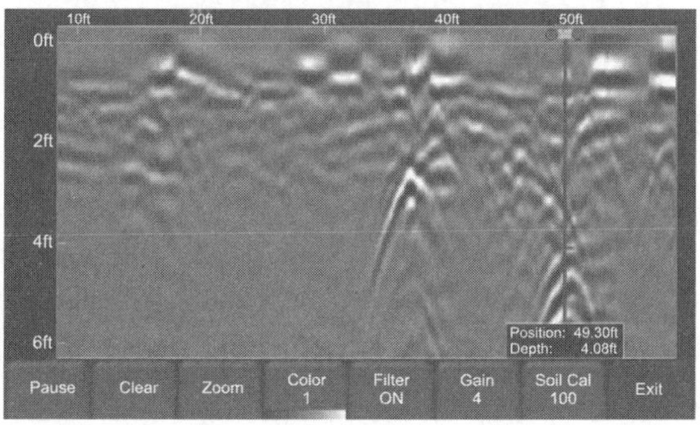

图 4-9-13　后退指示器

线扫描模式加入了后退功能,可准确定位目标并在地面标记出来。在屏幕上采集一些数据后,若向后移动系统,则屏幕变化如图 4-9-13 所示。

在后退模式中,有两个指示器,分别是位置指示器和深度指示器。

(1)位置指示器。红色的垂线对应传感器中心的位置。当向后拉动推车时,位置指示器移动,此时会在图像中标记推车的当前位置,并且有一个方框出现在当前位置,与线的起点相对。

(2)深度指示器。一条短的红色水平线对应当前的深度值,如图 4-9-13 底部方框中的数字所示。若要确定物体深度,则可通过拖拽水平线到目标位置,实现向上或向下移动指示器。也可以使用键盘上 4 个方向键的向上和向下箭头来移动。

另外,还可以通过触摸屏幕并保持 1 s 来获得线扫描上任意处的深度和位置信息。在触摸屏幕的地方会出现一条十字准线和一个显示位置和深度的方框,如图 4-9-14 所示。如要获得有关屏幕上不同点的位置和深度信息,只需要触摸并拖动方框或十字准线到目标位置。

在探测过程中,可用插入旗标的方式来标记值得注意的表面特征,如杆、人行道、地形变化等。这些标记可帮助关联具有上述地面特征的地下目标。在向前采集数据或者后退时,按键盘上的星号键将在当前位置插入一个旗标。这些插入的小旗标要按顺序进行编号,如图 4-9-15 所示。

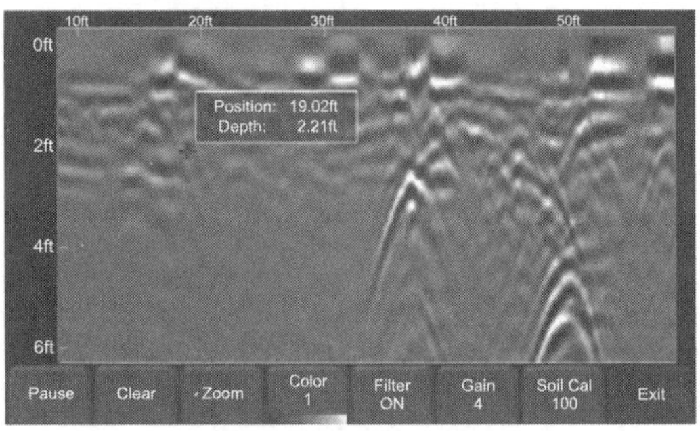

图 4-9-14　触摸屏幕获得任意点的信息

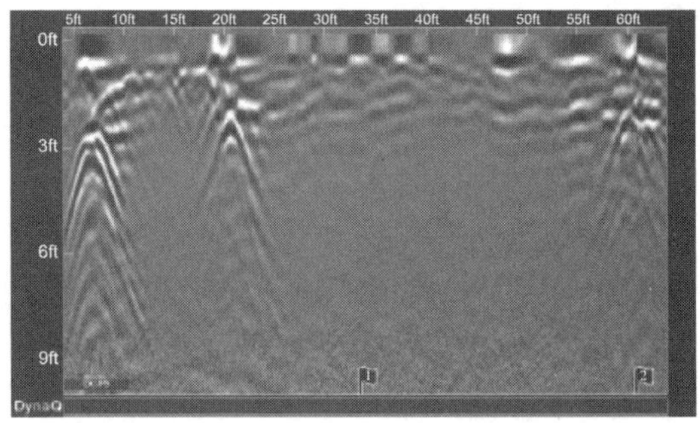

图 4-9-15　插入旗标

线扫描界面底部菜单选项含义如图 4-9-16 所示。

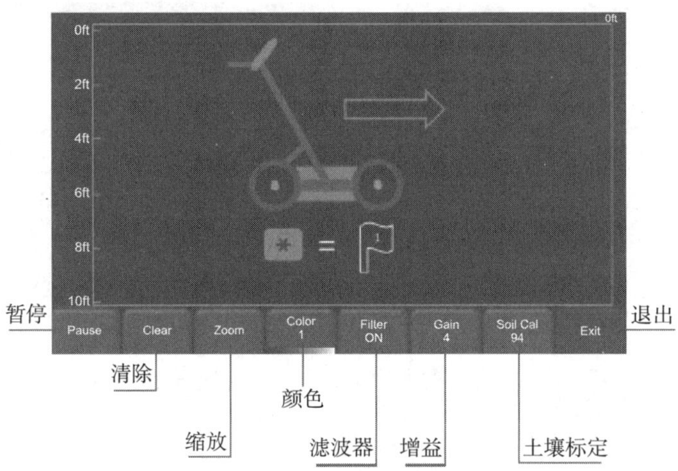

图 4-9-16　线扫描界面

各按键的含义及功能如下:

(1)"暂停"按钮 Pause。可暂时停止数据收集,按 Start 再次恢复,不会清除屏幕上的数据。如果要收集目标上方的一系列平行线并在屏幕上显示所有数据以进行对比,可使用此按钮。

(2)"清除"按钮 Clear。可以清除屏幕上的数据。

(3)"缩放"按钮 Zoom。控制所显示的探测数据的水平和垂直缩放比例。

(4)"颜色"按钮 Color。更改探测线的调色板。有 8 种不同的调色板选项。当调色板更改时,图像自动重新显示。

(5)“滤波器”按钮Filter：处于开启(ON)位置时，数据中的平缓响应被过滤，从而使来自物体的双曲线响应增强。滤波器具有去除图像水平反射，增强由目标物体引起的挖掘反射和拱形的功能，滤波器也可以过滤掉较强的其他信号，使浅层目标物体在图像上的显示更清晰，便于浅层目标识别。

(6)“增益”按钮Gain。由于被扫描的材料可吸收探地雷达信号，因而越深的目标返回的信号越弱。增益就像一个音频、音量控制装置，可放大信号，使较深的目标信号在图像中看起来更强一些。增益可在1～9之间调节，1表示已应用最小的放大，9表示已应用最大的放大。按该按钮可增大增益，到达9之后又会循环回到1。

(7)“土壤标定”按钮Soil Cal。土壤标定值(又称为波速)是一个用来确保所测深度准确性的参数，可用于校准和解释探测深度数据。土壤标定值通常包括土壤的电阻率、介电常数等参数，这些参数会影响电磁场在土壤中的传播和衰减特性。通过进行土壤标定，可以获取这些参数的具体数值，从而更准确地解释和校准探测深度数据。

管线探测中，相交的线性目标(如管道或电缆)产生的电磁场信号可能相互干扰，当两条管线相交或相近时，它们的电磁场信号会相互叠加和干扰，导致接收到的信号呈现双曲线形状。这种特征可以帮助识别管线的相交点或接近点，进而进行精确定位和记录。

另外，显示单元上的相机键可对屏幕图像进行截图，然后保存为JPEG文件供查看。

采集的屏幕截图图像数据可导入显示单元USB端口插入的U盘内，如图4-9-17所示。插入U盘后，U盘将被识别，会弹出一条消息告知已插入U盘，询问是否要将数据导出到U盘(图4-9-18)。单击“Yes”按钮，开始传输，数据通过U盘可复制到电脑中。传输至电脑的图像可被重新绘制或打印。

图4-9-17　插入U盘

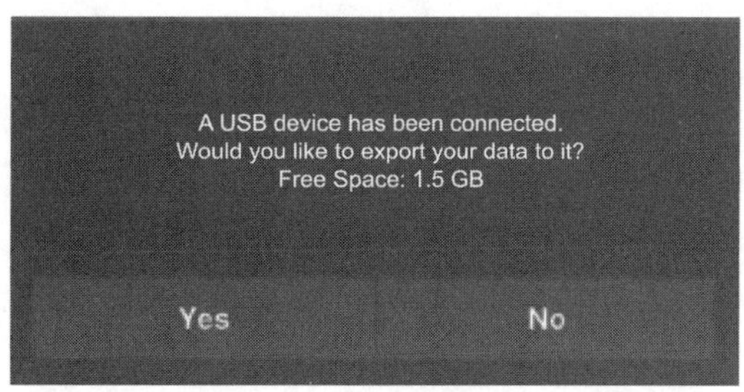

图4-9-18　识别U盘后的显示信息

数据收集完成后，可退出扫描和图像设置界面，返回系统设置界面。

(五)RD1100探地雷达探测资料的解译

RD1100探地雷达探测资料的解译，包含两部分内容：数据处理和图像判读。由于地下介质相当于一个复杂的滤波器，介质对波吸收的不同程度及介质的不均匀性质，使得脉冲到达接收天线时，波幅减小，波形与原始发射波形有较大的差别。此外，不同程度的随机噪声和干扰波，也影响了实测数据，因此必须对接收信号实施适当的处理，以改善数据资料，为进一步解译提供清晰可辨的图像。

数字处理主要是对所记录的波形做处理。例如，取多次重复测量的平均，以抑制随机噪声;取邻近的不同位置的多次测量平均,以压低非目的体杂乱回波,改善背景;做自动时变增益或控制增益,以补偿介质吸收和抑制杂波;做滤波处理或时频变换,以除去高频杂波或突出目的体,降低背景噪声和余振影响,或进一步考虑测域的一维、二维空间滤波,设计与脉冲波形有关的反滤波或匹配滤波器,做与目的体有关的三维处理等。对于小的、局部的和细长物体,其回波散射有一些频谱特性或极化特性需要专门考虑,而天线的极化性质也影响接收效果。这些都是当前数字处理的研究对象。图像解译的第一步是识别异常,然后进行地质解译。对于异常的识别在很大程度上基于地质雷达图像的正演成果。

第五章　测量学基础实验

测量学基础实验是课堂教学期间，某一章节内容讲授之后安排在课内的实践性教学环节。通过测量实验可以加深学生对测量概念的理解，巩固课堂所学的基本理论和基本方法，初步掌握测量仪器及工具的操作技能，也为学习本课程的后续内容打好基础。

本章共列出26项实验，有些是验证性实验，有些是综合性实验，有些实验可分次进行，有些实验可合并进行。本书提供的实验项目除测量学、工程测量、数字测图原理与方法等课程要求的基础实验项目外，还涵盖摄影测量、遥感、卫星定位原理与技术、工程测量学课程实施的实验，以满足课外创新创业实践活动及参加各项技能大赛的要求。实验项目的取舍，应根据所选用的教材及教学大纲要求来确定。每项实验的学时数可根据具体情况灵活调整，实验小组人数一般为4～5人，但也应根据实验的具体内容以及仪器设备条件做灵活安排，以保证每人都能进行观测、记录、做辅助工作等全面实践。

在实验中应做到随时测量、随时记录、随时检核，各项实验的观测要求均列在注意事项中。每项实验的“测量实验报告”及相应的“观测记录表格”均在附录一中，在实验完成后，可将填写完整的“测量实验报告”及“观测记录表格”裁剪下来，装订好，以小组为单位上交指导教师，以便批改。

实验一　水准仪的认识和使用

高程是确定地面点位的主要参数之一。水准测量是高程测量的主要方法之一，水准仪是水准测量所使用的仪器。本实验通过对微倾式水准仪、自动安平水准仪及数字水准仪的认识和使用，使同学们熟悉水准测量的仪器、附件、工具，能正确使用水准仪。

一、实验性质

验证性实验，实验时数安排为1～2学时。

二、目的和要求

(1)了解微倾式水准仪、自动安平水准仪及数字水准仪的基本构造和性能，以及各螺旋名称及作用，掌握使用方法。

(2)了解脚架的构造、作用，熟悉水准尺的刻划、标注规律及尺垫的作用。

(3)练习水准仪的安置、瞄准、精平、读数、记录和计算高差的方法。

三、仪器和工具

(1)微倾式水准仪1套、自动安平水准仪1台、水准尺2根、数字水准仪1台、脚架1副、条形码尺2根、尺垫2个、记录板1块、测伞1把。

(2)自备：铅笔、草稿纸。

四、方法步骤

指导教师现场通过演示讲解水准仪的构造、安置及使用方法，以及水准尺的刻划、标注规律及读数方法。

(一)微倾式水准仪、自动安平水准仪

(1)选择场地架设仪器。从仪器箱中取水准仪时,注意仪器装箱位置,以便用后装箱。

(2)认识仪器。对照实物正确说出仪器的组成部分,各螺旋的名称及作用。

(3)粗整平。先用双手按相对(或相反)方向旋转一对脚螺旋,观察圆水准器气泡移动方向与左手拇指运动方向之间的运行规律,再用左手旋转第三个脚螺旋,经过反复调整使圆水准器气泡居中。

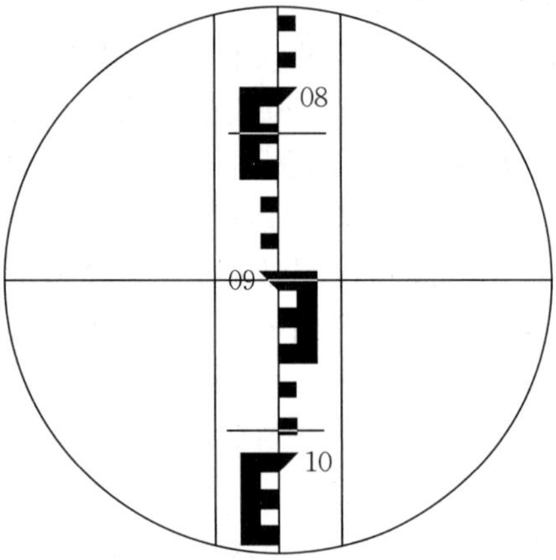

图 5-1-1 观测水准尺读数

(4)瞄准。先将望远镜对准明亮背景,旋转目镜调焦螺旋,使十字丝清晰;再用望远镜瞄准器照准竖立于测点上的水准尺,旋转对光螺旋进行对光;最后旋转微动螺旋,使十字丝的竖丝位于水准尺中线位置上或尺边线上,完成对光,同时消除视差。

(5)精平(自动安平水准仪无此步骤)。旋转微倾螺旋,从符合式气泡观测窗观察气泡的移动,使两端气泡吻合。

(6)读数。用十字丝中丝读取米、分米、厘米,估读出毫米位数字,并用铅笔记录。如图 5-1-1 所示,十字丝中丝的读数为 0907(0.907 m)。十字丝下丝的读数为 0989(0.989 m),十字丝上丝的读数为 0825(0.825 m)。

(7)计算。读取立于两个或更多测点上的水准尺读数,计算不同点间的高差。

(二)数字水准仪

(1)认识仪器,重点是操作键盘。

(2)测量和记录。

——按⏻键开机后,屏幕显示“测量与存储”对话框。

——输入起始点号、起始点高程、注释后,瞄准起始点上立尺,按测量键◉,即可进行测量,显示结果,如图 5-1-2 所示(图中 PtID 为点号,H0 为起始点高程,Back 为后视计数,Dist 为距离,Hcol 为视线高),确定后按▶键,转换到前视方向。

——输入所需数据 A0(PtBs)、1(PtId)后,即可按测量键◉进行测量,显示包括高差测量结果,如图 5-1-3 所示。

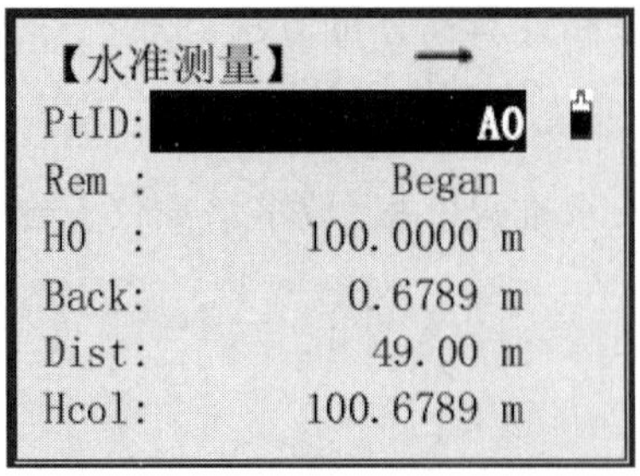

图 5-1-2 测量与存储对话框

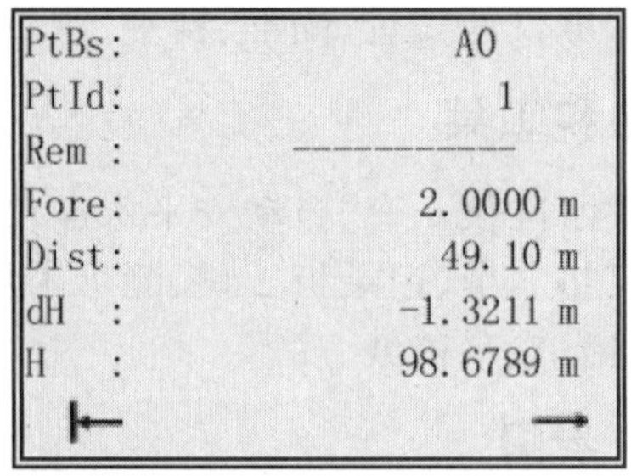

图 5-1-3 前视对话框

——按 SHIFT ▶组合键，转换到后视方向；按◀键开始新的水准测量。

小组间互换仪器及工具，进行上述操作，再将不同仪器测得的高差进行比较。

五、注意事项

(1)三脚架应支在平坦、坚固的地面上，架设高度应适中，架头应大致水平，架腿制动螺旋应紧固，整个三脚架应稳定。

(2)安放仪器时应将仪器连接螺旋旋紧，防止仪器脱落。

(3)各螺旋的旋转应稳、轻、慢，禁止用蛮力，最好使用螺旋运行的中间位置。

(4)瞄准目标时必须注意消除误差，应习惯先用瞄准器寻找和瞄准。

(5)立尺时，应站在水准尺后，双手扶尺，以使尺身保持竖直。

(6)后视及前视中采用微倾式水准仪读数时，不要忘记精平。

(7)做到边观测、边记录、边计算。记录应使用 2H(3H)铅笔。

(8)避免将水准尺靠在墙上或电杆上，以免摔坏；禁止用水准尺抬物，禁止坐在水准尺及仪器箱上。

(9)发现异常问题应及时向指导教师汇报，不得自行处理。

六、上交资料

实验结束后，将测量实验报告以小组为单位装订成册上交，测量实验报告见附录一。

实验二　普通水准测量

水准路线布置一般有闭合、附合、支线三种形式。本实验通过对一条闭合水准路线按普通水准测量的方法进行施测，使同学们掌握普通水准测量的方法。

一、实验性质

综合性实验，实验时数安排为 2～3 学时。

二、目的和要求

(1)练习水准路线的选点、布置。

(2)掌握普通水准测量路线的观测、记录、计算检核，以及集体配合、协调作业的施测过程。

(3)掌握水准测量路线成果检核及数据处理方法。

(4)学会独立完成一条闭合水准测量路线的实际作业过程。

三、仪器和工具

(1)水准仪 1 套、双面水准尺 2 根、尺垫 2 个、木桩 4～5 根、斧头 1 把、记录板 1 块、测伞 1 把。

(2)自备：铅笔、计算器。

四、方法步骤

(1)领取仪器后，根据教师给定的已知高程点，在测区选点。选择 4～5 个待测高程点，钉木桩并标明点号,形成一条闭合水准路线。

(2)在距已知高程点(起点)与第一个转点大致等距离处架设水准仪,在起点与第一个待测点上竖立水准尺。

(3)仪器整平后便可进行观测,同时记录观测数据。用双尺面法进行测站检核。

(4)第一站施测完毕,检核无误后,可将水准仪搬至第二站,第一个待测点上的水准尺尺底位置不变,尺面转向仪器;另一根水准尺竖立在第二个待测点上,进行观测,依此类推。

(5)当两点间距离较长或两点间的高差较大时,可在两点间选定一或两个转点作为分段点,进行分段测量。在转点上立尺时,尺子应立在尺垫上的凸起物顶上。

(6)水准路线施测完毕后,应求出水准路线高差闭合差,以对水准测量路线成果进行检核。

(7)在高差闭合差满足要求($f_{h容}=\pm 40\sqrt{L}$ 或 $f_{h容}=\pm 12\sqrt{N}$,L 取单位为 km 时的数,N 为测站总数,最后计算结果单位为 mm)时,对闭合差进行调整,求出闭合差调整后各待测点的高程。

五、注意事项

(1)前、后视距应大致相等。

(2)读取读数前,应仔细对光以消除视差。

(3)每次读数时,都应精平(转动微倾螺旋,使符合式气泡吻合),并注意勿将上、下丝的读数误读成中丝读数。

(4)观测过程中不得进行粗平。若圆水准器气泡发生偏离,应整平仪器后,重新观测。

(5)应做到边测量、边记录、边检核,误差超限应立即重测。

(6)双仪器高法进行测站检核时,两次所测得的高差之差应不超过 6 mm;双面尺法检核时,两次所测得的高差尾数之差应不超过 5 mm(两次所测得的高差,因尺常数不同,理论值应相差 0.1 m)。

(7)尺垫仅在转点上使用,在转点前后两站测量未完成时,不得移动尺垫位置。

六、上交资料

实验结束后,将普通水准测量记录及测量实验报告以小组为单位装订成册上交,测量实验报告见附录一。

实验三　四等水准测量

四等水准测量除用于小地区高程测量的首级控制外,还直接为各项工程建设的设计和施工提供高程控制。本实验通过对一条附合水准测量路线按四等水准测量的方法进行施测,使同学们掌握四等水准测量的方法,清楚其精度要求。

一、实验性质

综合性实验,实验时数安排为 2～3 学时。

二、目的和要求

(1)掌握用双面水准尺进行四等水准测量的观测、记录和计算方法。

(2)熟悉四等水准测量的主要技术指标,掌握测量检核及水准路线成果检核的方法。

三、仪器和工具

(1)DS3(或自动安平)水准仪 1 套、双面水准尺 2 根、尺垫 2 个、木桩 3～4 根、斧头 1 把、记录板 1 块、测伞 1 把。

(2)自备:铅笔、计算器。

四、方法步骤

(1)选点。布置水准路线。在测区,根据给定的已知高程点 BM_0 和 BM_n,另选 3～4 个待测高程点,分别以 A、B、C…… 命名,并钉好木桩做好标志,使之形成一条附合水准路线 $BM_0 \rightarrow A \rightarrow B \rightarrow C \rightarrow \cdots \rightarrow BM_n$,其长度以设置 6 ～ 8 个测站为宜。

(2)观测数据。在给定的已知高程点 BM_0 与第一个待测点 A 上竖立水准尺,并在距两点相等位置处架设水准仪,仪器整平后,按以下顺序观测,括号对应测量实验报告中"四等水准测量记录"表中的对应位置。

后视黑面尺:读取下丝读数(1)、上丝读数(2);精平,读取中丝读数(3)。

前视黑面尺:读取下丝读数(4)、上丝读数(5);精平,读取中丝读数(6)。

前视红面尺:精平后读取中丝读数(7)。

后视红面尺:精平后读取中丝读数(8)。

以上这种观测顺序简称为"后→前→前→后",也可采用"后→后→前→前"的观测顺序。

(3)测站的计算检核。当测站观测数据(1)至(8)记录完毕后,应随即计算以下内容:后视距离(9);前视距离(10);前后视距差(11),应不大于 5 m;前后视距累计差(12),应不大于 10 m;前视尺黑、红面读数差(13),应不大于 3 mm;后视尺黑、红面读数差(14),应不大于 3 mm;黑面高差(15);红面高差(16);黑、红面高差之差(17),应不大于 5 mm;平均高差(18)。

检查各项精度指标,若超出给定的限差,应在检查后重新观测。

(4)迁站。将 BM_0 点上的水准尺竖立到 B 点,水准仪安置在距 A、B 两点相等距离处,A 点上的尺原地掉转尺面面向仪器即可,依同样的方法测量 $A \rightarrow B$ 的高差。依次设站,同法施测各段的高差。

(5)设立转点。当两点间距离较长或两点间的高差较大时,在两点间可定一两个转点作为分段点,实施分段测量。注意在转点上立尺时,应使用尺垫。

(6)观测结束后的计算检核。整条路线测量完毕后,计算以下内容:路线总长,即各站前后视距之和;各站前后视距差之和,应与最后一站累积视距差相等;各站后视读数代数和,各站前视读数代数和,各站平均高差;水准路线高差闭合差。

(7)高程平差计算。当高差闭合差等于或小于限差时,对闭合差进行调整,求出平差后各待测点高程。

五、注意事项

(1)前后视距可先由步数概量,再通过视距测量调整仪器位置,使前后视距相等。

(2)每站观测结束后,应当即计算检核,误差超限时应立即重测。

(3)整条水准路线测量并计算完毕,在各项指标包括水准路线高差闭合差均满足要求的情况下,才可结束测量。

(4)四等水准测量有关技术指标的限差规定如表 5-3-1 所示。

表 5-3-1 四等水准测量限差指标

等级	视线高度/m	视距/m	前后视距差/m	前后视距累计差/m	红、黑面读数之差/mm	红、黑面所测高差之差/mm	闭合差/mm
四等	>0.2	≤80	≤5.0	≤10.0	≤3.0	≤5.0	$\leqslant \pm 20\sqrt{L}$ (平地) $\leqslant \pm 6\sqrt{N}$ (山地)

注:表中 L 为路线总长,取单位为 km 时的数值;N 为水准测量路线所设测站总数。

六、上交资料

实验结束后,将四等水准测量记录及测量实验报告以小组为单位装订成册上交,测量实验报告见附录一。

实验四 二等水准测量

二等水准测量属于精密水准测量,一般用于大地测量中的高程控制测量及大型建筑物施工、沉降观测和精密设备的安装等测量控制工作。本实验通过对一条闭合水准测量路线按二等水准测量的方法进行施测,使同学们掌握二等水准测量的方法,清楚其精度要求。

一、实验性质

综合性实验,实验时数安排为 2～3 学时。

二、目的和要求

(1)熟悉精密水准仪的构造和使用。

(2)掌握用配套的精密水准尺进行二等水准测量的观测、记录和计算方法。

(3)熟悉二等水准测量的主要技术指标,掌握二等水准测量数据处理的方法。

三、仪器和工具

(1)精密水准仪(或精密电子水准仪)1 套、配套(或配套条形码)水准尺 2 根、尺垫 2 个、木桩 3～4 根、斧头 1 把、记录板 1 块、测伞 1 把。

(2)自备:铅笔、计算器。

四、方法步骤

(1)选点,布置水准路线。在测区,根据给定的已知高程点 BM_0,另选 3 ～ 4 个待测高程点,分别以 A、B、C…… 命名,并钉好木桩做好标志,使之形成一条往返水准路线 $BM_0 \rightarrow A \rightarrow B \rightarrow C \rightarrow$ ……,其长度以设置 6 或 8(双数) 个测站为宜,采用往返观测。

(2)观测。在给定的已知高程点 BM_0 与第一个测点 A 上竖立水准尺,并在距两点相等位置(3～50 m)处架设水准仪，仪器整平后，按以下顺序观测。

——奇数站(照准水准尺的顺序)采用后→前→前→后的顺序。

后视尺的基本分划：上、下丝读数4位(电子仪器直读视距)；精平后，中丝读数6位。

前视尺的基本分划：上、下丝读数4位(电子仪器直读视距)；精平后，中丝读数6位。

前视标尺的辅助分划：精平，中丝读数6位。

后视标尺的辅助分划：精平，中丝读数6位。

——偶数站(照准水准尺的顺序)：采用前→后→后→前的顺序。

前视尺的基本分划：上、下丝读数4位(电子仪器直读视距)；精平后，中丝读数6位。

后视尺的基本分划：上、下丝读数4位(电子仪器直读视距)；精平后，中丝读数6位。

后视标尺的辅助分划：精平，中丝读数6位。

前视标尺的辅助分划：精平，中丝读数6位。

——各测段的测站数应为偶数站。

(3)测站的计算检核。当每站观测结束、数据记录完毕后，应随即计算以下内容：前后视距差，应不大于1.5 m；前后视距累计差，应不大于3 m；视线高度，应在0.55～2.80 m；两次读数所得高差之差，应不大于0.6 mm。检查各项精度指标，若超出给定的限差，应检查原因，重新观测。

(4)迁站。将BM_0点上的水准尺竖立到位于第二个测点B处的尺垫上，水准仪安置在距A、B两点相等距离(3～50 m)处，A点上的尺原地掉转尺面面向仪器即可，以同样的方法测量$A\rightarrow B$的高差。依次设站，以相同方法施测各段的高差。

(5)设立转点。当两点间距离较长或两点间的高差较大时，在两点间可定一两个转点作为分段点，实施分段测量。注意在转点上立尺时，应使用尺垫。

(6)观测结束后的计算检核。整条路线测量完毕后，计算以下内容：路线总长，即各站前、后视距之和；前后视距差累计之和，应与最后一站累计视距差相等；水准路线高差闭合差，应不大于$\pm 4\sqrt{L}$，单位为mm。

(7)高程平差计算。当高差闭合差等于或小于限差时，对闭合差进行调整，求出平差后各测点的高程。

五、注意事项

(1)观测前30 min，应将仪器置于露天阴影处，使仪器与外界温度趋于一致。

(2)观测时应撑伞遮蔽阳光，迁站时应罩仪器罩。

(3)仪器距前后尺水准尺的距离应尽量相等，其差值应小于规定的限值。

(4)在同一测站上观测时，不得两次调焦。

(5)在两相邻测站上，应按奇、偶数测站的观测程序进行观测。

(6)在连续各测站上安置水准仪时，应使其中两脚螺旋与水准路线的方向平行，而第三只脚螺旋轮换置于线路方向的左侧与右侧。

(7)每一测段的往测与返测，其测站数均应为偶数，由往测转向返测时，两水准尺应互换位置，并应重新整置仪器。

(8)每一测段的水准测量路线应进行往测与返测。

(9)二等水准测量有关技术指标的限差规定如表5-4-1所示。

表 5-4-1 二等水准测量限差指标

等级	视线高度/m	视距/m	前后视距差/m	前后视距累计差/m	两次读数所测高差之差/mm	重复测量次数	闭合差/mm
二等	0.55～2.80	3～50	≤1.5	≤3.0	≤0.6	≤2	$\leqslant \pm 4\sqrt{L}$（平地）

注：表中 L 为路线总长，取以 km 为单位时的数值。

六、上交资料

实验结束后，将二等水准测量记录及测量实验报告以小组为单位装订成册上交，测量实验报告见附录一。

实验五 经纬仪的认识与使用

角度测量是测量的基本工作之一，经纬仪是测定角度的仪器。本实验可使同学们了解光学及电子经纬仪的组成、构造，经纬仪上各螺旋的名称、功能，以及电子经纬仪的特点，学会仪器的安置与使用。

一、实验性质

验证性实验，实验时数安排为 1～2 学时。

二、目的和要求

(1)了解 DJ6 光学经纬仪及 ET-05 电子经纬仪的基本构造，以及主要部件的名称与作用。
(2)掌握经纬仪的安置方法，学会使用光学及电子经纬仪。

三、仪器和工具

(1)DJ6 光学经纬仪(或 ET-05 电子经纬仪)1 套、记录板 1 块、测伞 1 把。
(2)自备：铅笔、计算器。

四、方法步骤

(一)光学经纬仪

1. 仪器讲解

指导教师现场讲解 DJ6 光学经纬仪的构造，各螺旋的名称、功能及操作方法，仪器的安置及使用方法，并指定观测目标。

2. 安置仪器

在测站点上撑开三脚架，然后把经纬仪安放到三脚架的架头上。安放仪器时，一手扶住仪器，一手旋转位于架头底部的连接螺旋，使连接螺旋穿入经纬仪基座压板螺孔，并旋紧螺旋。

3. 认识仪器

对照实物正确说出仪器的组成部分、各螺旋的名称及作用。

4. 对中

对中有垂球对中和光学对中器对中两种方法。

(1)垂球对中。

——在架头底部的连接螺旋的小挂钩上挂上垂球。

——平移三脚架,使垂球尖大致对准地面上的测站点,并注意使架头大致水平,踩紧三脚架。

——稍松底座下的连接螺旋,在架头上平移仪器,使垂球尖精确对准测站点,对中误差应不超过 3 mm,最后旋紧连接螺旋。

(2)光学对中器对中。

——将仪器中心大致对准地面测站点。

——通过旋转光学对中器的目镜调焦螺旋,使分划板对中圈清晰;通过推、拉光学对中器的镜管进行对光,使对中圈和地面测站点标志都清晰显示。

——移动三脚架或在架头上平移仪器,使地面测站点标志位于对中圈内。

——逐一松开三脚架架腿制动螺旋,并利用伸缩架腿(架脚点不得移位)使圆水准器气泡居中,大致整平仪器。

——用脚螺旋使照准部管状水准器气泡居中,整平仪器。

——检查对中器中地面测站点是否偏离分划板对中圈。若发生偏离,则松开底座下的连接螺旋,在架头上轻轻平移仪器,使地面测站点回到对中器分划板对中圈内。

——检查照准部管状水准器气泡是否居中。若气泡发生偏离,需再次整平,即重复前面过程,最后旋紧连接螺旋。

5. 整平

转动照准部,使管状水准器平行于任意一对脚螺旋,同时相对(或相反)旋转这两只脚螺旋(气泡移动的方向与左手大拇指行进方向一致),使管状水准器气泡居中;然后将照准部绕竖轴转动 90°,再转动第三只脚螺旋,使气泡居中。如此反复进行,直到照准部转到任何方向,气泡在管状水准器内的偏移都不超过刻划线的一格。

使用光学对中器对中后,仪器已整平,可直接进入步骤 6 瞄准。

6. 瞄准

取下望远镜的镜盖,首先将望远镜对准天空(或远处明亮背景),转动望远镜的目镜调焦螺旋,使十字丝清晰;然后用望远镜上的照门和准星瞄准远处目标,旋紧望远镜和照准部的制动螺旋,转动对光螺旋(物镜调焦螺旋),使目标影像清晰;最后转动望远镜和照准部的微动螺旋,使目标被十字丝的纵向单丝平分,或者被纵向双丝夹在中央。

7. 读数

瞄准目标后,调节反光镜的位置,使读数显微镜读数窗亮度适当,旋转显微镜的目镜调焦螺旋,使度盘及分微尺的刻划线清晰,首先读取落在分微尺上的度盘刻划线所示的度数,然后读出分微尺上 0 刻划线到这条度盘刻划线之间的分数,最后估读至 1′的 0.1 位。

8. 设置度盘读数

可利用光学经纬仪的水平度盘读数变换手轮,改变水平度盘读数。做法是打开基座上的水平度盘读数变换手轮的护盖,拨动水平度盘读数变换手轮,观察水平度盘读数的变化,使水平度盘读数为一定值,关上护盖。

有些仪器配置的是复测扳手,要改变水平度盘读数:首先要旋转照准部,观察水平度盘读数的变化,使水平度盘读数为一定值,按下复测扳手将照准部和水平度盘卡住;然后将照准部

(带着水平度盘)转到需瞄准的方向上,打开复测扳手,使其复位。

9. 记录

用 2H 或 3H 铅笔将观测的水平方向读数记录在表格中,用不同的方向值计算水平角。

(二)电子经纬仪

1. 仪器讲解

指导教师现场演示讲解 ET-05 电子经纬仪的各部件名称、操作键盘上各键的功能(表 4-2-1)及显示与信号标记。

2. 安置仪器

各小组在给定的测站点上架设仪器。从箱中取出经纬仪时,应注意仪器的装箱位置,以便用后装箱。

3. 认识仪器

对照实物正确说出仪器的组成部分、各螺旋的名称及作用,并注意比较电子经纬仪与光学经纬仪的相同部分与不同部分。

4. 对中、整平

与光学经纬仪相应步骤完全相同。

5. 开机

在前述过程完成后,即可按 PWR 键开机。显示符号信息如表 5-5-1 所示。

表 5-5-1 ET-05 电子经纬仪显示符号信息表

符号	含 义
	照明状态
	电池电量
V	竖盘读数或天顶距
%	斜率百分比
H	水平度盘读数
G	角度单位:格(角度采用“度”及“密度”作为单位时无符号显示)
HR	右旋(顺时针)水平角
HL	左旋(逆时针)水平角
	斜距
	平距
	高差
m	距离单位:米
ft	距离单位:英尺
T. P	温度、气压(本仪器未采用)

6. 瞄准

粗瞄、调焦、精瞄后消除视差,步骤与光学经纬仪相同。

开机后屏幕显示的水平方向读数“HR ××°××′××″”为仪器内存的原始水平方向值,若不需要此值时,则可以连续按两次 OSET 键,使显示的水平方向读数为“HR 0°00′00″”(有时出现的角值可能与该值略有差异)。

7．读数

利用远处较高的建(构)筑物(如水塔、楼房)上的避雷针、天线等作为确定的两个方向的目标，分别瞄准后，在显示屏幕上读取水平方向读数、竖直方向读数。

8．记录

用 2H 或 3H 铅笔将各水平方向的观测读数记录在表格中，利用不同水平方向值进行水平角的计算。

小组间光学经纬仪与电子经纬仪可以进行互换，以便对两种仪器进行了解。

五、注意事项

(1)尽量使用光学对中器进行对中，对中误差应小于 3 mm。

(2)测量水平角瞄准目标时，应尽可能瞄准目标底部，以减少目标倾斜所引起的误差。

(3)观测过程中，注意避免触动光学经纬仪的复测扳手或度盘变换手轮，以免发生读数错误。

(4)日光下测量时应避免将物镜直接瞄准太阳。

(5)仪器安放到三脚架上或取下时，要一手先握住仪器，以防仪器摔落。

(6)电子经纬仪在装、卸电池时，必须先关掉仪器的电源开关(关机)。

(7)勿用有机溶液擦拭镜头、显示窗和键盘等。

六、上交资料

实验结束后，将测量实验报告以小组为单位装订成册上交，测量实验报告见附录一。

实验六　测回法观测水平角

测回法主要用来测定由两个方向构成的单个水平角。它是测量工作中使用最为广泛的一种方法。本实验可使同学们了解测回法测量水平角的步骤和过程，掌握用光学或电子经纬仪按测回法测量水平角的方法。

一、实验性质

验证性实验，实验时数安排为 1～2 学时。

二、目的和要求

(1)熟悉 DJ6 光学经纬仪与 ET-05 电子经纬仪的操作。

(2)掌握测回法观测水平角的观测、记录和计算方法。

三、仪器和工具

(1)DJ6 光学经纬仪(或 ET-05 电子经纬仪)1 套、记录板 1 块、测伞 1 把、木桩 3 根、小钉 3 个、线垂 2 个、斧头 1 把、小竹竿 6 根。

(2)自备：铅笔、计算器。

四、方法步骤

(一)光学经纬仪

(1)在指定的场地内,选择边长大致相等的3个点打桩,在桩顶钉上小钉作为点的标志,分别以 A、B、C 命名。

(2)在 A、C 两点用小竹竿作为支撑架,悬挂线垂,使悬挂的垂球尖精确对准 A、C 两点。

(3)将 B 点作为测站点,安置经纬仪进行对中、整平。

(4)使望远镜位于盘左位置(即观测员用望远镜瞄准目标时,竖盘在望远镜的左边,也称正镜位置),瞄准左边第一个目标 A,即瞄准 A 点垂线,用光学经纬仪的度盘变换手轮将水平度盘读数拨到0°或略大于0°的位置上,读数并记录。

(5)按顺时针方向,转动望远镜瞄准右边第二个目标 C,读取水平度盘读数,记录,并在观测记录表格中计算盘左上半测回水平角值($C_{\text{目标读数}}-A_{\text{目标读数}}$)。

(6)将望远镜盘左位置换为盘右位置(即观测员用望远镜瞄准目标时,竖盘在望远镜的右边,也称倒镜位置),先瞄准右边第二个目标 C,读取水平度盘读数,记录。

(7)按逆时针方向,转动望远镜瞄准左边第一个目标 A,读取水平度盘读数,记录,并在观测记录表格中计算出盘右下半测回水平角值($C_{\text{目标读数}}-A_{\text{目标读数}}$)。

(8)比较计算的两个上、下半测回水平角值,若限差不超过40″,则满足要求,取平均,求出一测回平均水平角值。

(9)如果需要对一个水平角测量 n 个测回,那么在每测回盘左位置瞄准第一个目标 A 时,都需要配置度盘。每个测回度盘读数需变化180°/ n(n 为测回数)。如果要对一个水平角测量3个测回,那么每个测回度盘读数需变化180°/3=60°,当3个测回盘左位置瞄准左边第一个目标 A 时,配置度盘的读数分别为0°、60°、120°或略大于这些的读数。

采用复测结构的经纬仪在配置度盘时,可先转动照准部,在读数显微镜中观测读数变化,当需要配置的水平度盘读数确定后,扳下复测扳手,在瞄准起始目标后,扳上复测扳手即可。

(10)除需要配置度盘读数外,各测回观测方法与第一测回水平角的观测过程相同。比较各测回所测角值,若限差不超过25″,则满足要求,取平均,求出各测回平均角值。

(二)南方 ET-05 电子经纬仪

(1)与光学经纬仪步骤(1)至步骤(3)相同。

(2)按PWR键开机后,将望远镜上下转动,待显示器屏幕上"0SET"的位置上显示出竖直方向值时,则可进入角度测量状态。

(3)按R/L键,若显示器显示"HR",表明设置水平角为右旋增大的测量方式(若显示器上显示"HL",则表明设置水平角为左旋的测量方式)。盘左位置瞄准左边第一个目标 A(即瞄准 A 点垂线),按0SET键两次,使目标 A 的水平方向读数为0°00′00″,记录。

(4)顺时针方向转动(右旋)照准部,用望远镜瞄准右边第二个目标 C(即瞄准 C 点垂线),显示器上显示 C 的水平方向读数,记录,并在观测记录表格中计算盘左上半测回水平角值($C_{\text{目标读数}}-A_{\text{目标读数}}$)。

(5)将望远镜盘左位置换为盘右位置,先瞄准右边第二个目标 C,读取水平方向读数,记录。

(6)逆时针方向转动照准部，用望远镜再瞄准左边第一个目标 A，读取水平方向读数，进行记录并在观测记录表格中计算出盘右下半测回水平角值（$C_{\text{目标读数}}-A_{\text{目标读数}}$）。

(7)比较盘左、盘右两个半测回水平角值，若限差不超过 40″，则满足要求，取平均，求出一测回的平均水平角值。

(8)第二测回在配置度盘时，可在盘左位置状态下转动照准部，使显示器显示的水平方向读数变化到需要配置的角度值上，然后按压HOLD键两次进行锁定。此时照准部转动时，显示器显示的水平方向读数不再发生变化。

(9)瞄准起始目标 A，再按HOLD键一次，解除锁定，则按照与第一测回水平角的观测同样的方法完成其他测回水平角的观测。

(10)比较各测回所测角值，若限差不超过 25″，则满足要求，在观测记录表格中取平均求出各测回平均角值。

(11)各小组可分别以 A、B、C 作为测站，观测水平角 $\angle A$、$\angle B$、$\angle C$。

任务完成后。小组间光学经纬仪与电子经纬仪互换使用，以便学会用两种仪器，按测回法进行水平角测量。

五、注意事项

(1)观测过程中，若发现气泡偏移超过一格时，应重新整平仪器并重新观测该测回。

(2)光学经纬仪在一测回观测过程中，注意不要触动复测扳手或度盘变换手轮，以免发生读数错误。

(3)计算半测回角值时，当第一目标读数 a 大于第二目标读数 b 时，则应在第一目标读数 a 上加上 360°。

(4)上、下半测回角值互差不应超过±40″，超限须重新观测该测回。

(5)各测回互差不应超过±25″，超限须重新观测。

(6)仪器迁站时，必须先关机，然后装箱搬运，严禁在仪器装在三脚架上的情况下迁站。

(7)当显示器显示电池电量的符号由BAT变为BAT时，表示电量不足，应立即结束操作，更换电池。

(8)使用中，若发现仪器功能异常，不可擅自拆卸仪器，应及时报告实验指导教师或实验室工作人员。

六、上交资料

实验结束后，将测量实验报告以小组为单位装订成册上交，测量实验报告见附录一。

实验七　竖直角观测与竖盘指标差的检验与校正

竖直角是计算高差及水平距离的元素之一，在用全站仪进行三角高程测量及坐标测量中均需测量竖直角用于计算。竖直角测量时，要求竖盘指标位于正确的位置上。本实验可以使同学们了解竖直角测量的过程，掌握竖直角的测量方法，弄清竖盘指标差对竖直角的影响规律，学会对竖盘指标差进行检验与校正。

一、实验性质

验证性实验,实验时数安排为1～2学时。

二、目的和要求

(1)了解光学经纬仪的竖盘构造、竖盘注记形式;弄清竖盘、竖盘指标与竖盘指标管状水准器之间的关系;了解电子经纬仪竖盘零位的设置。

(2)能够正确判断出所使用经纬仪的竖直角计算公式。

(3)掌握竖直角观测、记录和计算的方法。

(4)了解竖盘指标差的检验和校正方法。

三、仪器和工具

(1)光学经纬仪或ET-05电子经纬仪1套、校正针1根、小螺丝刀1把、记录板1块、测伞1把。

(2)自备:铅笔、计算器。

四、方法步骤

(一)竖直角观测

1. 光学经纬仪

(1)领取仪器后,在给定的测站点上安置经纬仪,对中、整平,对照实物说出竖盘各部件的名称与作用。

(2)上下转动望远镜,观察竖盘读数的变化规律,确定出竖直角的推算公式,在记录表格备注栏内注明。

(3)选定远处较高的建(构)筑物,如水塔、楼房上的避雷针、天线,作为目标。

(4)用望远镜盘左位置瞄准目标,用十字丝中丝切于目标顶端。

(5)转动竖盘指标水准器微倾螺旋,使竖盘指标管状水准器气泡居中。有竖盘指标自动归零补偿装置的光学经纬仪无此步骤。

(6)读取竖盘读数L,记录并计算盘左上半测回竖直角值$\alpha_{左}$。

(7)用望远镜盘右位置瞄准同一目标,同法进行观测,读取竖盘读数R,记录并计算盘右下半测回竖直角值$\alpha_{右}$。

(8)计算竖盘指标差$x=\frac{1}{2}(\alpha_{右}-\alpha_{左})=\frac{1}{2}(R+L-360^\circ)$,在满足限差($|x|\leqslant 25''$)要求的情况下,计算上、下半测回竖直角的平均值$\alpha=\frac{1}{2}(\alpha_{左}+\alpha_{右})$,即一测回竖角值。

(9)同法进行第二测回的观测。检查各测回竖直角的互差(限差$\pm 25''$)是否满足要求,如在限差要求之内,则可计算同一目标各测回竖直角的平均值。

2. 电子经纬仪

(1)竖直角在开始观测前就应根据测量需要进行初始设置。

——设置竖直角0°方向的位置:天顶方向为竖盘0°位置或水平方向为竖盘0°位置。

方法：同时按 CONS 键和 PWR 键，至 3 声蜂鸣后松开按键，仪器进入初始设置模式状态，显示器显示 [ND 3000 110 11111]。将下面一行 8 个数字中左起第 3 个数字设置为 0，表明选择天顶方向为竖盘 0°位置；设置为 1，表明选择水平方向为竖盘 0°位置。按 MEAS 键或 TRK 键可使闪烁的光标向左或向右移动到要改变的数字位，按 ▲ 和 ▼ 键可改变数字。如果竖直角选择天顶方向为竖盘 0°位置，那么显示器显示的“V”为天顶距，此时竖直角可按与光学经纬仪相同的公式进行推算；如果竖直角选择水平方向为竖盘 0°位置，那么盘左位置显示器显示的“V”为竖直角。仪器的默认设置为天顶方向的竖盘 0°位置，设置时可选择天顶方向为竖盘 0°位置。设置完成后，最后按 CONS 键予以确认。

——设置竖盘指标零点补偿方式：自动补偿或无补偿。

方法：可与上面的设置同时进行，只要将 [ND 3000 110 11111] 下面一行左起第六个数设置为 1，表明选择了自动补偿；设置为 0，表明选择了无补偿。仪器的默认设置为自动补偿，设置时可选择自动补偿。设置完成后，按 CONS 键予以确认，仪器返回测量模式。

(2)在各组给定的测站点上安置电子经纬仪，对中、整平。

(3)开机后，显示器显示的竖盘值“V”为“0SET”，提示应使竖盘指标归零。纵向转动望远镜使竖盘指标归零，“V”行显示出竖盘值(天顶距)后，表示竖盘指标归零完成。

(4)将望远镜盘左位置瞄准某一选定的目标，用十字丝中丝切于目标顶端，读取竖盘值 L，记录并在记录表格中计算盘左上半测回竖直角值 $\alpha_{左}$。

(5)用望远镜盘右位置瞄准同一目标，采用相同方法进行观测，记录并在记录表格中计算盘右下半测回竖直角值 $\alpha_{右}$。

(6)计算竖盘指标差 x，在满足限差($|x| \leqslant 25''$)要求的情况下，计算上、下半测回竖直角的平均值，即一测回竖直角值。

(7)采用相同方法进行第二测回的观测。在各测回竖直角值的互差(限差 $\pm 25''$)满足要求的情况下，计算同一目标各测回竖直角的平均值。

(8)另外，在测角模式下测量竖直角还可以转换成斜率百分比。按 V% 键，显示器交替显示竖直角和斜率百分比(斜率百分比 $= \tan\alpha \times 100\%$)。斜率百分比范围从水平方向至 $\pm 45°$(± 50 gon，$360° = 400$ gon)，若超过此值，则仪器不显示斜率值。

3. 交换仪器

练习用不同类型的经纬仪观测竖直角。

(二)竖盘指标差的检验与校正

1. 光学经纬仪

检验方法：经纬仪安置好后，盘左、盘右观测一大致水平的目标，根据盘左位置竖盘读数 L 和盘右位置竖盘读数 R 计算指标差 $x = (L + R - 360°)/2$，若竖盘指标差 $|x| \geqslant 25''$，则应对仪器进行校正。

校正方法：保持仪器位置不动，仍以盘右瞄准原目标，转动竖盘指标管状水准器微动螺旋，将原竖盘读数 R 调整到正确读数 $R - x$，这时竖盘指标管状水准器气泡不再居中，用校正针拨动竖盘指标管状水准器一端的校正螺丝，一松一紧，使竖盘指标管状水准器气泡居中。

如此反复检校，直到指标差 $|x| \leqslant 25''$。

2. 电子经纬仪

检验方法:经纬仪安置好开机后,用望远镜盘左位置照准任一清晰目标,读取观测读数 L;用望远镜盘右位置照准同一目标,读取观测读数 R。

如果天顶方向为度盘 0°位置,那么指标差 $x=(L+R-360°)/2$;如果水平方向为度盘 0°位置,那么指标差 $x=(L+R-180°)/2$ 或 $x=(L+R-540°)/2$。若 $|x| \geqslant 25''$,则需要对竖盘指标零点重新设置。

校正方法(竖盘指标零点设置):

(1)整平仪器后,同时按 V% 键和 PWR 键,3 声蜂鸣后松开按键,显示器显示 | V××°××′××″ SET--1 |。

(2)盘左位置在水平方向附近,上下转动望远镜,待显示器上行显示出竖盘值后,转动仪器精确照准与仪器同高的远处任一清晰稳定目标点 A,按 V% 键,显示 | V××°××′××″ SET--2 |。

(3)纵转望远镜,使盘右精确照准同一目标点 A,按 V% 键,设置完成,仪器返回测角模式。

(4)重复检验步骤,重新测定指标差 x。若指标差 x 仍不符合要求,则应检查以上三步的操作是否有误,目标照准是否准确等。按要求再重新进行校正或报告实验指导教师。

五、注意事项

(1)经纬仪盘左位置,若望远镜上仰竖盘读数增大,则竖角计算公式为 $\alpha_{左}=L-90°$、$\alpha_{右}=270°-R$;反之,若望远镜上仰竖盘读数减小,则竖角计算公式为 $\alpha_{左}=90°-L$、$\alpha_{右}=R-270°$。

(2)指标差偏离的方向与竖盘注记方向一致时,取正号;反之,取负号。计算公式为 $x=\frac{1}{2}(\alpha_{右}-\alpha_{左})=\frac{1}{2}(R+L-360°)$,一测回竖角计算公式为 $\alpha=\frac{1}{2}(\alpha_{左}+\alpha_{右})$。

(3)观测过程中,对同一目标应用十字丝中丝切准同一部位。

(4)当经纬仪指标差 $|x| \geqslant 25''$、电子经纬仪指标差 $|x| \geqslant 10''$时,应对竖盘指标差进行校正。

(5)校正时,盘右位置竖盘正确读数:对竖角计算公式为 $\alpha_{左}=L-90°$、$\alpha_{右}=270°-R$ 的仪器用式 $R=270°-\alpha_{均}$计算;对竖角计算公式为 $\alpha_{左}=90°-L$、$\alpha_{右}=R-270°$ 的仪器用式 $R=270°+\alpha_{均}$进行计算。

(6)检校应反复进行,直到满足要求。

六、上交资料

实验结束后,测量实验报告以小组为单位装订成册上交,测量实验报告见附录一。

实验八　全站仪的认识与使用

全站仪是集电子经纬仪、光电测距仪和内置微处理器于一体的测量系统,除了能自动完成测距、测角、计算坐标和高程(即一个测站所需完成的测量工作)外,还能通过通信设备与计算机进行连接,实现观测、记录、计算、数据处理、成图等过程的自动化。本实验可使同学们对智能型测量仪器有一个全面的了解,提高对电子测量仪器操作的水平。

一、实验性质

验证性实验，实验时数安排为 2 学时。

二、目的和要求

(1)了解全站仪的性能及主要部件的名称和作用。

(2)了解全站仪的基本操作方法。

三、仪器和工具

(1)全站仪 1 套、电池 1 块、单棱镜及三棱镜各 1 套、2 m 钢卷尺 1 把、温度计 1 个、气压计 1 个、记录板 1 块。

(2)自备：铅笔、计算器。

四、方法步骤

(1)准备工作。根据支架外侧标记开启仪器电池盒，装入已充好电的电池。

(2)仪器的架设。在给定的站点上架设全站仪(从箱中取主机时，应注意主机的装箱位置，以便用后复位)。

(3)认识仪器。对照实物正确说出仪器的组成部分及各部件的名称与作用，熟悉操作键的功能。

(4)仪器安置。用光学(或激光)对中器对中、整平，用小钢尺量取仪器高并记录仪器高。

(5)架设棱镜。在给定的两个目标点Ⅰ、Ⅱ上分别架设单棱镜，用光学对中器对中、整平，量取并记录棱镜高度，使棱镜头对准全站仪。

(6)开机。按开关键开机，显示器进入状态屏幕界面，随即仪器进行自检。仪器自检完成，需要进行竖盘初始化。

(7)纵转望远镜，水平转动照准部，听到“咔嗒”声响，表示竖盘指标设置完成，5 s 后，显示界面自动切换到测量模式。

(8)观测条件、单位及通信条件设置。按 ESC 键，返回状态屏幕界面，按 F4 “配置”键，进入参数设置界面，可按提示进行以上设置。

(9)角度测量，见第四章第三节。

(10)距离测量，见第四章第三节。

(11)坐标测量，见第四章第三节。

五、注意事项

(1)仪器高、棱镜高用小钢尺量至毫米。

(2)测线两侧或镜站后面应避开反射物体，以免产生干扰信号。主机也应尽可能避开高压线、变压器等强电(或磁)场、手机通信等干扰源。

(3)不得用手触摸仪器镜面及反光镜镜面，也不得用有机溶液擦拭镜面、显示器等。

(4)在仪器使用过程中切忌不关机就取下电池。在装卸电池时，必须先关电源。

(5)全站仪电池电量不足时，应立即关机，停止使用仪器。

(6)全站仪具有键调位功能,本实验提供的为出厂默认位置。

六、上交资料

实验结束后,将测量实验报告以小组为单位装订成册上交,测量实验报告见附录一。

实验九 GNSS 静态测量与手持 GNSS 接收机的认识与使用

全球导航卫星系统(GNSS)是借助分布在空中的多个导航卫星确定地面点位置的一种新型定位系统。用 GNSS 定位技术建立测量控制网与常规方法相比,具有自动化程度高、全天候、高精度、定位速度快、布点灵活和操作方便等特点。本实验可使同学们了解与掌握用手持 GNSS 设备进行导航、清楚 GNSS 相对定位的相关知识,学会利用 GNSS 实施控制测量。

一、实验性质

验证性实验,实验时数安排为 2～3 学时(手持 GNSS 接收机的认识及使用可安排在 GNSS 静态测量期间)。

二、目的和要求

(1)了解 GNSS 静态测量系统的组成部分。
(2)了解 GNSS 静态相对定位模式的作业方法。
(3)了解 GNSS 静态测量观测数据的后处理。
(4)了解手持 GNSS 测量导航系统的应用。
(5)熟悉手持 GNSS 接收机的基本功能和操作方法。
(6)学会利用手持 GNSS 接收机进行定位,并采集点位坐标数据。
(7)学习如何利用手持 GNSS 接收机找到给定坐标的点。

三、仪器和工具

(1)外业(3 个独立单元为一小组):千寻星矩 SR6 GNSS 接收机 1 套(3 台)、对点器基座 3 套、铝合金三脚架 3 副、电组 1 组。

(2)每个小组千寻 Lite RTK 手持 GNSS 接收机一个,校园局部地形图 1 张,地形图上要有控制点,并注明坐标。

(3)内业:数据传输电缆 1 根、数据处理软件光盘 1 张(含采集器与计算机通信软件、基线向量处理软件、网平差及坐标转换软件)、电脑或笔记本电脑 1 台。

四、GNSS 静态控制测量方法与步骤

(一)外业

(1)安置仪器。在测区给定的 3 个测点上分别架设三脚架。从仪器箱中取出对点器基座,安装在三脚架的架头上。光学对中器对中、整平后,再从仪器箱中取出接收机,安装在对点器基座上并锁紧。

(2)认识仪器。正确说出仪器的组成单元。指导教师在现场介绍控制面板上的指示灯和

功能键。

(3)打开千寻星矩 SR6 GNSS 接收机背面的电池后盖，装入电池。

(4)安置好仪器后，用小钢尺量测仪器高一次，观测时段结束后还应量测仪器高一次，量至毫米，记录。量测时，由地面标志点的顶部量至天线边缘(在输入天线高时，可直接输入仪器高，仪器内处理软件可自动计算天线高)。

(5)按⏻键，若电源灯为绿色(或黄色)显示，表示电量充足，启动 GNSS 接收机。

(6)连接仪器。打开 HC6 手簿，按下手簿 App 按键启动测量软件，单击软件右上角“设备”按钮进入设备连接界面，如图 5-9-1 所示。在“设备连接”界面，可选择使用 Wi-Fi 搜索后连接设备。

(7)创建静态站模式。

——模式配置。通过在左侧菜单栏选择“设备配置”进入“设备配置”界面。单击“新建”按钮，进入“新建配置”界面。在“类型”中选择“静态站”。

——参数设置。静态站模式用于布设控制网及加密控制点等操作，此时需要增加辅助测量板、GNSS 基座转接头，并外购水准器基座。在软件中启用静态站工作模式(图 5-9-2)，在该界面可以输入测站相关信息，具体参数介绍见第四章第四节中“GNSS 接收机的使用”。参数设置完成后无须在后处理软件中进行编辑。

图 5-9-1　设备连接

图 5-9-2　配置静态参数

(8)达到观测时段后，停止观测。再次量取仪器高度，并做好记录。

(9)在观测持续期间，可对手持 GNSS 的操作进行了解和熟悉，并用手持 GNSS 进行数据采集，做好记录，以便与 GNSS 静态观测数据进行比较。

(二)数据传输

(1)连接电脑。在千寻星矩 SR6 开机后，打开电脑 Wi-Fi，连接到主机热点。

(2)打开浏览器输入网址 192.168.10.1，进入登录界面，如图 5-9-3 所示。输入密码

(password),单击“提交”按钮,进入数据下载界面,如图 5-9-4 所示。

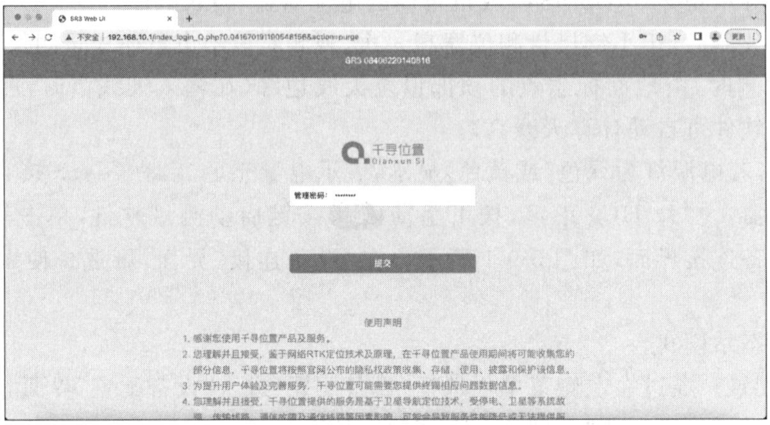

图 5-9-3 登录界面

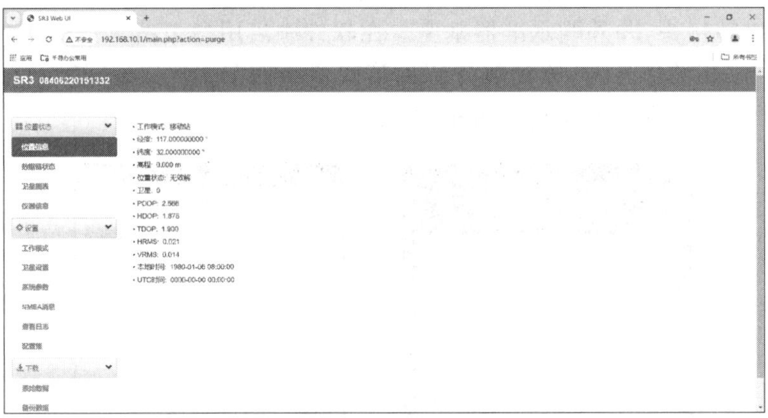

图 5-9-4 数据下载

(3)单击左侧菜单栏“下载”中的“原始数据”,在窗口中单击需要下载的数据名称,如图 5-9-5 所示。列表中的“.dat”格式数据就是原始静态数据。

图 5-9-5 原始数据

(4)格式转换。单击右侧“转换”按钮，进行数据格式转换，如图 5-9-6 所示。格式转换支持多种数据格式选择，通常设置为 Rinex 3.02 格式。设置完成后，单击上方“转换”按钮。

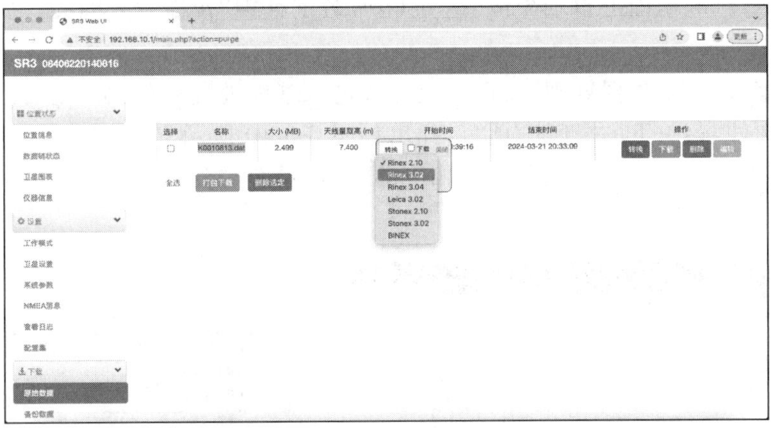

图 5-9-6　格式转换

(5)数据下载。完成转换后，列表中会出现一个“.zip”格式的压缩包文件。选择需要下载的数据，单击下方“打包下载”按钮，可将文件保存到指定的文件夹中，如图 5-9-7 所示。

图 5-9-7　数据下载

(三)内业处理

GNSS 数据后处理软件有很多，本实验以南方 GPS 数据处理软件为例进行介绍。

1. 安装软件

(1)将数据处理软件光盘放入计算机光驱。

(2)双击软件压缩包，单击安装图标，弹出图 5-9-8 所示软件安装提示窗口。

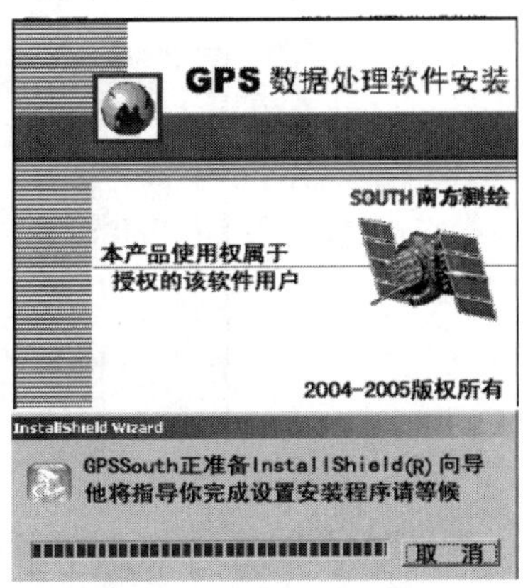

图 5-9-8　软件安装提示

在该窗口用鼠标单击“下一步”按钮，弹出“许可证协议”说明窗口，同意安装协议，用鼠标单击“是”，安装将继续。窗口提示设置软件安装到计算机中的安装路径，单击“浏览”按钮可选择自定义安装本软件的路径(也可使用默认路径“C:\Program Files\南方测绘仪器有限公司\GPSSouth”安装),用鼠标单击“下一步”按钮,弹出安装状态窗口,进度条达到100%后,弹出安装结束状态窗口,单击“完成”按钮,软件安装完毕,计算机的桌面上自动生成“南方GPS数据处理”快捷方式图标。

2. 数据处理

(1)单击“南方GPS数据处理”桌面快捷方式进入基线处理软件,界面如图5-9-9所示。

(2)单击“文件”菜单下的“新建”项目,弹出如图5-9-10所示界面,在对话框中按照要求填入“项目名称”“施工单位”“负责人”,选择相应的“坐标系统”“分度带”“控制网等级”“基线剔除方式”,最后单击“确定”按钮,完成操作。

图5-9-9 南方GPS数据处理界面

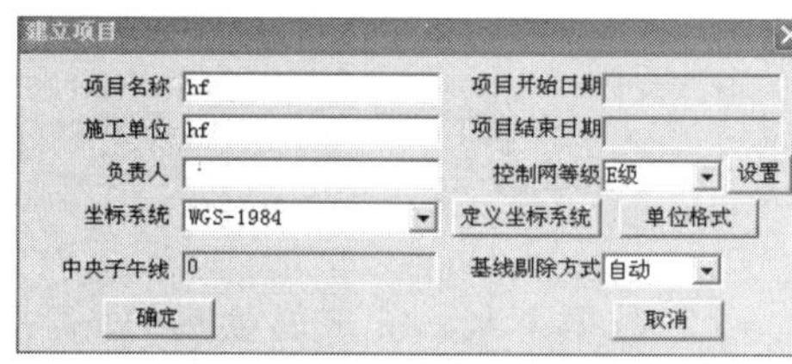

图5-9-10 建立项目

(3)将外业观测的GNSS静态测量数据导入软件,软件支持Rinex 3.02数据格式导入。数据输入菜单如图5-9-11所示。

图5-9-11 数据输入

需要输入的数据还有已知点的平面坐标与高程,其界面如图5-9-12所示。

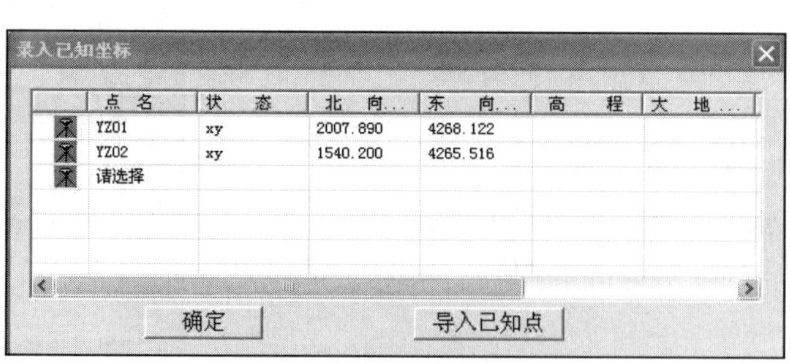

图5-9-12 坐标数据录入

(4)进行基线解算,基线解算菜单如图5-9-13所示。

(5)平差处理后输出处理成果,平差处理菜单如图5-9-14所示。可选择自动处理,基线处理完后单击此菜单，软件将会自动选择合格的基线组网，完成三维平差、二维平差和高程拟合。

(6)打印出网图及成果报告。成果菜单如图 5-9-15 所示。

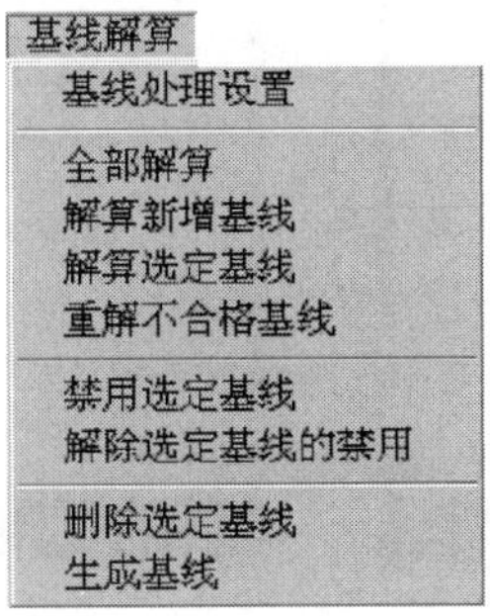

图 5-9-13　基线解算

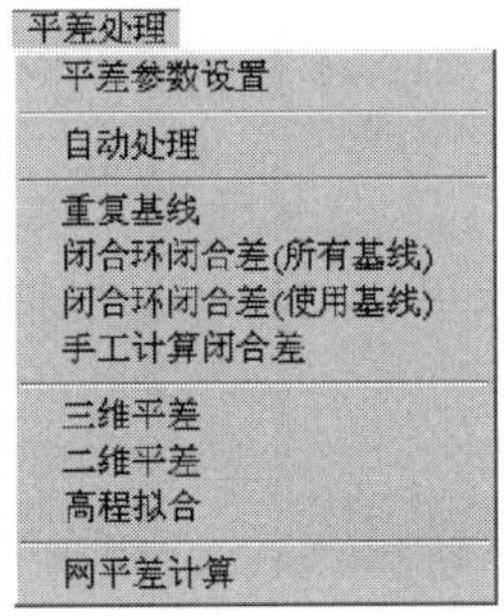

图 5-9-14　平差处理

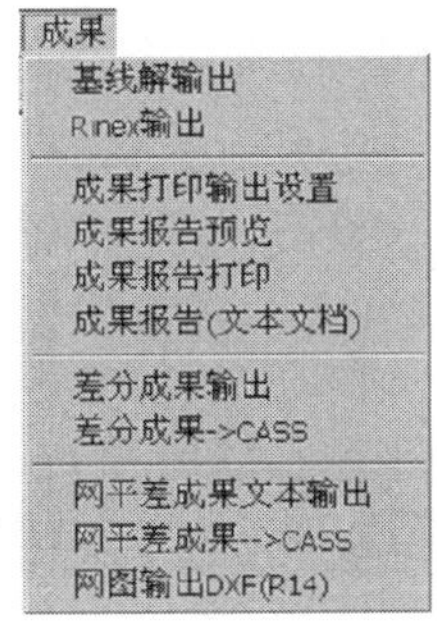

图 5-9-15　成果

五、手持 GNSS 接收机的认识及使用

(一)准备工作

(1)指导教师讲解实验程序，提供待放样点位坐标数据。

(2)指导教师讲解手持 GNSS 接收机功能与用法。手持 GNSS 接收机(千寻 Lite RTK，如图 5-9-16 所示)的按键功能及介绍如下。

——螺旋天线：通过螺旋连接方式与主机连接。

——Type-C 充电口：使用 Type-C 口数据线给设备充电。

——激光头：通过软件开启和关闭。

——手机贴片卡口：通过附件贴片卡在手机上。

——开关按钮：长按 3 s 开机，长按 3 s 关机。

图 5-9-16　千寻轻测 Lite RTK

——差分信号灯：不亮表示还没接收到卫星信号，快闪表示接收到卫星信号的单点定位解状态，慢闪表示有差分数据来源但没达到高精度的浮点解状态，常亮表示设备进入高精度的固定解状态。

——蓝牙指示灯：闪烁状态表示设备蓝牙处于待连接状态，长亮表示设备已通过蓝牙连接到安卓设备。

——电量指示灯：不充电时开机状态常亮表示设备电量不足，不充电时开机状态不亮表示电量充足，充电时常亮表示正常充电，充电时不亮表示电量已充满。

(二)用手持 GNSS 接收机采集数据

(1)下载软件。手机在应用商店搜索“测呗”或扫描二维码安装手机应用程序。

(2)用户注册登录。通过手机号可进行用户注册，登录时会向注册手机号发送验证码。

(3)连接设备。进入后，在“设备”页面选择“设备连接”，“连接方式”选择“蓝牙”，单击“搜索”按钮，再单击搜索到的设备名称，软件会自动完成蓝牙连接，操作步骤如图 5-9-17 所示。

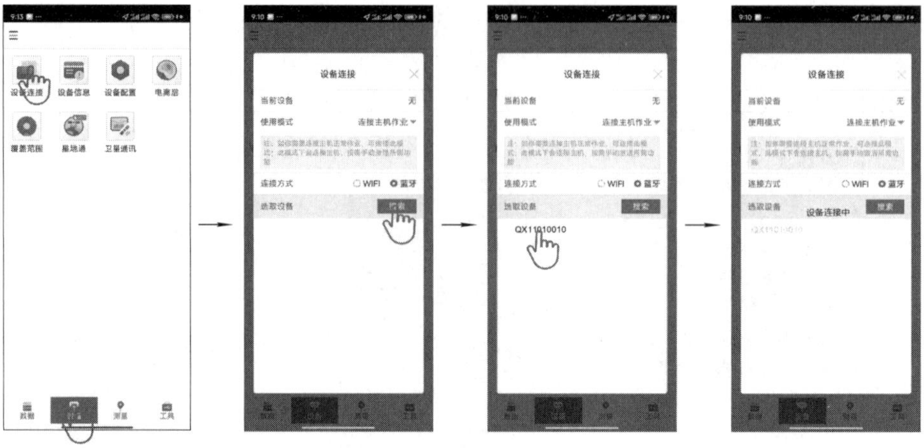

图 5-9-17 设备连接

(4)设置差分来源。如图 5-9-18 所示,在蓝牙连接成功后,在“设备”界面选择“设备配置”。单击“移动站主机网络(默认)”,进入“配置细节”界面,选择相应的主机网络模式。单击“应用”确定保存参数,若当解类型为固定解,则数据链设置成功,如图 5-9-19 所示。

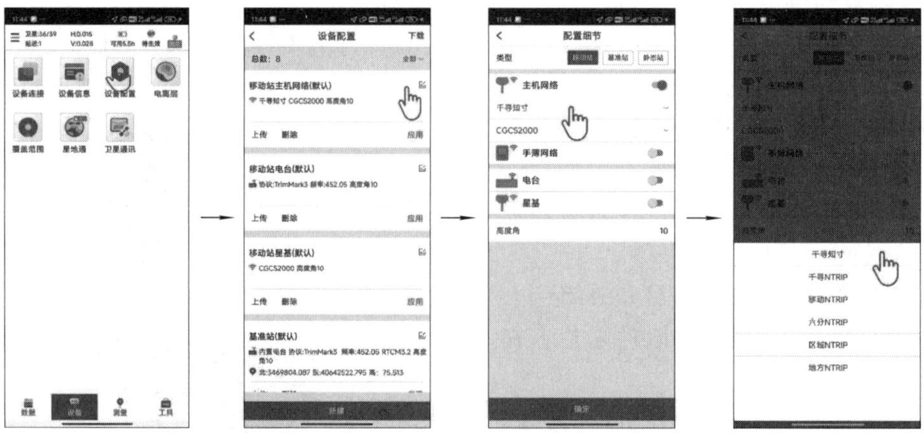

图 5-9-18 设备配置

图 5-9-19 应用之后显示固定解

(5)设置坐标系统。如图 5-9-20 所示,进入“数据”界面,单击“工程”,进入“工程”界面。单击“新建”按钮,在“新建工程”界面输入“工程名”后,单击坐标系统,出现坐标系统设置界面,可设置相应的椭球参数和投影参数。若有转换参数,则需要将转换参数输入软件内;若无转换参数,则可以根据提供的控制点进行转换参数的求解。

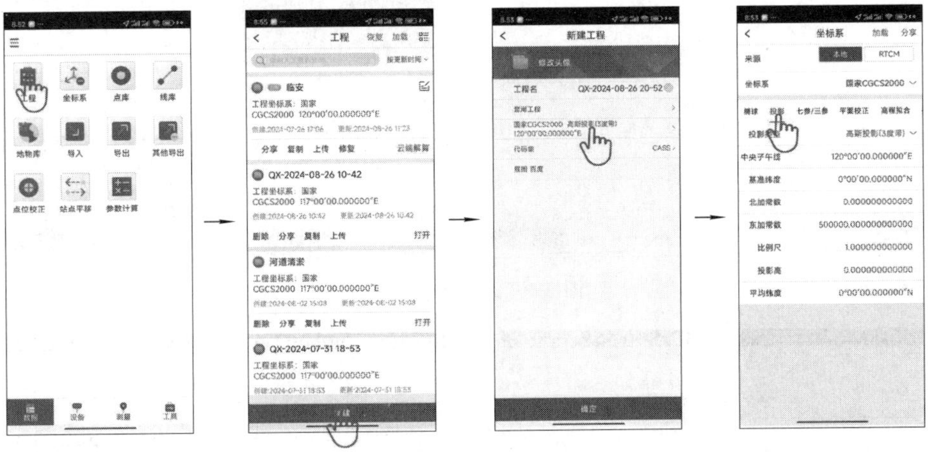

图 5-9-20　设置坐标系统

(6)数据采集。如图 5-9-21 所示,进入“测量”界面,单击“测量”,出现点测量窗口。输入点名、代码和天线高后,单击定位键,等待 3 s 即可完成采集并自动保存。采集后,可在“点库”里查看测量点坐标信息。

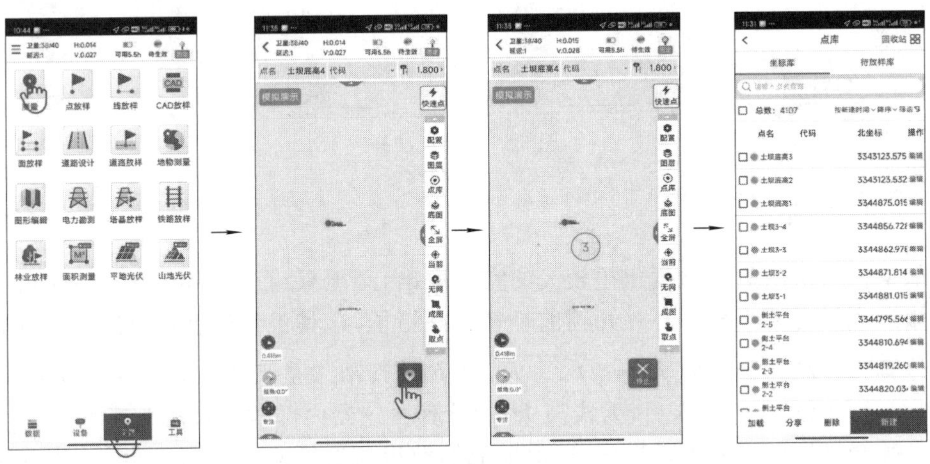

图 5-9-21　数据采集

(三)用手持 GNSS 接收机寻找已知坐标点

(1)新建放样点。如图 5-9-22 所示,进入“数据”界面,单击“点库”按钮,进入“点库”界面。在“待放样库”界面中,选择“新建”,出现“新建放样点”窗口,输入新建放样点的点名、类型、北坐标、东坐标和高程信息后,单击“保存”,可将新建放样点坐标保存在软件中。

(2)点放样。如图 5-9-23 所示,进入“测量”页面,单击“点放样”按钮,出现点放样窗口。单击“选点”,从“待放样库”中选择需放样的点位,单击“放样”,按照提示要求将待放样点在实地进行标定。

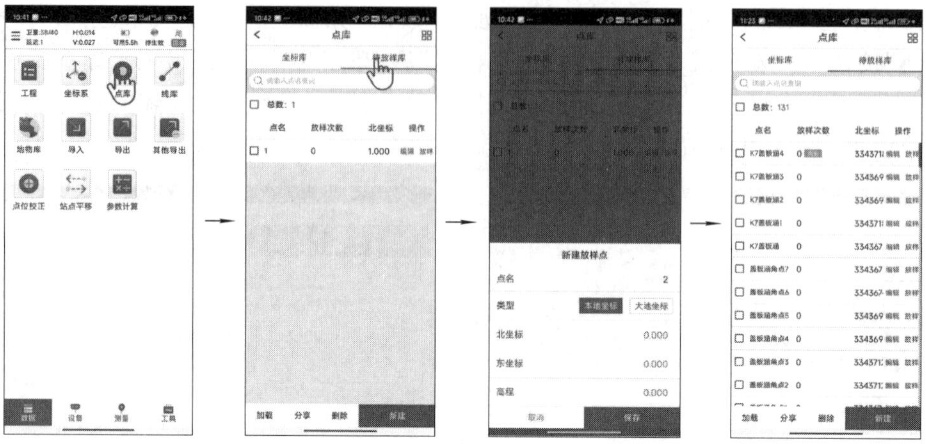

图 5-9-22　新建放样点

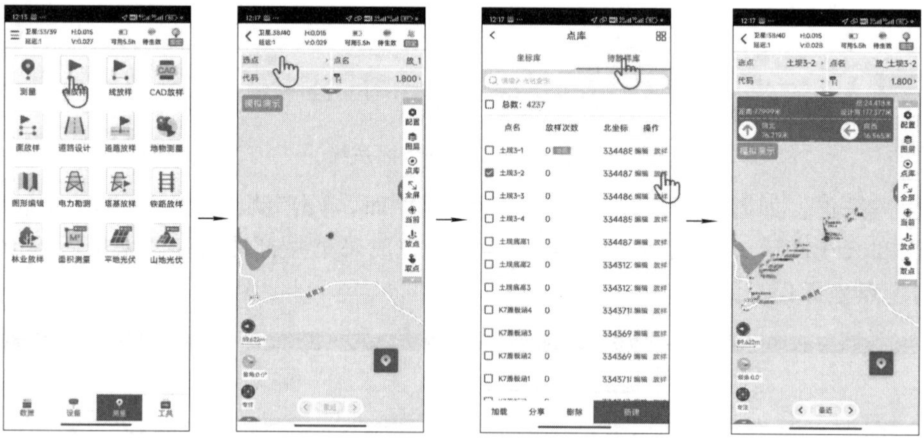

图 5-9-23　点放样

六、注意事项

(1)如果仪器从与室外温度相差较大的室内取出,必须有约 30 min 的预热时间。

(2)搬运主机时要十分小心。开箱前轻轻放好箱子,让其盖子朝上,再打开箱子的卡栓。

(3)计算天线高的公式为 $H=\sqrt{h^2-R_0^2}+h_0$,其结果是天线相位中心至天线中部的距离。式中 $h_0=35$ mm,h 输入后,天线高 H 的计算由仪器内部软件自动执行。

(4)必须严格按照要求进行操作,以保证能够获得符合要求的成果。例如,选点时按规程规定避开树荫、建筑物、构筑物。同时,GNSS 接收机在使用时应避开强电磁场的干扰,如高压线、电动机、对讲机、移动电话。

(5)GNSS 接收机不应在电量不足的情况下(电源指示灯为红色)长时间工作,否则数据的质量会受到影响。

(6)应特别注意同时工作的 3 台 GNSS 接收机的高度截止角、采集间隔应保持一致,即设置值应一致。

(7)在外业数据采集和内业数据处理中,如果出现异常情况,应立即报告实验指导教师,严禁擅自处理。

(8)使用时对仪器要注意防潮、防水。不要摔打、敲击或者剧烈震动 GNSS 接收机，避免损坏其中的电子器件。

(9)注意避开电磁干扰。

七、上交资料

实验结束后，将测量实验报告以小组为单位装订成册上交，测量实验报告见附录一。

实验十　GNSS 接收机坐标位置解算

GNSS 接收机坐标位置的导航解算就是要根据接收机接收的伪距、导航电文等信号解算出本地接收机的经度、纬度和高程，这是 GNSS 定位的本质任务。GNSS 接收机位置求解即根据卫星导航电文计算出卫星实时坐标，利用测距码(C/A 码)测定卫星到接收机的距离。接收机接收到一颗卫星发送的信号后，相当于把接收机定位于以卫星为球心的球面的某个地方。如果同时观测到 3 颗卫星，采用距离交会的方法即可求定接收机天线所在的三维坐标。在上述过程中，假定本地接收机与卫星钟严格同步，但实际测量过程中这种情况是不可能的。由于接收机钟相对于卫星钟来说稳定性较差，其钟差一般难以预料。为了解决接收机钟差对测距的影响，通常将其假设成一个未知参数，与接收机坐标一起求解。这样，由于有 4 个未知量，就需要同时观测到 4 颗卫星。通过本实验同学们可在教师的讲解下理解 GNSS 定位原理，并按实验报告附表进行数据记录，并编写程序进行数据处理。

一、实验性质

验证性实验，实验时数安排为 2 学时。

二、目的和要求

(1)掌握最小二乘法求解用户位置速度的方法。

(2)理解单星解算与双星解算的差别。

三、仪器和工具

(1)北斗实验箱一台。

(2)GNSS 卫星导航信息解算实训系统软件。

四、方法步骤

(1)运行主程序，设置串口输出模式为“原始电文”。

(2)观察主程序界面，显示系统定位后，采集伪距数据，选择一颗可见卫星的数据情况进行观察，并保存数据。

(3)重复步骤(2)，直至所有可见卫星的实时数据都保存(界面不要关闭)。

(4)单击“设置\解算设置\解算模式\单 GPS”。

(5)单击菜单中“定位实验”按钮，弹出实验界面，如图 5-10-1 所示，选择“保存文件”。

(6)重复步骤(4)和步骤(5)，解算模式分别设置为“单 BDS”和“BDS/GPS”(BDS 与 GPS

组合)。

(7)根据上述步骤将单 GPS、单 BDS、BDS/GPS 数据分别整理在附录一所示的表格中。

五、注意事项

(1)同时保存不同卫星的数据时,需要重新打开实验界面。

(2)如果实验平台运行显示有错误,需要检查硬件连接并重新运行主程序。

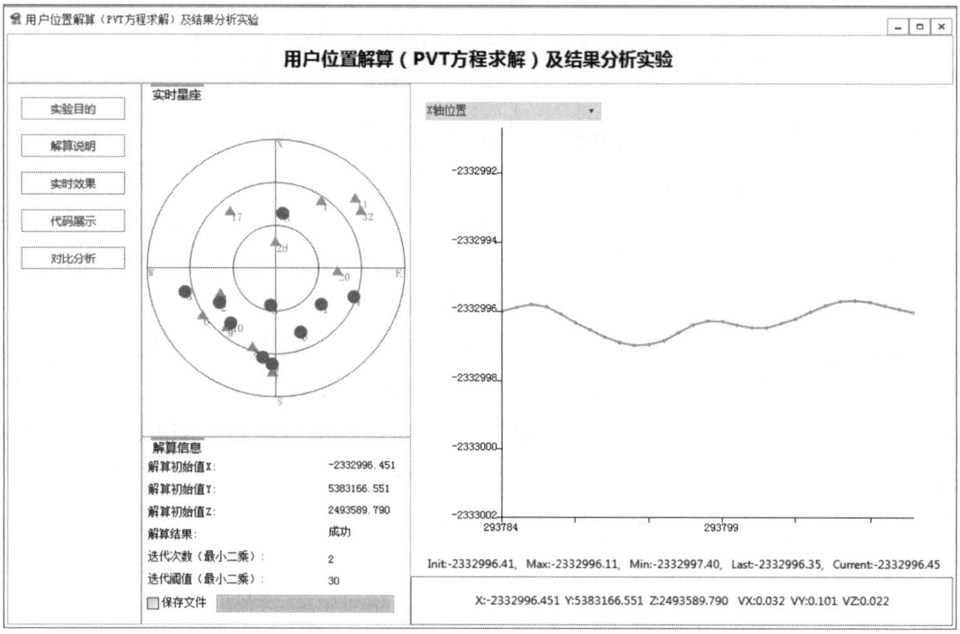

图 5-10-1　保存位置计算文件

六、上交资料

实验结束后,将测量实验报告以小组为单位装订成册上交,测量实验报告见附录一。

实验十一　用全站仪及 RTK 进行点位的测设

在各种工程建设过程中,需要将图纸上设计好的建筑物的位置在实地进行标定,这个测量工作过程称为放样,也叫测设。本次实验模拟工程建设过程中利用全站仪和 RTK 进行点位测设的工作过程,可使同学们熟悉点位测设的常规仪器、工具,加深对点位测设基本原理的理解,为以后的岗位和工作打下坚实基础。

一、实验性质

验证性实验,实验时数安排为 1～2 学时。

二、目的和要求

(1)了解全站仪和 RTK 的基本构造及作用,掌握其使用方法。

(2)掌握全站仪和 RTK 进行点位测设的仪器设置及操作步骤。

(3)熟悉全站仪和 RTK 点位测设的工作流程。

三、仪器和工具

(一)利用全站仪进行点位测设

(1) 全站仪 1 套、卷尺 1 把、棱镜 1 个、对中杆 1 个、对讲机 2 部、记号笔 1 支、钉子若干。

(2)自备:铅笔、计算器、草稿纸。

(二)利用 RTK 进行点位测设

(1)RTK 接收机 2 套、对中杆 1 个、记号笔 1 支、钉子若干。

(2)自备:铅笔、计算器、草稿纸。

四、方法步骤

(一)利用全站仪进行点位测设

(1)仪器介绍。指导教师现场通过演示讲解全站仪的构造、安置及使用方法。

(2)选择场地架设仪器(从仪器箱中取全站仪时,注意仪器装箱位置,以便用后装箱)。

(3)初步对中。将仪器小心地安置在三脚架上,拧紧中心连接螺旋,按电源键 POWER 开机(以南方全站仪 NTS-332R 系列为例),其开机界面如图 5-11-1 所示。接着按★星号键,再按 F4 “对点”键,最后按 F1 键打开激光对点器。双手握住另外两条未固定的架腿,通过对激光对点器光斑的观察调节这两条架腿的位置,使激光对点器光斑精确对准测站点。

(4)初步整平。调整三脚架三条腿的高度,使全站仪圆水准器气泡居中。接着调节三个脚螺旋,使管状水准器气泡居中。

(5)精确对中和整平。通过对激光对点器光斑的观察,轻微松开中心连接螺旋,平移仪器(不可旋转仪器),使仪器精确对准测站点。拧紧中心连接螺旋,再次精平仪器。重复此操作直至仪器精确整平对中。按 ESC 键退出,激光对点器自动关闭。

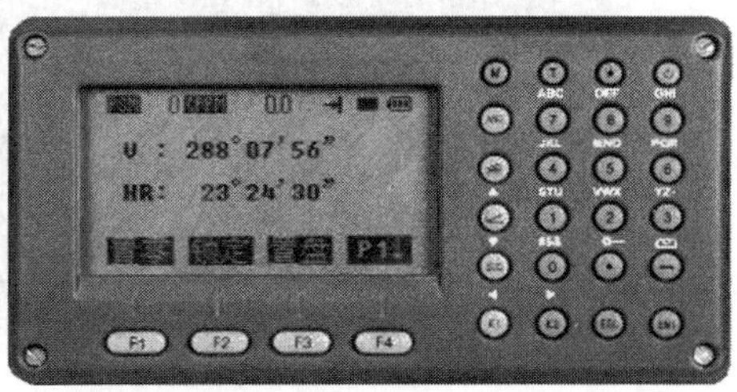

图 5-11-1

(6)设置测站。按 S.O 键进入坐标放样程序,如图 5-11-2 所示。先创建一个工程文件,输入文件名称,按右下角 ENT 键确定(也可以按 F1 键跳过),进入坐标放样界面,如图 5-11-3 所示。

图 5-11-2

图 5-11-3

按F1键,进入输入测站点界面,如图 5-11-4 所示。输入测站点点名后,按 F4 键,输入测站点坐标,如图 5-11-5 所示。

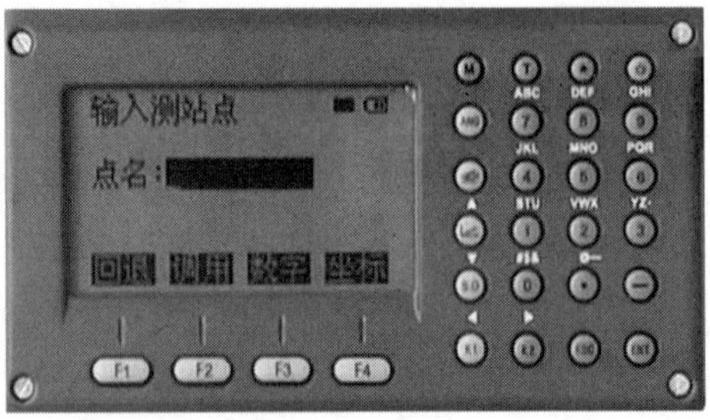

图 5-11-4

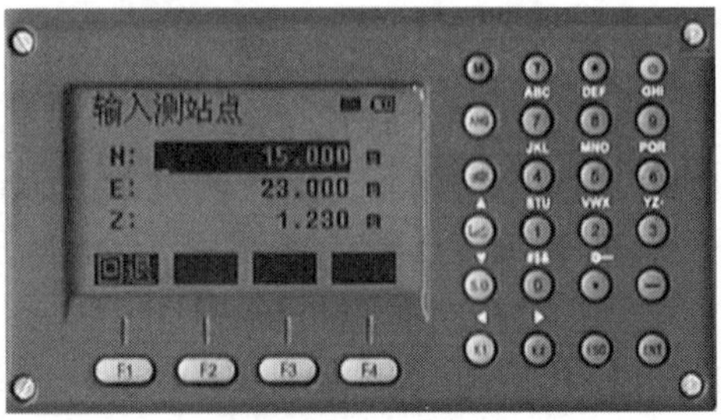

图 5-11-5

按ENT 键后,界面显示输入仪器高,如图 5-11-6 所示。输入完仪器高后,按ENT 键保存,返回坐标放样界面,测站点设置完毕。

(7)后视定向。按 F2键,进入设置后视点界面。输入后视点名称后,按 F4 键输入后视点坐标数据,如图 5-11-7 所示。按ENT键确认后,界面提示照准后视点,如图 5-11-8 所示。

此时旋转照准部,置于盘左位置。一人持棱镜立于后视点上,且使全站仪望远镜精确瞄准棱镜,尽量瞄准棱镜杆底部。确认照准后,按 F4“是”键,界面返回坐标放样界面,如图 5-11-3 所示,后视点设置完毕。

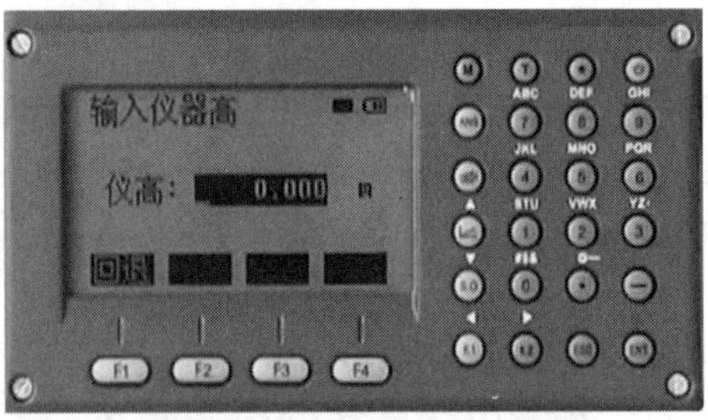

图 5-11-6

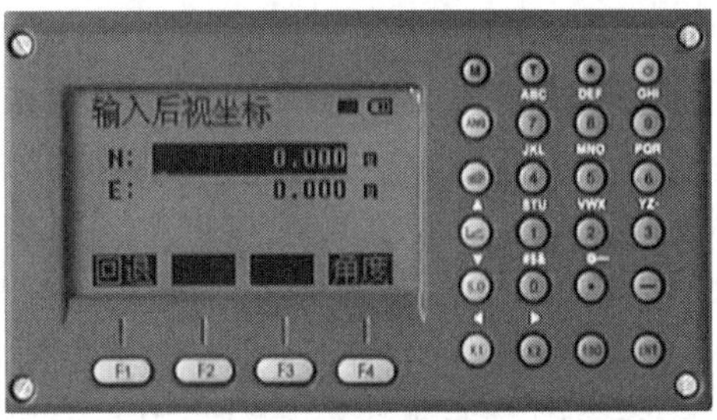

图 5-11-7

(8)坐标放样。按 F3键(输入放样点),输入放样点点名,如图 5-11-9 所示,再按 F4键,输入放样点坐标,如图 5-11-10 所示。

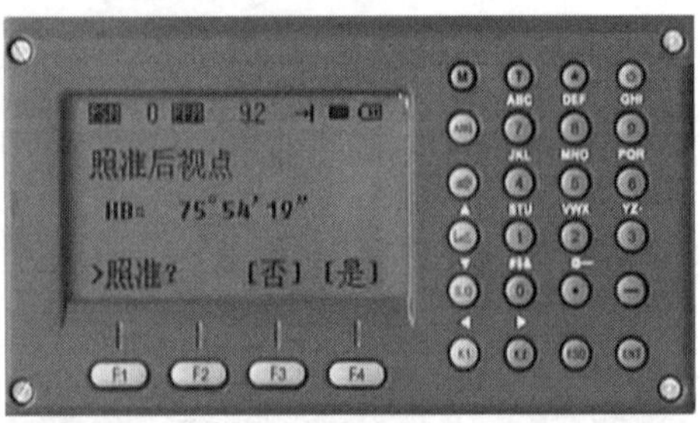

图 5-11-8

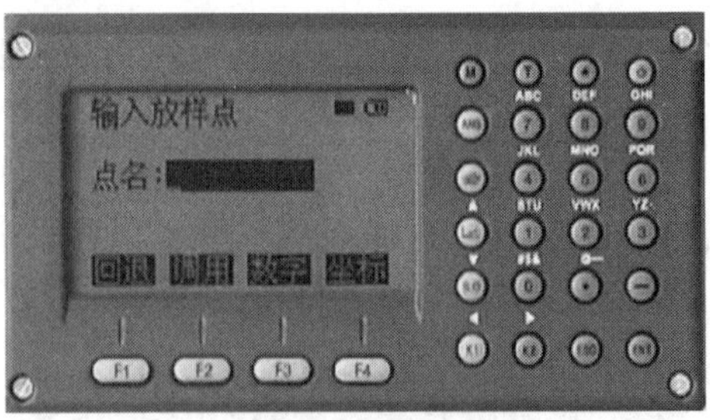

图 5-11-9

确认输入无误后,按ENT键确定,接着在如图 5-11-11 所示界面输入棱镜高,按ENT键确定。此时仪器自动计算放样参数,仪器界面显示如图 5-11-12 所示。确认计算的放样参数无误后,按F4“继续”键，仪器界面显示如图 5-11-13 所示。

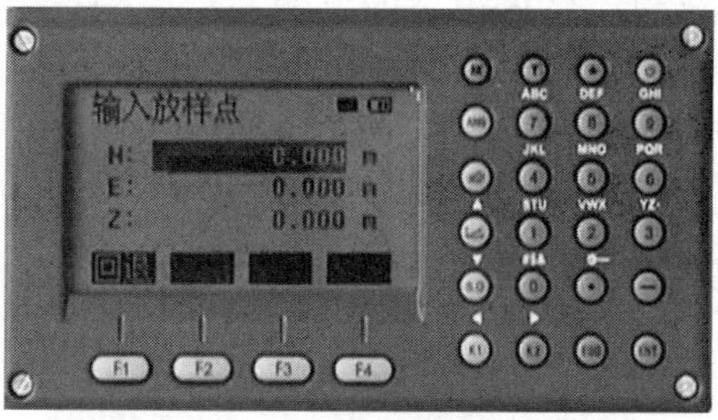

图 5-11-10

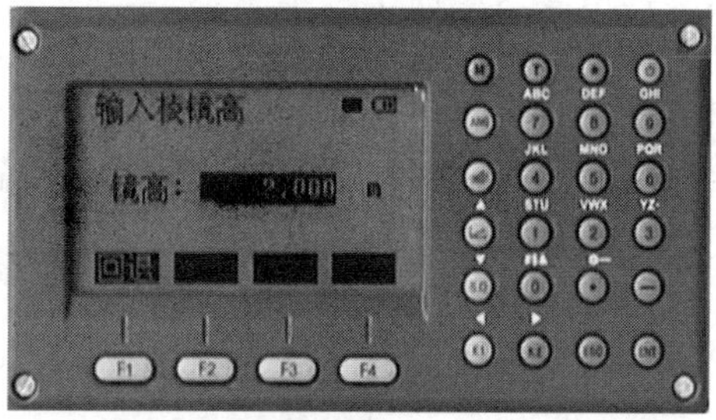

图 5-11-11

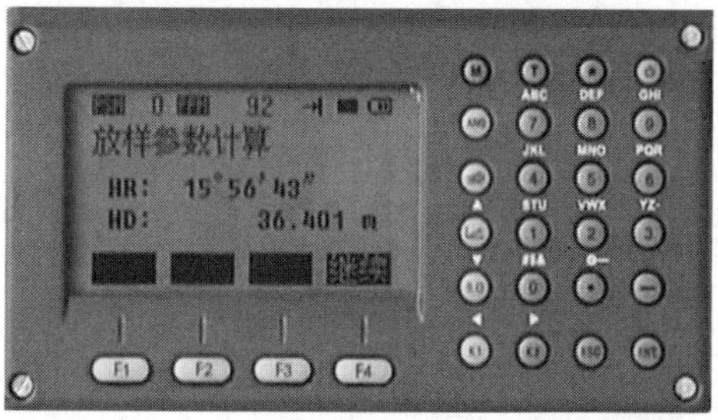

图 5-11-12

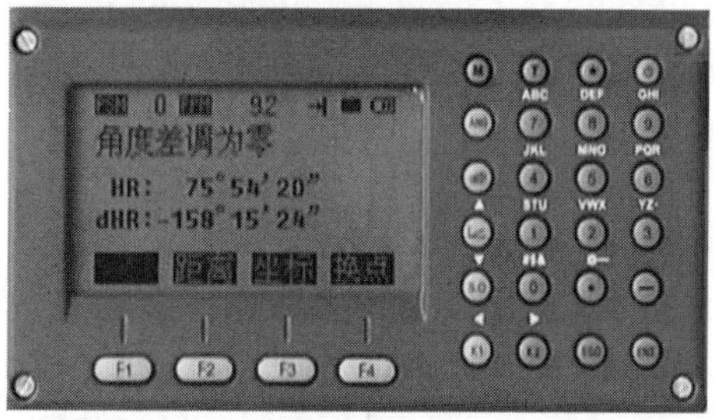

图 5-11-13

根据界面提示，松开水平制动螺旋，旋转照准部，使角度差 dHR 显示在 0°左右。固定水平制动螺旋，调节水平微动螺旋，使角度差 dHR 为 0°0′0″。此时待放样点的方向已确定，在确保仪器照准部不再发生移动的同时，指挥立棱镜杆人员将棱镜立于该方向上。

按F2键，进入距离放样界面。瞄准棱镜中心后，按F1“测量”键，仪器界面显示如图 5-11-14 所示。

仪器显示的 dH 即为待放样点与当前测量点的距离差值。通过调节棱镜的位置，使 dH 满足相应的精度要求，并按照要求在地面上做好标记，则当前测量点即为待放样点。若要继续放样，则按F4“换点”键，重复步骤(8)的操作即可。

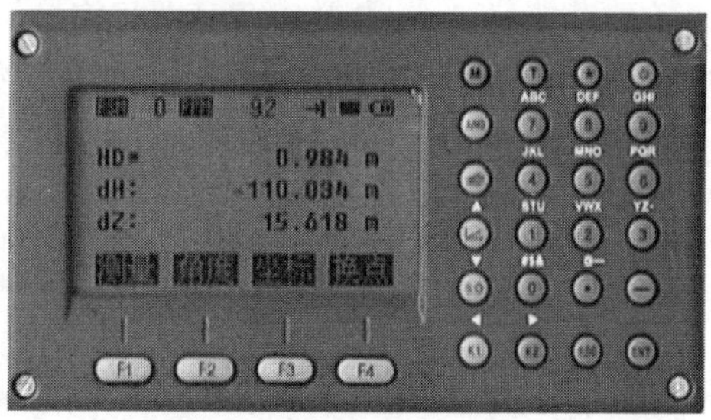

图 5-11-14

(9)数据检核。按键进入坐标测量功能程序，测定该点坐标，校核并做好记录。

(二)利用 RTK 进行点位测设

为方便讲解 RTK 测设的操作流程，选用千寻星矩 SR6 RTK 为本次实验的仪器设备。

(1)仪器介绍。指导教师现场通过演示讲解千寻星矩 SR6 RTK 的构造、安置及使用方法。

(2)连接仪器。首先将 SR6 主机与手簿开机，按下手簿App按键启动“测呗”测量软件，然后单击软件右上角“设备”按钮进入设备连接界面(图 4-4-10)。在设备连接界面，可选择使用 Wi-Fi 搜索并连接设备。

(3)设置基准站。见第四章第四节中“GNSS 接收机的使用”。

(4)设置移动站。见第四章第四节中“GNSS 接收机的使用”。

(5)新建工程。打开“测呗”软件后，会自动根据当前定位到的经度创建工程，默认工程名为当前时间,坐标系为CGCS2000,投影为高斯投影。如有需要,可在左侧菜单栏中新建工程或修改工程信息及所需坐标系参数(图4-4-14)。为确保放样结果的可靠性,若有七参数或四参数,则可以直接输入;若无七参数和四参数,则可以根据提供的已知点求解转换参数。要确保仪器设置的坐标系统及参数与待放样点的坐标系统一致。

(6)导入放样点。在点库中可选择单点输入或以文件形式批量导入,如图5-11-15所示。

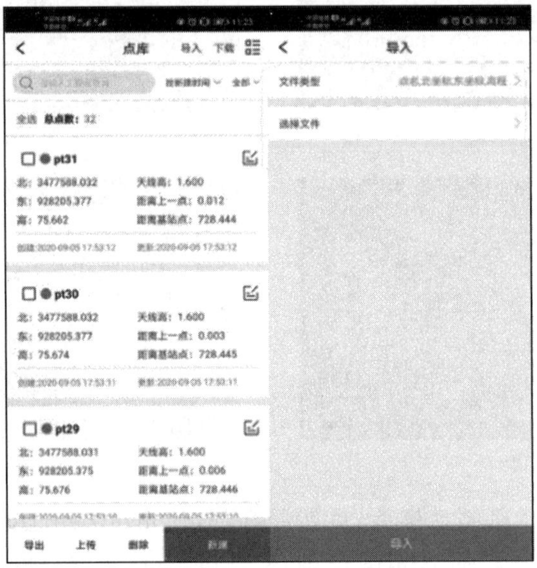

图5-11-15　放样点导入

(7)点放样。侧边栏中单击"点放样",即可切换到点放样模式,并且在侧边栏中当前测量模式旁使用"当前"来展示。单击"配置"按钮进入"点放样配置"界面,可配置限差等相关参数,如图5-11-16所示。单击"放样库",进入待放样库选择需要放样的点,如图5-11-17所示。

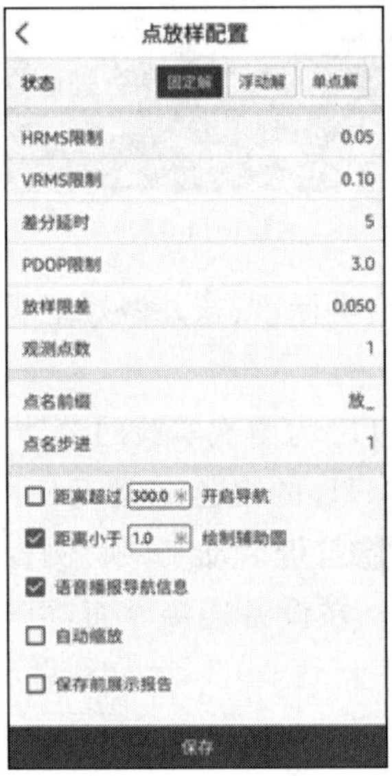

图5-11-16　点放样配置

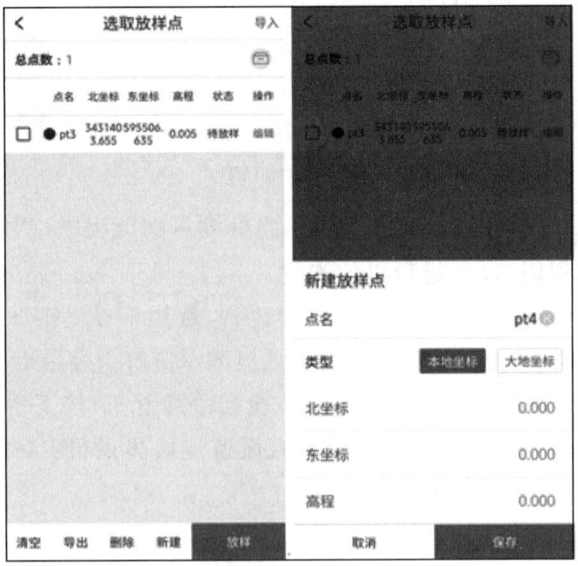

图5-11-17　选取放样点

通过右上角的“库选”按钮可从点库中选择待放样点，也可直接单击底部的“新建”按钮直接输入坐标进行放样。单击“清空”按钮可清空当前列表中的所有点位。

选点后，根据导航栏提示内容及图形展示，寻找目标点位。导航文本支持“前后左右”“东南西北”两种形式，可在配置中修改。若在配置中勾选了“距离小于 1 米绘制辅助圆”，则会在点放样界面绘制辅助圆，辅助确定放样距离，如图 5-11-18 所示。

当前点位与待放样点位满足相应的精度要求时，应在地面上做好标记。如果需要放样其他点位，那么可在放样点库中重新选择其他点，并重复上述步骤进行放样。

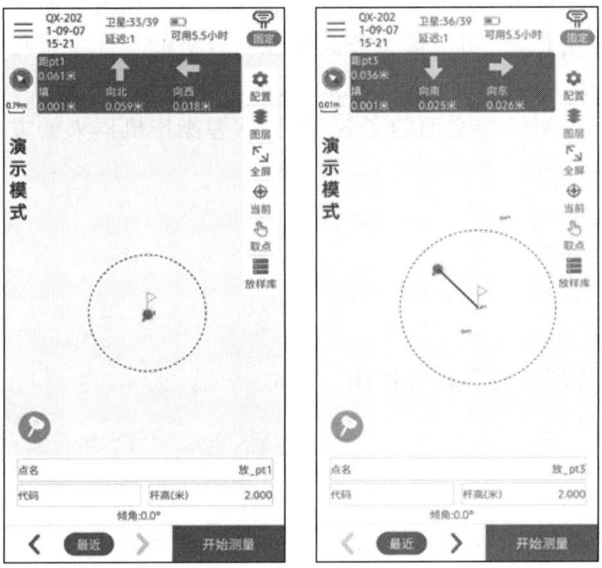

图 5-11-18　放样点位

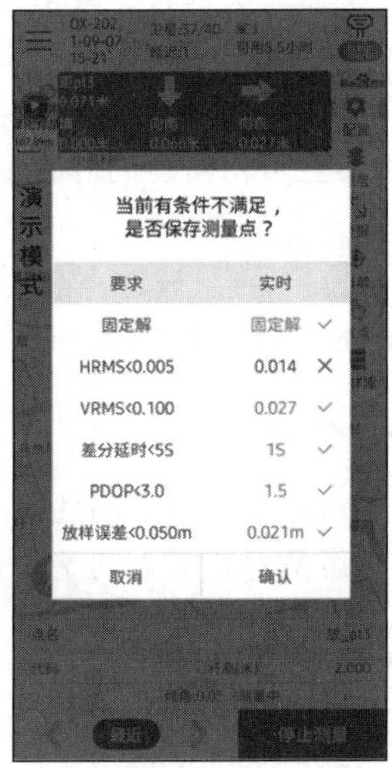

图 5-11-19　结果不满足精度要求

(8)数据检核。当前点与目标点的距离在误差允许范围内时，单击“开始测量”，会采集当前点位。当实时数据有不满足配置的情况时，应用软件会自动给出提示，如图 5-11-19 所示。

五、注意事项

(1)全站仪放样时，三脚架应支在平坦、坚固的地面上，架设高度应适中，架头应大致水平，架腿制动螺旋应紧固，整个三脚架应稳定。

(2)安放仪器时应将仪器连接螺旋旋紧，防止仪器脱落。

(3)各螺旋的旋转应稳、轻、慢，禁止用蛮力，最好使用螺旋运行的中间位置。

(4)全站仪放样中，调节角度差为零时，瞄准目标应尽量瞄准棱镜杆底部。

(5)RTK 放样时，基准站架设位置应选择空旷、稳定、无电磁干扰且地势较高处。

(6)RTK 放样时，“放样库”中的点位默认为“待放样”状态，放样完成后会自动修改为“已放样”。

(7)RTK 放样时，若要重复放样某一点位，则仅需要在“放样库”中再次选择所需点位进行放样。

(8)RTK 放样时，当放样点不满足配置条件时，一律不得采用。

(9)发现异常问题应及时向指导教师汇报,不得自行处理。

六、上交资料

实验结束后,将测量实验报告以小组为单位装订成册上交,测量实验报告见附录一。

实验十二　测量机器人的认识与使用

测量机器人除具有一般全站仪的功能外,还可以自动搜索、跟踪、辨识和精确照准目标,并获取角度、距离、三维坐标以及影像等信息,它同测量及数据处理与分析的软件系统相结合,可以取代人完成许多测量任务,特别是在工程测量变形监测中,发挥着其他测量仪器不可替代的作用。本实验可使同学们对测量机器人有一个全面的了解,初步掌握操作机器人的方法。

一、实验性质

验证性实验,实验时数安排为 4 学时。

二、目的和要求

(1)了解测量机器人的性能及主要部件的名称和作用。
(2)了解测量机器人的基本操作方法。

三、仪器和工具

(1)全站仪(测量机器人)1 套、反射棱镜(或反射片)3～4 个、笔记本电脑 1 台、通信电缆 1 根、电池 1 块、2 m 钢卷尺 1 把、记录板 1 块。
(2)自备:铅笔、计算器。

四、方法步骤

(1)准备工作。检查测量机器人是否已上载自动化网观测机载软件——AutoMeas(或类似功能上位机监测软件),检查电脑内是否安装"网观测数据后处理"软件——测量机器人网观测后处理系统。检查仪器内置记录存储卡是否在仪器上,电池是否有电,数据传输电缆是否齐全,等等。

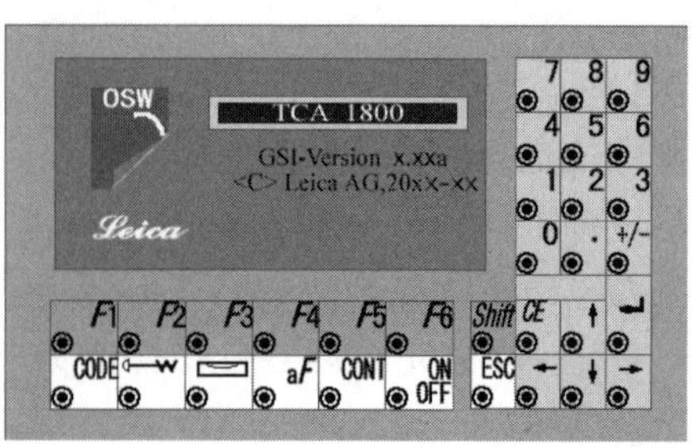

图 5-12-1　TCA2003 型全站仪操作键盘及开机后的显示屏

(2)在给定的站点(或观测墩)上架设测量机器人。

(3)认识仪器。对照实物正确说出测量机器人的组成部分及各部件的名称与作用,熟悉键盘和操作键的功能。本实验以徕卡 TCA2003 为例,仪器显示屏与键盘分布如图 5-12-1 所示。

(4)对中、整平。用激光(或光学)对中器对中、整平,用小钢尺量取仪器高,记录仪器高。

(5)安置棱镜。在测区选定 3～4 个点,构成大地四边形或中点多边形网,在各点架设反射棱镜(或贴反射片)。点间的距离控制在 60～100 m。

(6)开机。按ON/OFF键开机，显示界面如图 5-12-1 所示，显示仪器类型和软件版本号。仪器自检之后，屏幕自动切换到主界面，如图 5-12-2 所示(旁边是对应的中文信息)。

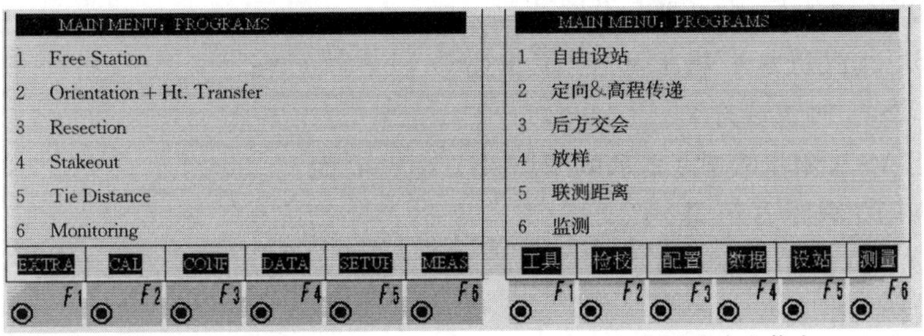

(a) 主界面　　(b) 对应中文信息

图 5-12-2　主界面

按Shift键后按F1为所有对话框的帮助信息。按F6键退出帮助。

ON/OFF键右边所有功能键的功能与常规全站仪完全相同，此处不再赘述。

CODE：代码输入，仅在测量模式中使用。

：照明开关。

：整平仪器用电子圆水准器。

CONT：确认对话框中的内容，继续进入下一显示屏。

按F1 “EXTRA”(外部工具)显示：

——GeoCOM On-Line mode(联机方式，打开 GeoCOM 通信)。

——format memory card(格式化 PC 存储卡)。

——remote control mode on/off(TCA 遥控控制开关，没有遥控装置设为 OFF)

按F2 “ CAL”(仪器检校)显示的 F1～F5 对应项为：

——F1 →[l,t]，测定补偿器指标差。

——F2 →[i]，测定指标差。

——F3 →[c,a]，视准轴误差，横轴倾斜误差检校。

——F4 →[i,c,a]，竖盘指标差，视准轴差，横轴倾斜误差检校。

——F5 →[ATR]，ATR 自动目标识别检校。

按F3 “CONF”(仪器系统配置，用户设置)显示：

——System date and time(设置日期、时间)。

——define functionality(定义功能项的调用范围，最好全部选择 YES)。

——GSI communication parm(设置 GSI 接口参数，如波特率、校验、数据位等)。

——GeoCOM communication parm(设置 GeoCOM 接口参数，同 GSI 通信参数)。

——instrument identification(输入仪器名称)。

——autoexec-application(设置开机后菜单)。

——system protection(系统密码设置)。

——user template(用户设置，如单位、显示和存储格式、模板选择设置等)。

按F4 “ DATA” (选择数据文件和数据浏览)显示的 F1 和 F5 对应项为：

——F1→INPUT(人工输入数据)。

——F5→SEARC(数据查找和显示)。

——Shift＋F5→DEL(删除数据)。

按 "SETUP "(测站设置)显示的 F4～F6 对应项为：

——F4→QSET(用后视已知点设置测站)。

——F5→SET[设置水平角 Hz0(方位角)]。

——F6→LIST(列表选择)。

按 " MEAS"(测量模式)显示的 F1～F5 对应项为：

——F1→ALL(测距并记录)。

——F2→DIST(测距不记录)。

——F3→REC(记录)。

——F4→TARGT(目标点信息，如大气及曲率改正、偏心测量、棱镜类型选择、人工输入等)。

——F5→Hz0(设置水平角)。

为"快速调整常用功能"键。按键显示如图 5-12-3 所示界面，选择数字键对应项，进入相应项次级选项状态界面，可根据需要进行选择。

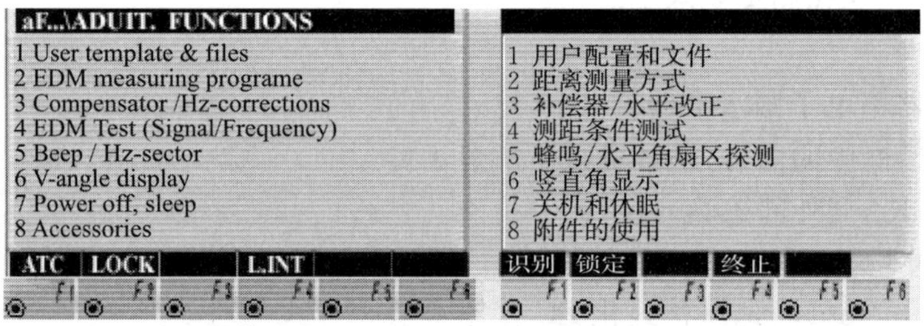

(a) 屏幕显示　　(b) 对应中文

图 5-12-3　屏幕显示

(7)坐标测量及坐标放样。方法与常规全站仪基本相同，此处不再赘述。

(8)控制网自动观测。

——在 AutoMeas 程序下，进行限差设置。如设置归零差、2C 互差、方向值较差。

——初始观测(机器人学习模式)。以第一个目标点为起始方向顺时针观测目标点半测回，输入观测方向名及目标镜高等信息，存入存储卡相应的文件，以备自动观测时调用。

——测站设置。设置测回数、测距次数，输入仪器高、测站名等参数。

——后视定向。照准第一个目标点，获取水平度盘的读数。

——水平角自动测量。完成二至四步之后，测量机器人就按照初始观测的顺序自动观测水平角，自动检查测回内的各项限差，根据超限情况自动重测某一方向或某一半测回，或者整个测回重测。

——测回差检查。计算出每一测回每一方向的方向值，并显示出来。但方向数较多时，测回差超限，哪些测回需要重测，往往需要人工判断。确定并选择重测测回后，仪器将自动进入水平角自动测量。

——距离测量。分自动测量和半自动测量两种模式。自动测量是指在完成二至四步之后，机器人就能够按照初始观测的顺序自动进行距离测量，自动检查测回内的各项限差，出现超限时自动重测。半自动测量是指人工瞄准需要观测的某一目标，自动完成该目标的距离测量。

——将测量机器人移至下一测站，重复以上所有步骤，直到全网观测完毕。

(9)数据传输。用通信电缆将测量机器人与笔记本电脑相连，在笔记本电脑上启动徕卡Office软件，将测量机器人存储卡AutoMeas目录下的所有文件复制到笔记本电脑上。每一测站的观测成果包括初始观测值文件(作业名.ini)、测站设置文件(作业名.sta)、角度观测值文件(作业名.hzd)、距离观测值文件(作业名.dis)等四个文件。

(10)后处理。在便携机上启动"测量机器人自动网观测后处理系统"，启动界面如图5-12-4所示，主要进行以下几个步骤的操作：

——工程管理。每个控制网观测项目都作为一项工程来管理，每个工程对应着一个数据库文件，数据库文件中保存着该控制网观测的所有数据，包括各种初始设置信息、原始观测值、各种计算分析成果等。存储在存储卡中的各个测站的数据可导入一个控制网工程中进行管理。

——数据整理。主要包括原始角度数据整理、测回差检查、原始距离数据整理、角度整理结果查看，测站成果查看等。

——手簿输出。主要是将角度、距离数据按规范规定的格式以标准外业手簿的形式自动输出为办公软件用的表格，还可将测站整理成果以科傻和清华山维格式的文件输出。

——平差计算。输出科傻平差格式，利用科傻软件进行平差计算。

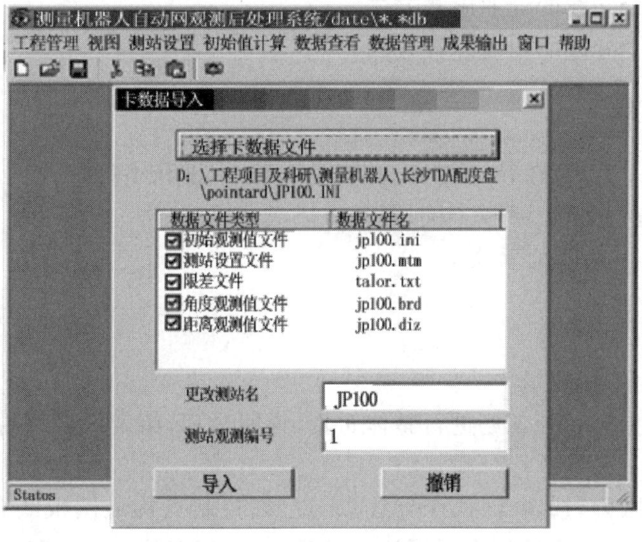

图5-12-4　测量机器人自动网观测后处理系统启动界面

五、注意事项

(1)仪器高、棱镜高用小钢尺量至毫米。

(2)充电器和存储卡阅读器应避免在潮湿和酷热环境下使用。

(3)不得用仪器直接观测太阳。

(4)在仪器使用过程中切忌不关机就取下电池。在装卸电池时，必须先关电源。

六、上交资料

实验结束后,将测量实验报告以小组为单位装订成册上交,测量实验报告见附录一。

实验十三 图根导线测量

图根导线常作为小地区测图平面控制网及其他测量工作的控制网。导线具有敷设便利、简单易行且成本较低的特点。本实验通过一条闭合导线的测量工作,使同学们对小地区图根平面控制网的建立、平面控制测量、导线坐标计算等工作加深认识,提高实施控制测量的能力。

一、实验性质

综合性实验(也可分为外业、内业两次实验),实验总时数安排为 4 学时,每个实验小组人数 4~5 人。

二、目的和要求

(1)掌握图根闭合导线的外业施测方法。

(2)掌握图根闭合导线的内业计算方法。

三、仪器和工具

(1)电子经纬仪 1 套、测距仪 1 台、反射棱镜 2 套、木桩和小钉各若干、斧子 1 把、油漆 1 小瓶、毛笔 1 支、工具包 1 个、记录板 1 块、测伞 1 把。

(2)自备:铅笔、草稿纸、计算器。

四、方法步骤

(一)闭合导线的外业测量

(1)布置。实验指导教师现场进行整体布置,说明过程,给定区域,并指定已知控制点及其坐标。

(2)选点。在测区内,选定 3~4 个导线点与已知控制点构成图根闭合导线。在各导线点打下木桩,桩顶钉上小钉(坚硬地面可用油漆做标志)标定点位,在点旁边的固定地物上用油漆标明组号及点名(逆时针方向编号)。

(3)测边。用测距仪往、返测量各导线边的边长 $D_{i,i+1}$,往返测量边长的相对精度 k,且满足 $k \leqslant 1/3\,000$ 的要求。

(4)测角。采用测回法观测导线各内角(左转折角) β_i($i=1,2,\cdots,n$)一个测回(上、下两个半测回角值之差 $\leqslant 40''$),并按一个测回测定导线与已知方向之间的连接角。

(5)整理、检查。计算角度闭合差 $f_\beta=\sum_{i=1}^{n}\beta_i-(n-2)\times 180^\circ$,式中 n 为所测角数,角度闭合差应小于限差($f_{\beta容}=\pm 40''\sqrt{n}$),否则应检查原因或者重测。

如果导线角度闭合差超限是由其中某一个角度测错所致,可根据所量边长结果和所测角度，按一定比例尺绘制出导线图，标出导线全长闭合差，并做闭合差的垂直平分线，如果该垂线通过或接近某个导线点，则在该点测角发生错误的可能性最大。

(二)闭合导线的内业计算

外业成果检查合格后，由内业计算各导线点坐标。

(1)绘制导线略图。将已知数据(坐标、方位角)及观测数据内角 $\beta_i(i=1,2,\cdots,n)$、边长 $D_{i,i+1}(i=1,2,\cdots,n)$ 等填写在图根闭合导线坐标计算表中。

(2)角度闭合差的计算和调整。角度闭合差 $f_\beta=\sum_{i=1}^{n}\beta_i-(n-2)\times 180°$，按反符号平均分配进行调整，求出改正后的角值$\left(\overline{\beta}_i=\beta_i+\frac{-f_\beta}{n},i=1,2,\cdots,n\right)$，并填入表中相应单元格中。

(3)坐标方位角的推算。在表格中，根据已知方位角、转折角及改正后角值($\overline{\beta}_i,i=1,2,\cdots,n$)，按式 $\alpha_{i,i+1}=\alpha_{i-1,i}+\overline{\beta}_i\pm 180°$ 推算导线各边的坐标方位角，一直推到起始边并进行计算检核。

(4)坐标增量的计算。在表格中，用推算出的导线各边的坐标方位角和边长计算导线各边的坐标增量($\Delta x_{i,i+1}=D_{i,i+1}\cos\alpha_{i,i+1}$，$\Delta y_{i,i+1}=D_{i,i+1}\sin\alpha_{i,i+1}$)。坐标增量也可调用如表 5-13-1 所示的常用科学计算器的内置程序进行计算。

表 5-13-1　常用科学计算器操作

算例	计算器型号	操作键步骤	显示	备注
$D=129.34$ m $\alpha=131°13'54''$	肯开欧 KS-1058	D [a] α [DGE] [b] [2ndf] [b]	Δx	计算器工作模式均为“DEG”
		再按 [b]	Δy	
		129.34 [a] 131.1354 [DGE] [b] [2ndf] [b]	85.249	
		再按 [b]	97.270	
	卡西欧系列	D [inv] [—] $\alpha°$ [° ′ ″] α' [° ′ ″] α'' [° ′ ″] [=]	Δx	
		[inv] [x-y]	Δy	
		129.34 [inv] [—] 131 [° ′ ″] 13 [° ′ ″] 54 [° ′ ″] [=]	85.249	
		[inv] [x-y]	97.270	
	肯开欧 KK-82TL	[shift] [Rec(] D [,] α [)] [=]	Δx	
		[Rcl] [tan]	Δy	
		[shift] [Rec(] 129.34 [,] 131 [° ′ ″] 13 [° ′ ″] 54 [° ′ ″] [)] [=]	85.249	
		[Rcl] [tan]	97.270	

(5)坐标增量闭合差的计算。坐标增量计算完成后，可进行坐标增量闭合差的计算。

——纵向坐标增量闭合差 $f_x=\sum\Delta x$。

——横向坐标增量闭合差 $f_y=\sum\Delta y$。

——导线全长闭合差 $f=(f_x^2+f_y^2)^{1/2}$。

——导线全长相对误差 $k=f/\sum D$。

导线全长相对误差应满足限差 $k_{容}=1/2\,000$ 的要求，否则应检查边长或重新测量距离。

如果导线全长相对误差超限是由于导线中的一条边长测量错误所致，则可用 $\alpha_f=\arctan\frac{f_y}{f_x}$

求出导线全长闭合差的坐标方位角,并对照导线各边坐标方位角找出坐标方位角数值与 α_f 最接近的那条导线边,则该边长在测量时出现错误的可能性最大。

(6)坐标增量闭合差的调整。当导线全长相对误差满足精度的要求时,可以求出导线各边坐标增量的改正数,对导线各边坐标增量进行调整。

——纵向坐标增量改正数 $v_{x_{i,i+1}} = -\dfrac{f_x}{\sum D} D_{i,i+1}$。

——横向坐标增量改正数 $v_{y_{i,i+1}} = -\dfrac{f_y}{\sum D} D_{i,i+1}$。

两者应满足 $\sum v_x = f_x$、$\sum v_y = f_y$。若不满足,则应检查是由凑整误差引起的,还是计算错误所致。凑整误差引起的差值,一般是末位上的很小的数值,可以通过放在导线的最长边长中进行调整来解决;计算错误引起的差值,应通过检查计算进行改正。

(7)计算改正后坐标增量。上述计算完成后,用步骤(4)中计算的各边纵、横向增量值及和步骤(6)中计算的相应的改正数求出改正后纵横向坐标增量,即

$$\Delta\bar{x}_{i,i+1} = \Delta x_{i,i+1} + v_{x_{i,i+1}}$$

$$\Delta\bar{y}_{i,i+1} = \Delta y_{i,i+1} + v_{y_{i,i+1}}$$

且改正后应满足 $\sum \Delta\bar{x} = 0$,$\sum \Delta\bar{y} = 0$。

(8)坐标计算。最后求出导线各点坐标值,即 $x_{i+1} = x_i + \Delta\bar{x}_{i,i+1}$、$y_{i+1} = y_i + \Delta\bar{y}_{i,i+1}$。

五、注意事项

(1)选点时,应顾及架设仪器和观测的方便性,以及导线点间的通视性。导线边长以 60 m 左右为宜。注意,不要将点选在道路中间,同一地点不同小组的导线点的间距应大于 2 m。

(2)测距时,同一边往、返测相对误差应小于 1/3 000。

(3)若边长较短,则测角时应特别注意仔细对中和瞄准。

(4)角度观测中上、下两个半测回角值之差的限差应不超过 40″,才可收仪器迁站,否则应加测半个测回,进行比较后,剔除不满足要求的那半个测回。

(5)由于凑整误差的影响,角度闭合差调整后,改正后角值与理论值相比多 1″~2″,可在任一内角中进行调整。

六、上交资料

实验结束后,将小组外业观测成果——测回法观测记录、距离测量记录、导线草图、图根闭合导线坐标计算表与测量实验报告以小组为单位装订成册上交,相关表格及测量实验报告见附录一。

实验十四　用水准仪进行高程及坡度测设

在施工测量中,经常需要测设出由设计所指定的高程及坡度。例如,在场地平整、基坑开挖、确定坡度和定桥台、桥墩的设计标高等场合都要进行高程及坡度测设,用水准仪进行高程及坡度测设是工程单位广泛使用的方法。本实验可以使同学们掌握用水准仪测设高程及坡度的方法,为施工测量中实施高程及坡度测设打下基础。

一、实验性质

验证性实验,实验时数安排为 1～2 学时。

二、目的和要求

(1)掌握用水准仪测设高程的基本方法。

(2)测设一条给定坡度线。

三、仪器和工具

(1)水准仪 1 套、水准尺 2 根、皮尺 1 把、木桩若干、斧子 1 把、记录板 1 块。

(2)自备:铅笔、计算器。

四、方法步骤

(一)用水准仪进行高程的测设

(1)在离给定的已知高程点 A 与待测点 P(可在墙面,也可在给定位置钉大木桩)距离适中位置架设水准仪,在 A 点上竖立水准尺。

(2) 仪器整平后,瞄准 A 尺读取后视读数 a;根据 A 点高程 H_A 和要测设的高程 H_P 计算靠在所测设处的 P 桩的水准尺上应有的前视读数,即

$$b = H_A + a - H_P$$

(3) 将水准尺紧贴 P 点木桩侧面,水准仪瞄准 P 尺读数。若读数不为 b,则在桩侧面上下移动调整水准尺,使观测得到的水准尺的前视读数恰巧等于所计算的 b,沿着尺底在木桩上画线,即为需测设(放样) 的高程 H_P 的位置。

(4)将水准尺底面置于设计高程位置,再次做前后视观测,进行检核。

(5)同法可在其余各点桩上测设同样高程的位置。

(二)用水准仪进行给定坡度线的测设

(1) 实验指导教师在场地进行布置,给定已知点高程,设计坡度 i。

(2) 在地面上选择高差相差较大的两点 M、N(M 为给定高程点)。

(3) 从 M 点起沿 MN 方向上按距离 d 钉木桩,直到 N 点。根据已知点高程 H_M、设计坡度 i 及距离 d 推算各桩的设计高程 $H_i = H_M + i \cdot d \cdot n$,其中 n 为桩的序号。

(4) 在适当的位置安置水准仪,瞄准 M 点上水准尺,读取后视读数 a,求得视线高 $H = H_M + a$。

(5) 根据各点的设计高程 H_i 计算各桩应有的前视读数 $b = H - H_i$。

(6) 水准尺分别立于各桩顶,读取各点的前视读数 b',对比应有读数 b,计算各桩顶的升、降数,并注记在木桩侧面。

完成以上步骤,则所有测设点的连线即为坡度(i) 线。

五、注意事项

(1)读数与计算时,要认真细致,互相核准,避免出错。

(2)当受到木桩长度的限制,无法标出测设的位置时,可定出与测设位置相差一数值的位置线,在线上标明差值。

六、上交资料

实验结束后,将测量实验报告以小组为单位装订成册上交,测量实验报告见附录一。

实验十五　线路纵、横断面测量

线路纵断面测量是在指定的线路上测定中线上各里程桩和加桩的地面高程,并将测量的结果按一定的比例尺绘制成纵断面图,供线路纵坡设计及构筑物的布置使用。横断面测量是测定中线各里程桩两侧垂直于中线方向的地面各点距离和高程,绘制横断面图。横断面图是路基边坡设计、土石方计算及路基施工放样的依据。本实验可使同学们练习将所学知识用于工程实践。

一、实验性质

验证性实验,实验时数安排为 2～3 学时。

二、目的和要求

(1)掌握线路纵、横断面水准测量的基本方法。

(2)掌握线路纵、横断面图的绘制方法。

(3)每组完成 1 个纵断面测量及每人 1 个横断面测量。

三、仪器和工具

(1)自动安平水准仪 1 套、水准尺 2 根、皮尺 1 把、花杆 2 根、木桩若干、方向架 1 个、斧子 1 把、记录板 1 块、格网纸 1 张。

(2)自备:铅笔、计算器。

四、方法步骤

(一)准备工作

(1)指导教师现场讲解测量过程、方法及注意事项。

(2)在给定区域,选定一条约 200 m 的路线,在两端点定木桩。用皮尺量距,每 20 m 处钉一中桩,可在坡度及方向变化处钉加桩,在木桩侧面标注桩号。起点桩号为 K0＋000,如图 5-15-1 所示。

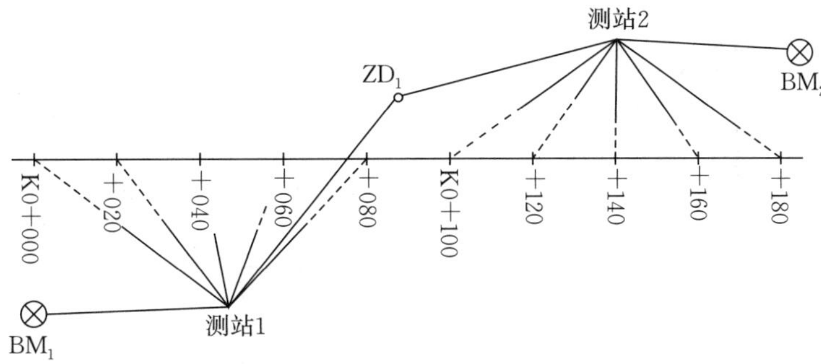

图 5-15-1　纵断面测量示意

(二)纵断面测量

1. 纵断面测量外业

(1)如图 5-15-1 所示,将水准仪安置于起点桩与第一转点间适当位置作为测站 1,后视水准点 BM_1 上的水准尺,读取后视读数 a(读至毫米),填入记录表格,计算测站 1 的视线高 H_1($H_1=H_{BM_1}+a$)。

(2)统筹兼顾整个测量过程,选择前视方向上的转点 ZD_1,瞄准(前视)立在转点上的水准尺,读取前视读数 b(读至毫米),填入记录表格,计算转点 ZD_1 的高程($H_{ZD_1}=H_1-b$)。

(3)依次观测(中视)本测站所能测到的各中桩及加桩的水准尺,如中间点 K0+000、+020、+040、+060、+080,将读数 S_i(读至厘米)记入中视栏,利用视线高计算中桩及加桩的高程 H_i($H_i=H_1-S_i$)。

(4)将仪器搬至测站 2,后视转点 ZD_1,前视水准点 BM_2;观测各中间点 K0+100、+120、+140、……、+180……,将读数分别记入后视、前视和中视栏。

(5)为了进行检核,水准点 BM_1 和 BM_2 的高程可事先测量出来,也可以由线路终点返测至已知水准点,此时不需要观测各中间点。

2. 纵断面图的绘制

纵断面图是以里程为横坐标,高程为纵坐标,沿中线方向绘制地面起伏和纵坡变化的现状图,线路纵断面图通常绘在毫米方格纸上,也可采用 CAD 进行绘制。为了明显地表示地面起伏,一般取高程比例尺为里程比例尺的 10～20 倍。

(1)在纵断面图的里程横行内,按比例尺 1∶2 000 定出各里程桩和加桩的位置,并注上桩号。

(2)将实测的里程桩和加桩的高程记入地面高程栏,并按高程比例尺 1∶200 在相应的纵向线上标定出来。

(3)根据各桩点的里程和高程在图上展出各点,并连成折线,即为线路纵向的地面线,如图 5-15-2 所示。

(三)横断面测量

1. 横断面测量外业

在任一里程桩或加桩上进行横断面测量。在里程桩上用方向架确定线路中线的垂直方向,如图 5-15-3 所示。然后在中桩附近选一位置架设水准仪,以中桩为后视点,在垂直中线的左右两侧 30 m 范围内坡度变化处立前视尺并读数(读至厘米),记录,中桩至左右两侧各坡度变化点的距离用皮尺丈量,读至分米。最后将数据填入横断面测量记录表。

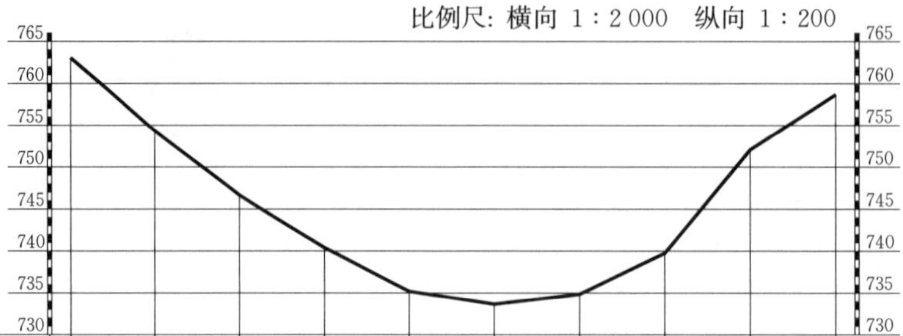

地面高程	763.04	754.34	746.68	740.41	735.20	733.64	734.85	739.74	752.08	758.68
里　程	0+000	0+020	0+040	0+060	0+080	0+100	0+120	0+140	0+160	0+180

图 5-15-2　纵断面绘制示意

2. 横断面图的绘制

外业完成后,可在室内进行横断面图的绘制。绘图时一般先将中桩标在图中央,再分左右侧按平距为横轴,高差为纵轴,展出各个边坡点,再用直线把相邻点连接起来,即为横断面的地面线。为了方便计算面积,横断面图上水平距离和高程一般采用相同的比例尺,常用的比例尺为 1∶100 或 1∶200。横断面图绘制在格网纸上,如图 5-15-4 所示。

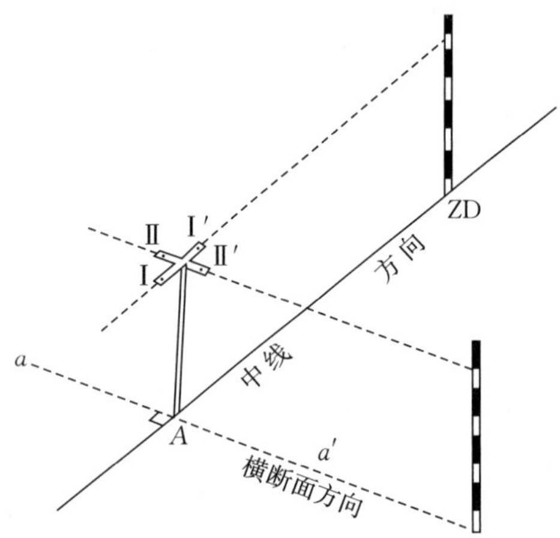

图 5-15-3　横断面方向的确定

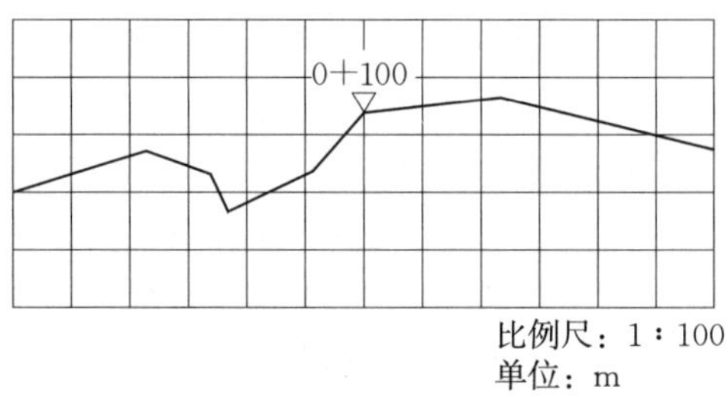

图 5-15-4　横断面示意

五、注意事项

(1)纵、横断面测量要注意前进方向及前进方向的左右,尤其在横断面测量中。

(2)中间视点因无检核条件,所以读数与计算时,要认真细致,相互核准,避免出错。

(3)线路往返测量高差闭合差的限差应按照普通水准测量的要求计算,$f_{h容}=\pm 12\sqrt{n}$,式中,n 为测站数,超限应重新测量。

(4)曲线的横断面方向为曲线的法线方向,或者说是中桩点切线的垂直方向。

(5)纵、横断面测量的方法很多,除了本次实习的水准仪法外,还可采用全站仪法、RTK 法等。

(6)纵、横断面绘制除了在格网纸上绘制外,也可采用绘图软件进行绘制,如 CAD 软件。

六、上交资料

实验结束后，将作为小组成果的路线纵断面水准测量记录及纵断面图，作为个人成果的横断面水准测量记录及横断面图，以及测量实验报告以小组为单位装订成册上交，测量实验报告见附录一。

实验十六　线路曲线测设

无论是铁路、公路还是地铁隧道和轻轨，由于受到地形、地物、地质条件变化等因素的影响，经常需要改变线路前进的方向。当线路方向改变时，在转向处需要用曲线将两端直线连接起来。本实验通过用全站仪按极坐标放样法及自由设站放样法进行曲线测设，可使同学们加深对放样方法的理解。

一、实验性质

验证性实验，实验时数安排为 2～3 学时。

二、目的和要求

(1)掌握曲线要素及主点、细部点坐标的计算方法。
(2)清楚坐标系平移、旋转的方法，试将测量坐标统一到一个施工坐标系内。
(3)掌握用全站仪按极坐标法和自由设站法进行曲线测设的一般作业步骤。

三、仪器和工具

(1)全站仪 1 套、对中杆、棱镜 3 套、测伞 1 把、钢尺 1 把、记录板 1 块，木桩及小钉若干。
(2)自备：铅笔、稿纸、计算器。

四、方法步骤

(1)指导教师首先对用极坐标法放样曲线的过程及自由设站法测设曲线的要求及放样步骤进行具体介绍。

(2)按照教师给定的曲线半径 (R)、转角(α) 及缓和曲线长度(l) 进行曲线要素的计算，然后再计算出曲线主点坐标和细部点坐标(施工坐标)。

(3)将控制点坐标及计算的放样点坐标输入全站仪并进行检查，进行全站仪的初始设置，如记录方式、仪器型号。

(4)在开阔地带(如运动场)，根据给定交点(JD)及一条切线方向，将仪器架设在交点，在选定的切线方向上放样切线长 T 得 ZH 点，后视 ZH 点拨角为 $\alpha-180°$，放样切线长 T 得 HZ 点(JD、ZH、HZ 点均做上标记作为放样控制点)。

(5)极坐标法放样曲线(一半)。

——选择测站点(ZH 或 HZ 一点)，在测站点上架设全站仪，对中、整平，进入“放样”子菜单，输入测站点号或坐标。

——选择后视点(JD)，输入点号或坐标，按提示完成定向。

——输入待放样点点号调出其坐标,可得到该点理论坐标,并显示放样元素(水平度盘读数 α 及平距 S)。

——仪器操作员转动照准部到显示的水平角值 α,并指挥持镜员在该方向上约 S 处置镜。

——照准棱镜,按提示操作全站仪,可得置镜点实际位置与待放样点理论位置在 x、y 方向上的差值。

——按提示移动棱镜,重复步骤(5)直到置镜点实际位置与待放样点理论位置在 x、y 方向上的差值满足要求。

——重复步骤(3)至步骤(6),定出曲线上 1、2、3……各桩点,并用小钉标记其位置。

——用钢尺检核相邻点间距,误差应小于 5 cm。

(6)自由设站法放样曲线。

——选定观测条件较好的任意位置架设仪器,启用全站仪进入"自由设站"(或"后方交会")子菜单状态。

——选择控制点(JD、ZH、HZ 中的两点或全部),在全站仪上先按提示完成自由设站的测前设置。

——依次在选择的控制点上置镜,按提示完成自由设站观测。

——观测完毕后全站仪自动计算出测站点坐标,给定点号作为控制点保存起来。

——重复极坐标法放样中的步骤(3)至步骤(6),定出曲线上 1、2、3……各桩点,并用小钉标记其位置。

——用钢尺检核相邻点间距是否合格,误差应小于 5 cm。

(7)撰写实习报告,并比较两种方法测设的结果。

五、注意事项

(1)测设数据经校核无误后方可使用,测设成果要经过再检测。

(2)为了减少误差积累,一般由曲线两端向中间设置。

(3)采用自由设站观测时,全站仪的安置应根据场地的大小合理选择。

(4)实验占场地范围较大,使用仪器、工具较多,应及时清点、收拾,防止遗失。

六、上交资料

实验结束后,将测量实验报告以小组为单位装订成册上交,测量实验报告见附录一。

实验十七 碎部测量及 CASS 成图软件的使用

碎部测量是按照测图比例尺要求,根据测量程序和规范,运用地图综合原理,利用图根控制点对地物、地貌等特征点(碎部点),采用数字化测图仪器进行测定的过程。CASS 软件是广东南方数码科技股份有限公司开发研制的数字成图软件。通过本实验,同学们将对用数字化测图手段进行测图有一个初步了解,以便全方位地掌握与数字测绘有关的方法和技术。

一、实验性质

综合性实验，实验时数安排为 4 学时。

二、目的和要求

(1)了解数字测图的全过程。

(2)掌握用全站仪进行碎部测量数据采集的方法。

(3)掌握利用南方 CASS 成图软件绘制地形图的方法。

三、仪器和工具

(1)全站仪 1 套、数据电缆 1 根(或 SD 卡一个)、棱镜及镜杆各 2 个、钢卷尺 1 把、装有 CAD 软件、南方 CASS9.1(或 CASS 其他版本均可)及数据转换软件的计算机 1 台、记录板 1 块。

(2)自备：铅笔、草图纸等。

四、方法步骤

(一)准备工作

(1)指导教师现场讲解实验过程、方法及注意事项。

(2)指导教师指定测区范围，介绍图根控制点的分布情况，并给出其坐标和高程。

(二)野外数据采集

用全站仪按测记法进行数据采集。数据采集时，应有一位同学绘制草图。草图上须标注碎部点点号(与仪器中记录的点号对应)及属性，如图 5-17-1 所示。

(1)在图根控制点上安置全站仪，对中、整平。

(2)打开全站仪电源，并检查仪器是否正常，选择数据存储方式为 SD 卡或内存。

(3)进入全站仪的数据采集程序，新建一个坐标文件。

(4)设置测站，选择测站点点号或输入测站点坐标，量取仪器高并输入和记录。

(5)定向和定向检查，选择已知后视点号或输入后视点坐标或用后视方位角进行定向，并选择其他已知点进行定向检查。

(6)碎部测量，测定各个碎部点的三维坐标并记录在坐标文件中，记录时注意棱镜高、点号和编码的正确性，并同时绘制草图。

(7)归零检查，每站测量一定数量的碎部点后，应进行归零检查，保证归零差不大于 1′。

(8)迁站，继续进行碎部测量，完成测区碎部点的测量。

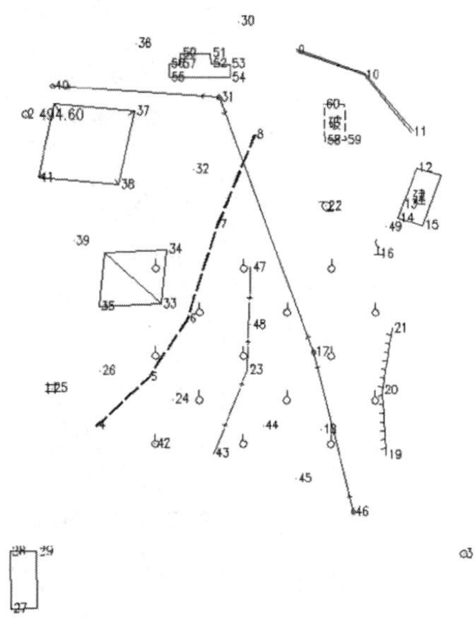

图 5-17-1　野外草图示意

(三)全站仪数据传输

(1)SD 卡从全站仪上取下后可插入电脑接口(也可使用读卡器),可直接将坐标文件复制到电脑上(内存数据也可复制到 SD 卡或 U 盘,再将坐标文件复制到电脑)。

(2)复制到电脑的 SD 卡或 U 盘坐标文件,可利用数据转换软件进行数据格式转换,转换成 CASS 处理软件能够识别的". dat"格式。

(3)全站仪内存数据也可用数据传输电缆将全站仪与电脑进行连接。通过 CASS 运行数据传输软件,并设置通信参数(端口号、波特率、奇偶校验等),进行数据传输及格式转换。

下面以南方 CASS 软件为例进行数据传输下载说明。

——打开南方 CASS 数字化成图软件,进入主界面。

——单击顶部菜单栏中的"数据",在下拉菜单中选择"读取全站仪数据"(图 5-17-2)。

——在弹出的如图 5-17-3 所示的"全站仪内存数据转换"对话框中,进行通信参数(通信口、波特率等)的设置。此设置要与全站仪上的参数设置一致,否则可能导致数据无法传输。单击"选择文件",在弹出的如图 5-17-4 所示"输入 CASS 坐标数据文件名"对话框中选择保存路径并保存为". dat"格式的文件名,单击"保存"后返回到"全站仪内存数据转换"对话框界面,再单击"转换"按钮。

图 5-17-2 "数据"菜单

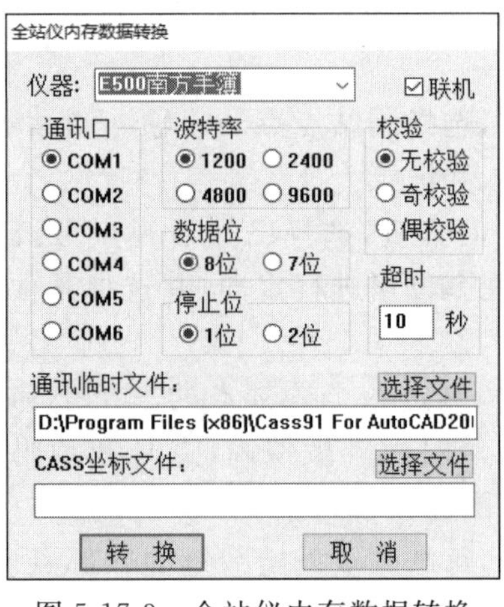

图 5-17-3 全站仪内存数据转换

——完成上个步骤后,先在计算机上回车,再在全站仪上回车,开始数据转换。

——全站仪数据传输完成后,返回基本测量状态界面,关闭全站仪电源,断开连接。

(四)利用 CASS 软件绘制地形图

(1)定显示区。单击顶部菜单栏中的“绘图处理”,在下拉菜单中选择“定显示区”(图 5-17-5)。定显示区即通过坐标数据文件中的最大、最小坐标定出屏幕窗口的显示范围。

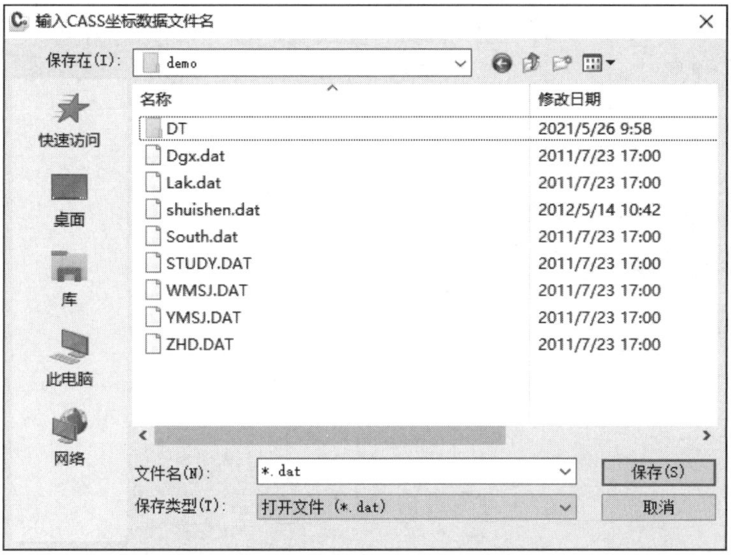

图 5-17-4　输入 CASS 坐标数据文件名

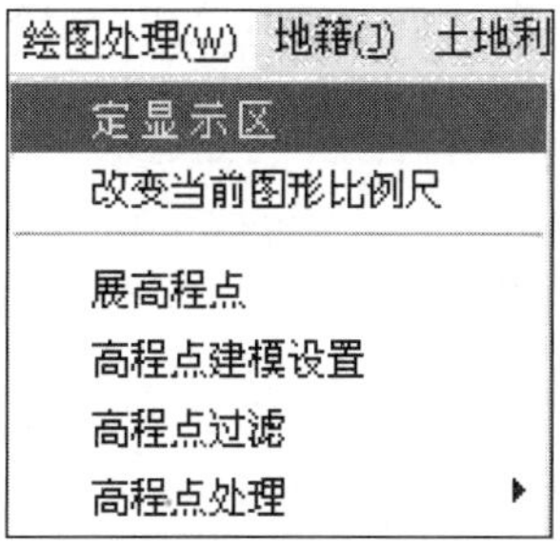

图 5-17-5　定显示区

(2)选择测点点号定位。在屏幕右侧菜单选择“坐标定位\点号定位”,再在文件对话框中输入对应的坐标数据文件名,此时底部命令区会提示读点个数。

(3)展点。单击“绘图处理”,在下拉菜单中选择“展野外测点点号”,再在文件对话框中输入对应的坐标数据文件名。完成上述操作,在底部命令栏输入比例尺分母,便可在屏幕上展出野外测点的点号。

(4)绘平面图。根据外业草图,在屏幕右侧菜单按分类选择相应的图式符号,再在屏幕上将平面图绘出来。

(5)绘等高线。选择“绘图处理”下拉菜单中的“展高程点”,将会弹出数据文件对话框,找到对应的坐标数据文件,按“确定”,命令区提示“注记高程点的距离(米):”。直接回车,表示不对高程点注记进行取舍,全部展出。

选择“等高线”下拉菜单中的“建立 DTM”,弹出“建立 DTM”对话框(图 5-17-6)。根据需要选择建立 DTM 的方式和坐标数据文件,然后选择建模过程是否考虑陡坎和地性线,单击“确定”按钮,生成 DTM 模型(图 5-17-7)。

选择“等高线”下拉菜单中的“绘制等高线”,弹出“绘制等值线”对话框(图 5-17-8)。输入等高距、选择拟合方式后单击“确定”按钮,系统会马上绘制出等高线。再选择“等高线”下拉菜单中的“删三角网”,等高线如图 5-17-9 所示。

选择“等高线”下拉菜单中“等高线修剪”子菜单里的“批量修剪等高线”,进入“等高线修剪”对话框。在该对话框中,选择“建筑物”,CASS 软件将自动搜寻穿过建筑物的等高线并将其进行整饰;选择“切除穿高程注记等高线”,CASS 软件将自动搜寻,把等高线穿过注记的部分切除。也可以手动进行等高线的修剪。

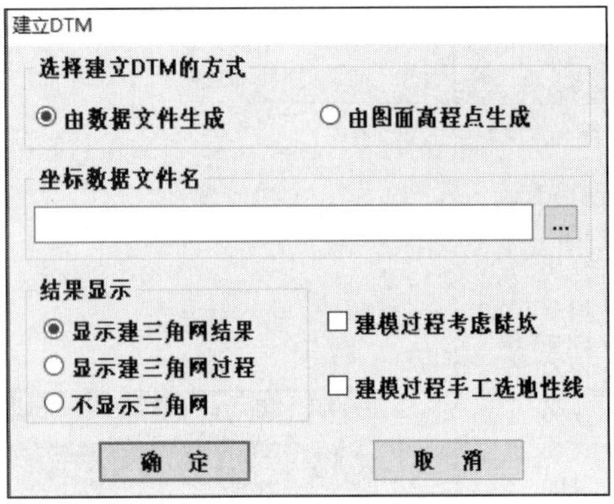

图 5-17-6 建立 DTM

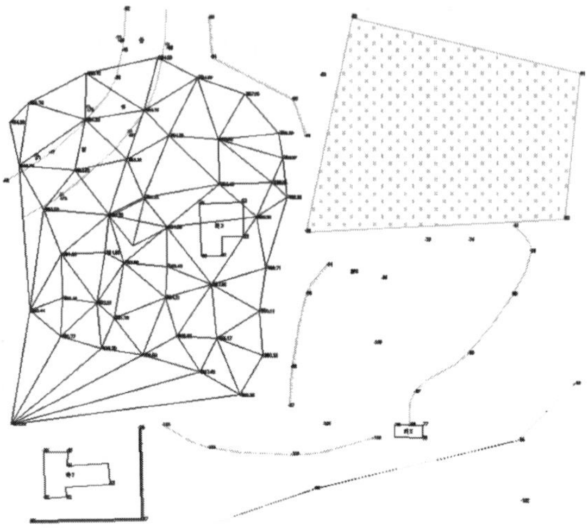

图 5-17-7 DTM 模型

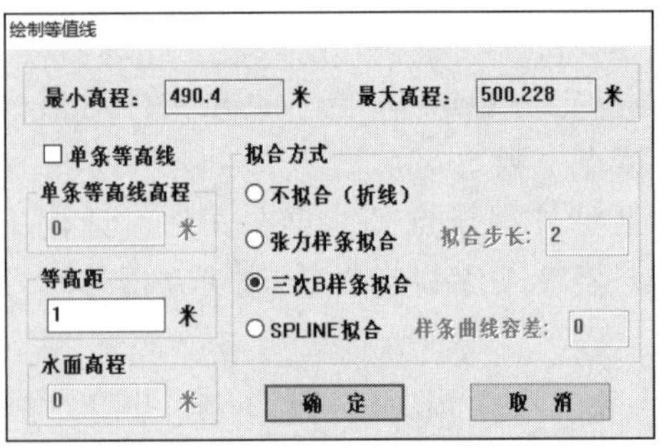

图 5-17-8 绘制等值线

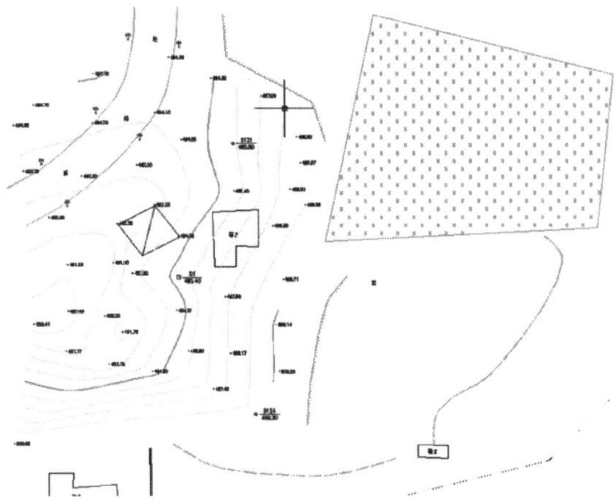

图 5-17-9 绘制等高线

(6)加注记。在地名、湖泊、道路等地物上加注记。选择屏幕右侧菜单中的“文字注记\通用注记”,弹出如图 5-17-10 所示的“文字注记信息”对话框。

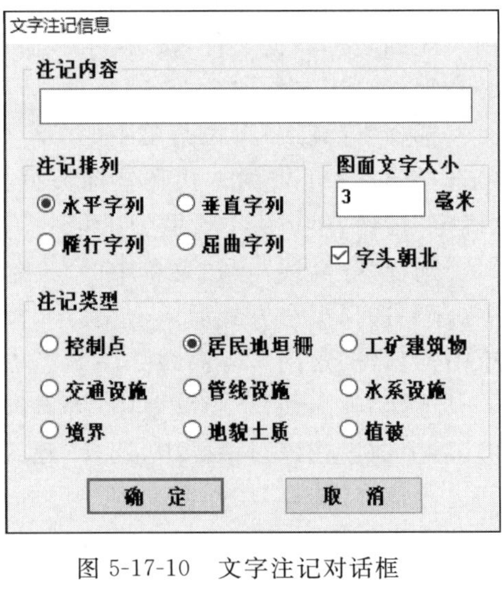

图 5-17-10 文字注记对话框

(7)加图框。选择“绘图处理”下拉菜单中的“标准图幅(50×50)”,弹出如图 5-17-11 所示的“图幅整饰”对话框。在“图名”一栏输入测图名称;在“左下角坐标”的“东”“北”栏内分别输入图幅西南角点 Y、X 的坐标值,或单击右边的图片标记,在图上单击选择图纸西南角点;在“删除图框外实体”一栏前勾选“√”。按“确认”按钮后,一幅图就做好了,如图 5-17-12 所示。

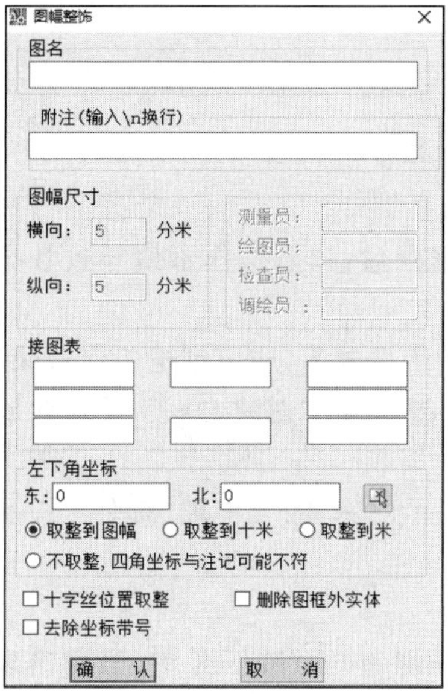

图 5-17-11　图幅整饰

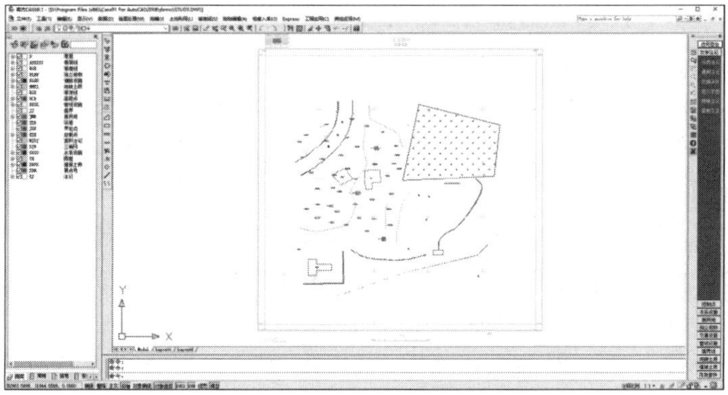

图 5-17-12　加图框

(8)绘图输出。选择“文件”菜单下的“绘图输出\打印”，进入如图 5-17-13 所示“打印-Model”对话框。选好图纸尺寸、图纸方向后，在“打印范围”下拉菜单中选择“窗口”，用鼠标圈定绘图范围。设好“打印比例”，通过“部分预览”和“全部预览”查看出图效果，满意后单击“确定”按钮，进行绘图，得到打印图纸。

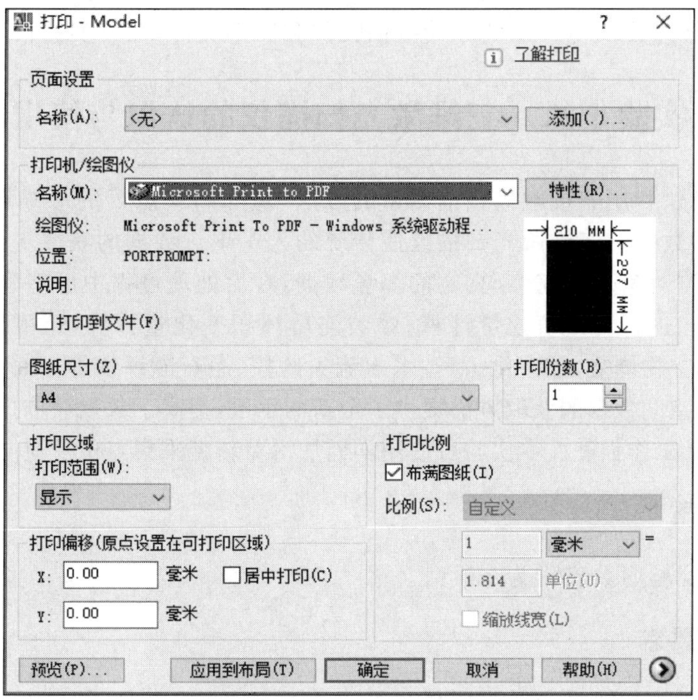

图 5-17-13　用绘图仪出图

五、注意事项

(1)使用全站仪时,应严格遵守操作规程,注意爱护仪器。

(2)外业数据采集后,应及时将全站仪数据导出至计算机中并备份。

(3)用数据电缆连接全站仪和电脑时,应注意正确的连接方法。

(4)注意进行保存,即使在操作过程中也要不断地进行数据存盘,以防操作不慎导致数据丢失。

(5)做图时,最好不要把数据文件或图形保存在 CASS 或其子目录下,应该创建工作目录。例如,在 C 盘根目录下创建 DATA 目录存放数据文件,在 C 盘根目录下创建 DWG 目录存放图形文件。

(6)在执行各项命令时,每一步都要注意看下部命令区的提示。例如:当出现"命令:"提示时,要输入新的命令;出现"选择对象:"提示时,要选择对象。

(7)当一个命令未执行完时最好不要执行另一个命令。

(8)若要强行终止命令,可按键盘左上角的 Esc 键或按 Ctrl 键的同时按下 C 键,直到出现"命令:"提示为止。

(9)有些命令有多种执行途径,可根据自己的喜好灵活选用快捷工具、下拉菜单或命令行。

(10)图幅整饰按《国家基本比例尺地图图式　第 1 部分:1∶500 1∶1 000 1∶2 000 地形图图式》(GB/T 20257.1—2017)的规定执行。

六、上交资料

实验结束后,各组提交电子版的原始数据文件和图形文件,测量实验报告见附录一。

实验十八　三维激光扫描仪的认识与使用

三维激光扫描仪利用非接触式扫描测量的方法,以阵列式点云的形式获取地形或复杂物体表面的三维空间数据。三维激光扫描仪使传统的人工单点数据的获取变为连续自动地获取点云数据,得到观测对象表面完整、真实的海量数据,在后处理过程中可精确地进行逆向建模、构建三维地型模型、进行土方填挖量计算、爆破前后体积变化量计算,还可应用于地质层彩色扫描、露天矿测量、文物修复、数字化工厂、水土流失监控、泥石流评估等方面。三维激光扫描技术的发展为人们在空间数据的获取方面提供了全新的手段,提高了数据获取速度,减小了成本投入,降低了外业测量工作强度。本实验可使同学们加深对新型采集点位及逆向建模手段的认识。

一、实验性质

验证性实验,实验时数安排为 2 学时。

二、目的和要求

(1)了解三维激光扫描系统的组成。

(2)了解三维激光扫描仪的作业方法。

(3)了解三维激光扫描数据的处理过程。

三、仪器和工具

ILRIS-3D 扫描仪 1 套、已充电电池 1 组、笔记本电脑 1 台、数据传输电缆 1 根、ILRIS-CD 光盘、USB 存储设备 1 个。

四、方法步骤

(一)内业准备工作

(1)在笔记本电脑上安装控制器。

(2)安装 ILRIS 解析器。

(3)安装 PolyWorks(第三方软件)。

(二)外业操作

(1)在测量现场安装 ILRIS 扫描器的三脚架,架设扫描仪主机,用电缆连接主机及笔记本电脑。

(2)在笔记本电脑上配置电脑网络设置。

(3)启动电脑控制器。

(4)建立 ILRIS 扫描仪和 ILRIS 操作界面之间的通信。

(5)执行现场地理坐标参照(后方交会或后视)。

(6)定义一个或多个关注区(region of interest,ROI),并设置扫描参数。

(7)在三脚架上进行扫描。

(8)显示扫描过程,当扫描了所有关注区时停止扫描。

(三)数据处理

(1)打开在指定文件中自动生成的 Libriry1 文件夹中的“×××1. Pf”数据文件,对数据进行清理、保存。

(2)同上打开 Libriry2 文件夹中的“×××2. Pf”数据文件,对数据进行清理、保存。

(3)打开笔记本电脑桌面上的 PolyWorks 图标,进入模拟模块工作状态,默认配置参数。

(4)设置两个窗口,分别调入已清理过的“×××1. Pf”与“×××2. Pf”数据文件,在显示的图形中选择 3 个及 3 个以上的同名点,进行初步拼接。

(5)设置匹配点的百分比(如 4 对应 25%)参与计算,进行迭代,形成拼接后的图形模型,并给出均值及标准差等参数。

(6)生成的新的图形模型文件自动存入默认的工程项目文件中。

五、注意事项

(1)架设仪器时,一定要注意仪器安全。

(2)扫描速度与设置的转角步长有关,较大的转角步长可能使速度加快,但精度下降。

(3)因 ILRIS-3D 扫描仪属于静态扫描,故与笔记本电脑联机时需输入静态 IP 地址。

(4)扫描数据存在阴影、玻璃透光造成的图形空洞,应在后处理中进行完善。

六、上交资料

实验结束后,将测量实验报告以小组为单位装订成册上交,测量实验报告见附录一。

实验十九　探地雷达的认识与使用

地下管线探测是测绘工程中重要的工作。探地雷达是用来进行地下管线探测的主要设备。探地雷达通过发射天线向地下发射高频电磁波,通过接收天线接收反射回波,电磁波在地下介质中传播时遇到存在电性差异的分界面时发生反射,根据接收到的电磁波的波形、振幅强度和时间的变化等特征推断地下介质的空间位置、结构、形态和埋藏深度。利用探地雷达可以观测地下几乎所有的管线和异常体,并通过数字信号处理器分析获取的影像图,提供深度信息。本实验可使同学们对地下工程测量的仪器和方法建立感性认识。

一、实验性质

演示性实验,实验时数安排为 1～2 学时。

二、目的和要求

(1)了解探地雷达工作的基本原理。
(2)了解探地雷达系统的基本组成。
(3)初步掌握探地雷达的操作方法。

三、仪器和工具

(1)探地雷达系统 1 套、笔记本电脑 1 台、USB 存储设备 1 个。
(2)自备:铅笔、记录纸。

四、方法步骤

(1)指导教师在探测现场介绍探地雷达系统的工作原理和使用方法及注意事项,并分配扫描区域。
(2)在教师指导下,组装探地雷达。
(3)讲述探地雷达显示单元操作键的位置及功能。
(4)在显示单元上对当前时间、日期等项目进行设置。
(5)将组装好的探地雷达推至指定位置后,按照给定的方向推动雷达小车进行数据采集。
(6)在规定的不同位置上,截图,插旗并标志编号。
(7)数据采集完成后,将图形数据导入 U 盘中。
(8)以上工作完成后,退出扫描和图像设置界面。
(9)数据查看。U 盘中保存的数据可以利用计算机操作系统的文档视图显示框架,可以多种显示模式查看数据,包括线扫描数据灰度显示、波形图堆叠显示(波形图堆叠显示可调节波幅比例、道间距及累积平均等参数,以实现不同的显示效果)、线扫描灰度加波形图、振幅图,以及数据的三维切片显示。

五、注意事项

(1)外部静电放电可能引发临时故障,如果发生此情况应先关机,等待片刻后再重新开机。

如果设备仍存在故障，拆下电池等待 10 s，再装入电池，重新开机。

(2)操作过程中要轻手慢动，不要慌乱。

(3)不能在可能存在有害气体的区域中停留或施测。

(4)在任何系统里，连接部分都比较脆弱。在恶劣、尘土飞扬及户外环境中使用应合理保养线缆和连接器，减少潜在的停机时间。

(5)电缆和连接器不能用来支撑、拖拽或搬运系统。不使用时，需要放置于储存箱内。

六、上交资料

实验结束后，将扫描打印成果及测量实验报告以小组为单位装订成册上交，测量实验报告见附录一。

实验二十　地形剖面测量

地形剖面测量是沿选定的野外地质观察路线逐尺测量、综合观察、真实描述客观地质体和地质现象，并绘制剖面图的过程，通常是沿着给定的勘探线方向进行的。剖面测量的内容是测定方向线上的剖面点(如钻孔、探井等勘探工程点，以及地质点、地物点、地形特征点)的位置，并按比例尺展绘成地质剖面图。地形剖面测量的目的是了解地层层序、地层和岩层的厚度、岩性特征、标志层及地质构造形态等。本实验可使同学们掌握野外实测地形剖面图的全过程，为解决实际工作中的问题打下基础。

一、实验性质

野外综合性实验，实验时数安排为 4 学时。

二、目的和要求

(1)了解地形剖面测量的作用、程序和方法。

(2)掌握地形剖面测量的实测及做图过程。

三、仪器和工具

(1)经纬仪(或全站仪)1 套、钢卷尺 1 把、花杆 2 根(或单棱镜 1 套)、木桩 6～8 根、榔头 1 把、记录板 1 块、图板 1 块、绘图格网纸 1 张。

(2)自备：铅笔、计算器、橡皮、三角板等绘图工具。

四、方法步骤

(一)成图方法

1. 展开法

展开法常用于导线方位稳定，没有或很少有转折的情况。该情况下，导线方位即剖面基本方位，因此可直接根据导线测量的地面斜距和坡角(+/−)，把各段导线连续画出，连续画出的导线为地形轮廓线，呈折线状。再根据剖面图所提供的实际地貌细节，绘出地形剖面图，将各导线上的地质点、分层点标出，按岩层倾角大小画层，并以岩性花纹表示，整饰后图面如

图 5-20-1 所示。

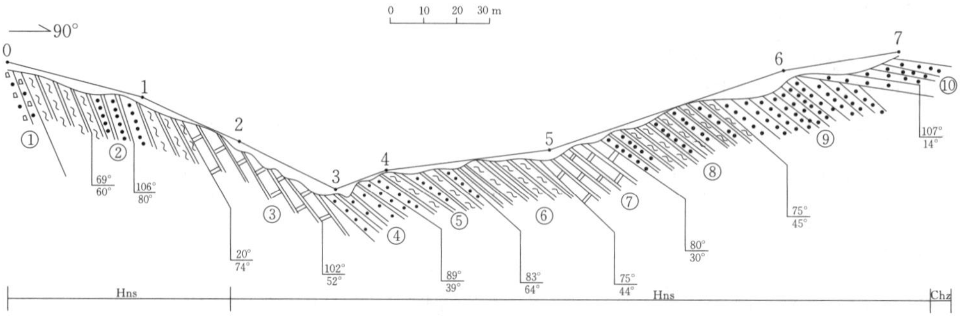

图 5-20-1 展开法做实测地质剖面图

2. 投影法

投影法适用于导线方位变化较大的情况。该方法是首先将实测的导线点、岩性分界点、地层界限点、岩层产状、断层、岩体界线点等垂直投影到水平面上,然后再投影到重新确定的剖面总方向线上,最后绘制剖面图,如图 5-20-2 所示。

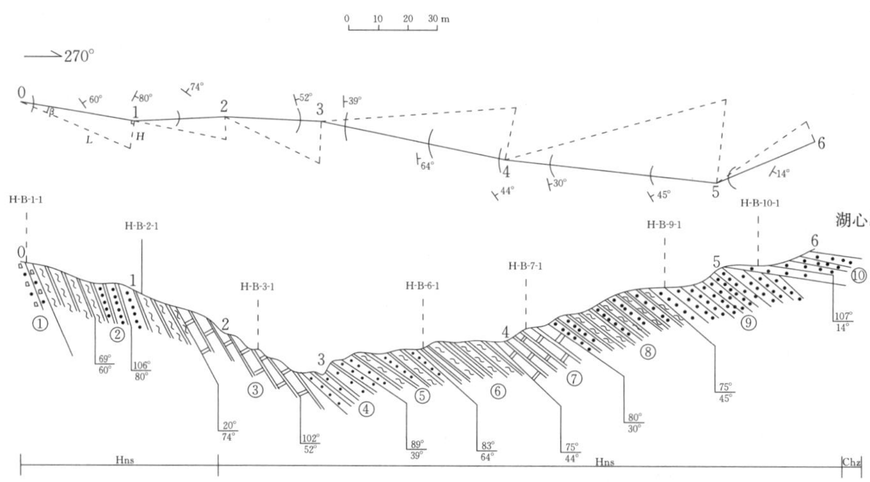

图 5-20-2 投影法做实测地质剖面图

(二)实验方法与步骤

1. 现场布置

指导教师在现场进行布置,给出剖面线两端点及周围控制点的已知坐标,如图 5-20-3 所示,1 号和 7 号点位于剖面线两端点,A、B、C、D 为控制点。

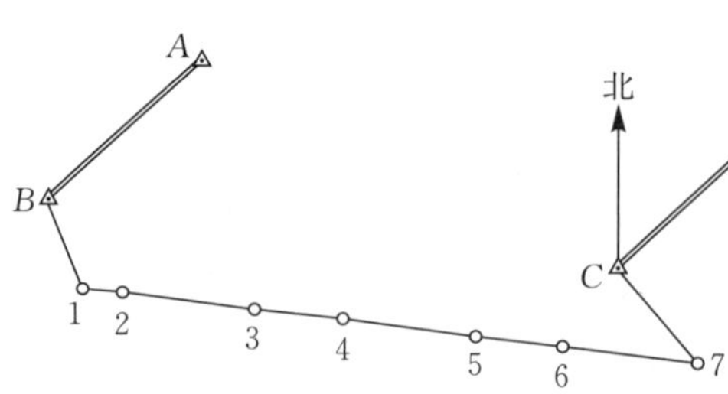

图 5-20-3 投影法现场点位布置示意

2. 剖面定线

(1)计算测设数据。根据剖面线端点1和7的坐标反算剖面线17的方位角α_{17}和α_{71}。

(2)标定剖面线端点。在B点和C点上安置全站仪,分别后视A点和D点,在地面上放样出1和7两端点,钉木桩,在桩顶画十字做好标记。

3. 剖面测量

(1)将全站仪安置在剖面线端点1上,后视B点,水平度盘设置为1点到B点的方位角α_{1B},转动照准部,使水平度盘读数为剖面线方位角α_{17}的读数,此时望远镜的视准轴方向即为剖面线方向。

(2)沿剖面线用极坐标方法测出地形坡度变化点、地质工程点、地物点、地质点的三维坐标,最后定出第二个测站点2,钉木桩。

(3)在第二个测站点安置仪器,后视1号点,纵转望远镜,再继续测出各种特征点的三维坐标。

4. 做图

(1)在方格纸上选定一水平线作为横坐标轴,根据各点间的反算水平距离,按规定比例尺标出各点。

(2)在各点上做垂线,按各点的高程在垂线上定出各剖面点的位置(比例尺同水平距离相同)。

(3)用光滑的曲线依次连接各剖面点,即得剖面图。

五、注意事项

(1)测量地形剖面时,棱镜的点位和点位密度取决于地质属性的变化和测量方向地形的变化,或者由地质工作人员指定。

(2)在测量地形剖面时,如果有的点位不通视,可以转站采用支导线的形式进行测量或灵活合理选择,但要注意检核。

(3)地形剖面测量也可以采用效率更高的RTK方式进行。

(4)剖面图的绘制也可以采用成图软件绘制。

六、上交资料

实验结束后,将测量实验报告以小组为单位装订成册上交,测量实验报告见附录一。

实验二十一 无人机倾斜摄影测量

倾斜摄影测量是基于无人机上搭载的相机,从垂直与倾斜5个不同的角度获取地物地貌空间地理及纹理等相关信息。本实验通过现场踏勘、像控点布设及测量、无人机组装、航线规划及飞行采集,使同学们熟悉无人机倾斜摄影测量数据采集。

一、实验性质

综合性实验,实验时数安排为2~3学时。

二、目的和要求

(1)了解无人机的基本构造和性能,掌握无人机操作方法。

(2)掌握无人机航线规划。

(3)掌握无人机三维倾斜摄影测量数据采集过程。

三、仪器和工具

无人机 RTK 设备 1 套。

四、方法步骤

(1)仪器介绍。指导教师现场通过演示讲解无人机的构造、组装及操作方法。

(2)现场踏勘,进行像控点布设,使用网络 RTK 进行像控点测量。

(3)认识仪器。对照实物正确说出仪器的组成部分,各组成部分的名称及作用。

(4)飞行准备。见第四章第五节中“飞行准备”内容。

(5)飞行。见第四章第五节中“飞行”内容。

(6)飞行航线设计。以高德影像地图为底图设定飞行范围,进入设置参数界面进行航高设定(确保最低安全高度及影像分辨率),飞行速度,航向、旁向重叠率,拍摄模式,相机设置。

(7)执行测绘作业。无人机按照设定的航高、航向和旁向重叠率和镜头倾斜角进行 5 条航线自动航拍作业,任务结束后自动返航至起飞点。

(8)影像数据导出与质量检查。

五、注意事项

(1)作业前应查询飞行区域空管安全信息。

(2)无人机起飞前应检查螺旋桨是否安装牢固,桨叶是否老化或破损。

(3)无人机打开电源前先打开无人机遥控器开关,停飞后先关掉无人机电源再关掉无人机遥控器开关。

(4)作业前一定要试飞 30 s,目测无人机是否正常。

(5)起飞时和降落时无人机离人保持 5 m 以上的距离。

(6)至少布设 5 个像控点,2 个检查点。

六、上交资料

实验结束后,将测量实验报告以小组为单位装订成册上交,测量实验报告见附录一。

实验二十二　倾斜摄影测量数据处理

倾斜摄影测量数据处理是通过后期建模软件进行实景重建,生产出高精度实景模型,为数字城市建设提供载体,为数字化测图提供高精度的模型。本实验可使同学们熟悉影像匹配、空中三角测量计算、密集匹配、三角网构建和纹理映射 5 个三维实景模型制作过程。

一、实验性质

验证性实验，实验时数安排为 2～3 学时。

二、目的和要求

(1)掌握建模软件使用方法。

(2)了解无人机三维倾斜摄影测量建模的原理。

(3)掌握无人机三维倾斜摄影测量建模的内业操作过程及建模后精度的评定。

三、仪器和工具

电脑 1 台、三维建模软件 ContextCapture 1 套。

四、方法步骤

(1)软件演示。指导教师现场演示三维建模软件 ContextCapture 使用。

(2)原始资料整理。资料包括航拍影像照片、像控点大地坐标文件、飞控参数设置记录及像控点布设时点位照片。

(3)新建项目。运行软件，建立工程项目。添加航拍照片，并自检像片是否缺失。

(4)空中三角测量。先启动空三运算引擎软件进行自由网空三处理。然后，打开添加控制点窗口，找到相应的像控点照片(至少有相邻的 3 张)。准确刺点并输入外业 GNSS-RTK 测量的大地坐标，并对投影带相关参数进行设置。最后，进行绝对网空三处理和精度结果评定。

(5)实景建模。先进行自动密集匹配，再构建不规则三角网(TIN)模型，首先生成白模，然后生成三维纹理映射，最后自动生产真三维模型。

五、注意事项

(1)每个像控点里的每个镜头最少刺 5 张，5 个镜头最少刺 25 张。内业像片刺点时一定要准确，相应的坐标值输入确保无误。

(2)模型格式为 OSGB，数据分块大小为 16 GB。

(3)进行精度结果评定时，要求每个像控点的重投影误差小于 1 像元。

(4)三维模型的坐标系应与像控点坐标系保持一致。

(5)进行自由网空三处理时，连接点参数应设置为“compute”；进行绝对网空三处理时，连接点参数应设置为“keep”。

六、上交资料

实验结束后，将测量实验报告以小组为单位装订成册上交，测量实验报告见附录一。

实验二十三　无人船水下地形测量

无人船水下地形测量是基于遥测的无人船搭载测深仪、传感器等设备配合 GNSS 定位和数据采集、导航、后处理软件进行水下地形数据采集及数据处理，最终得到水下地形测量成果的过程。本实验通过现场踏勘、无人船组装、计划航线规划及水深数据采集,使同学们了解并熟悉无人船水下地形数据采集方法。

一、实验性质

综合性实验,实验时数安排为2～3学时。

二、目的和要求

(1)了解自动无人船的基本构造和性能,掌握无人船遥控操作方法。

(2)掌握自动无人船计划线设计。

(3)掌握自动无人船水下地形测量。

三、仪器和工具

自动无人船RTK设备1套。

四、方法步骤

(1)仪器介绍。指导教师现场通过演示讲解自动无人船的构造、组装及操作方法。

(2)现场踏勘。结合现场踏勘情况,若遇有渔栅栏、渔网、孤岛等阻隔,则应对计划测线进行相应的微调以完成最终的布设。

(3)认识仪器。对照实物正确说出仪器的组成部分,各组成部分的名称及作用。

(4)无人船参数设置。见第四章第六节中"BS3无人测量船设置"内容。

(5)计划测线设计。利用测区最新遥感影像进行计划线初始布设,结合现场踏勘情况对计划测线进行相应的微调,以完成最终的布设。在设置参数界面进行主测深线、船行速度、测线点间距、相邻测线间距、检查线条数的设定。

(6)执行测绘作业。无人船按照设定的船行方向、测线点间距、相邻测线间距自动进行水下地形测量作业,任务结束后自动返航至起点。

(7)水深数据导出与质量检查。

五、注意事项

(1)若没有参数,则可直接将点检验结果输入点平移中,且只需要保证测深测量中的坐标和高程正确。

(2)通信方式为电脑或平板通过Wi-Fi与遥控器连接从而实现数据通信。为保证数据质量,遥控器不能距离电脑或平板设备太远。

(3)测量时注意水深正确性和固定解。

(4)一定先把参数输入完成再导入DXF格式文件。

(5)在测深开始前,作业员通过岸基测深软件测量状态栏查看船只停靠处的水深读数及水面高程读数,并与人工实测数据进行对比,确保无误。

(6)所有测深任务完成后,再对水深读数及水面高程读数进行比对,确保测深数据可靠。

六、上交资料

实验结束后,将测量实验报告以小组为单位装订成册上交,测量实验报告见附录一。

实验二十四　激光铅垂仪与激光扫平仪的认识和使用

在高层建筑施工及隧道施工中，采用激光铅垂仪投测轴线可获得很好效果。在工程中常常需要确定一个平面，如港口中的道路、堆场、广场、码头面层、机场，激光扫平仪可在瞬间建立起大范围的平面、直立面、倾斜的基准面，为施工、建筑、装潢提供基准面或线。

激光铅垂仪是指借助仪器中安置的高灵敏度管状水准器或水银盘反射系统，将激光束导至铅垂方向用于进行竖向准直的一种工程测量仪器。

激光扫平仪是在快速旋转轴的带动下使可视激光点（一般有红光和绿光）扫出同一水准高度的光线，从而便于工程人员定位水准高度的一种仪器。

本实验通过对激光铅垂仪及激光扫平仪的认识和使用，使同学们熟悉轴线投测及确定平面的常规仪器、附件、工具，掌握激光铅垂仪及扫平仪的使用方法。

一、实验性质

验证性实验，实验时数安排为 1 学时。

二、目的和要求

（1）了解激光铅垂仪及激光扫平仪的基本构造和性能，以及各螺旋的名称及作用，掌握使用方法。

（2）了解接受靶的构造和作用。

（3）练习激光铅垂仪及激光扫平仪的安置和使用的方法。

三、仪器和工具

（1）激光铅垂仪 1 台、激光扫平仪 1 台、三脚架 1 副、接受靶 2 个。

（2）自备：记号笔、草稿纸。

四、方法步骤

（1）仪器介绍。指导教师现场通过演示讲解激光铅垂仪及激光扫平仪的构造、安置及使用方法。

（2）选择场地架设仪器。从仪器箱中取激光铅垂仪时，注意仪器装箱位置，以便用后装箱。

（3）认识仪器。对照实物正确说出仪器的组成部分，各螺旋的名称及作用。

（4）使用激光铅垂仪投测轴线的方法如下。

——在首层轴线控制点上安置激光铅垂仪，利用激光器底端（全反射棱镜端）所发射的激光束进行对中，通过调节基座整平螺旋，使管状水准器气泡严格居中。

——在上层施工楼面预留孔处，放置接受靶。

——接通激光电源，启动激光器发射铅直激光束。通过发射望远镜调焦，使激光束会聚成红色耀目光斑，投射到接受靶上。

——移动接受靶，使靶心与红色光斑重合，固定接受靶，并在预留孔四周作出标记。此时，靶心位置即为轴线控制点在该楼面上的投测点。

(5)使用激光扫平仪,步骤如下。

——安置仪器。水平扫描时,将仪器置于脚架上,仪器基本竖直,倾斜度不超过±5°;竖直扫描时,借助横卧基座,将仪器置于脚架上。调节脚架或横卧基座上的水平调节螺旋,使控制面板上的圆水泡居中。

——开机,电源指示灯亮,自动安平功能启动。

——观察安平指示。当完成自动安平后,自动安平指示灯亮,同时激光束发出,旋转头按约 300 r/min 右旋。

——旋转状态调节。使用控制面板上的相关功能键,可改变旋转头的旋转速度和方向。

——按照指导教师要求,进行水平面及铅垂面扫平。

五、注意事项

(1)平时预留孔洞应用盖板封堵,防止坠物伤人。

(2)激光铅垂仪支放后,在其上方设挡板,防止坠物损害仪器,挡板在使用时方可撤除。

(3)结构封顶后,预留孔洞加筋与边口剔出钢筋焊接后浇灌混凝土封堵。

(4)选择投影点时尽量使两投影点的距离加长。

(5)地面投影点的标志应注意保护,以免在操作时碰动。

(6)激光铅垂仪在使用之前必须进行严格检验和校正。

(7)同时用两台激光铅垂仪,且与全站仪的基座一致。当地面的观测工作全部完成并转移到井下时,只需要将基座上的激光铅垂仪换上全站仪稍加整平即可观测。这样可以减少对中误差,有利于提高测角精度。

(8)禁止坐在仪器箱上。

(9)发现异常问题应及时向指导教师汇报,不得自行处理。

六、上交资料

实验结束后,将测量实验报告以小组为单位装订成册上交,测量实验报告见附录一。

实验二十五　多源遥感影像的融合

多源遥感数据融合就是将不同类型传感器获取的同一地区的影像数据进行空间配准,再采用一定算法将各影像的优点或互补性有机结合起来,产生新影像的技术。图像融合可以提高多光谱遥感影像空间分辨率、改善配准精度、增强特征、改善分类。对多时相图像,该方法可用于变化检测,替代或修补图像的缺陷。本实验通过多种遥感数据融合技术实验,使同学们熟悉多源遥感数据融合的方法与过程,了解多源影像数据优势。

一、实验性质

验证性实验,实验时数安排为 1~2 学时。

二、目的与要求

(1)掌握多源遥感影像融合的原理方法。

(2)掌握多源遥感影像融合的主要过程。

(3)熟练掌握遥感影像软件关于数据融合的性能和操作。

(4)要求采用多种遥感数据融合的方法,如比值变换(Brovey 变换)、主成分分析(principal component analysis,PCA),实现 TM 影像和 SPOT 影像的数据融合。

(5)要求对遥感影像融合效果进行评价,并分析不同融合方法的特点。

三、仪器和工具

计算机 1 台,遥感影像处理软件 1 套。

四、方法步骤

(1)数据获取。获取同一地区多源遥感影像,如全色高分辨率影像与多光谱影像。

(2)数据预处理。多源遥感影像预处理包括几何纠正和多源图像精确配准等。

(3)数据载入。本实验讲解采用 ENVI 软件,载入需要融合的多源遥感影像数据。

(4)选择融合方法。以 Brovey 变换为例,在主菜单中选择"Transform(图像变换)\Image Sharpening(图像锐化)\Color Normalized (Brovey)(比值变换)",再根据提示从可用波段列表和 Display(显示)窗口中选择多光谱影像和单波段全色影像。

(5)选择重采样方法。在"Pan Sharpening Parameters"(图像锐化参数)选择框中,选择传感器类型(Sensor)、重采样方法(Resampling)、输出格式和输入文件路径及文件名等参数,输出融合结果。

(6)融合效果评价。通过主观评价和客观评价对不同的融合方法进行对比分析。客观评价指标包括反映亮度信息的均值,反映空间信息的标准差、信息熵、平均梯度等,反映光谱信息量的扭曲度、偏差指数,反映相关类评价参数的相关系数、Q 值等。

(7)采用上述步骤,实验亮度/色调/饱和度(IHS)变换、主成分分析(PCA)变换、格拉姆-施密特(Gram-Schmidt)变换等融合方法,并对不同融合方法进行比较分析。

五、Brovey 变换融合方法

以 Brovey 变换步骤为例,其操作过程如下。

(1)打开需要进行处理的两个文件,将低分辨率多光谱影像显示在 Display(显示)窗口中,如图 5-25-1 所示。

图 5-25-1 打开融合图像

(2)在主菜单中选择"Transform(图像变换)\Image Sharpening(图像锐化)\Color Normalized(Brovey)(比值变换)",在"Select Input RGB"(选择红绿蓝波段)对话框中,有两种选择方式:从可用波段列表中选择和从 Display(显示)窗口中选择。前者要求波段必须为无符号 8 bit。

(3)在显示窗口中选择"R""G""B"通道对应的波段,单击"OK"按钮,进入如图 5-25-2

所示界面。

(4)在输出面板中,选择重采样方式和输入文件路径及文件名,单击“OK”按钮输出结果,如图 5-25-3 所示。

图 5-25-2 选择对应波段

图 5-25-3 输出结果

六、Gram-Schmidt 变换融合方法

(1)打开 ENVI,选择主菜单中的“File(文件)\Open(打开)”,打开需要进行融合操作的两个图像文件,实验采用如图 5-25-4 所示的全色影像及和如图 5-25-5 所示多光谱影像。

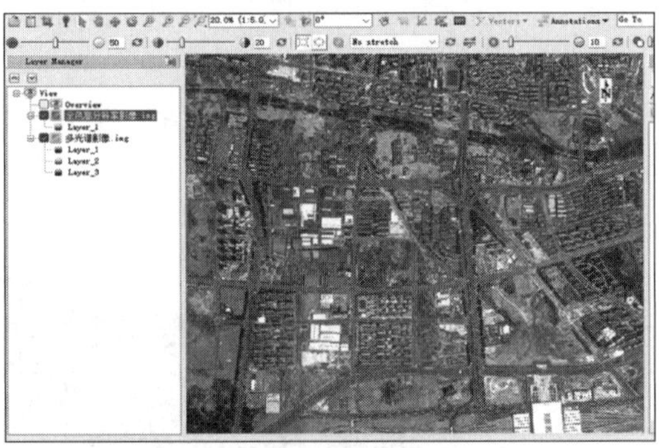

图 5-25-4 全色影像

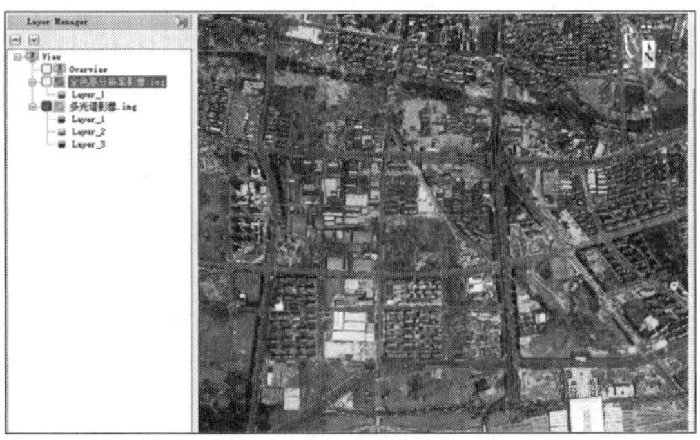

图 5-25-5 多光谱影像

(2)在 ENVI 界面右侧的工具箱内,选择“Image Sharpening(图像锐化)\Gram-Schmidt Pan Sharpening(格拉姆-施密特全色锐化)”,如图 5-25-6 所示。

(3)在“Select Low Spatial Resolution Multi Band Input File”(选择低分辨率多波段数据)对话框中选择低分辨率多光谱影像,如图 5-25-7 所示;在“Select High Spatial Resolution Pan Input Band”(选择高分辨率全色数据)对话框中选择高分辨率全色影像,如图 5-25-8 所示。依次完成以上操作后,单击“OK”按钮。

(4)选择重采样方法和输入路径及文件名,在“Pan Sharpening Parameters”(图像锐化参数)选择框中,选择“Sensor”(传感器类型)为“Unknown”(未知),“Resampling”(重采样方法)为“Cubic Convolution”(三次卷积),输出格式为 ENVI,如图 5-25-9 所示。单击“OK”按钮后,即可得到融合后的图像，如图 5-25-10 所示。

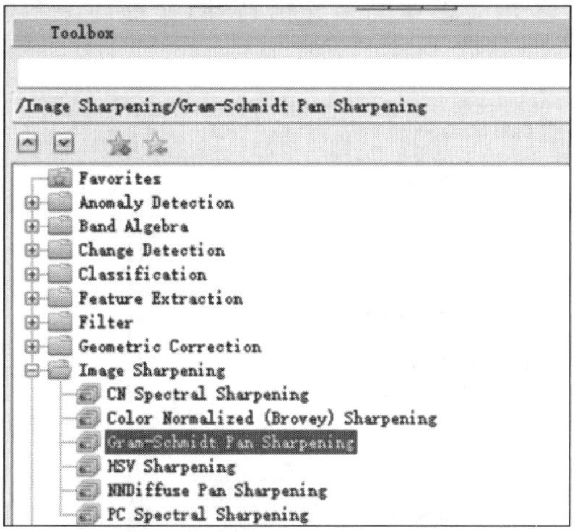

图 5-25-6　选择 Gram-Schmidt 变换

图 5-25-7　选择低分辨率多光谱影像

图 5-25-8　选择高分辨率单波段全色影像

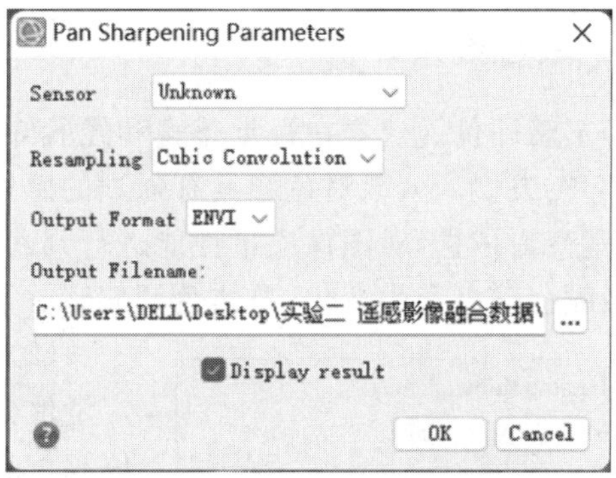

图 5-25-9　输出为 ENVI 格式

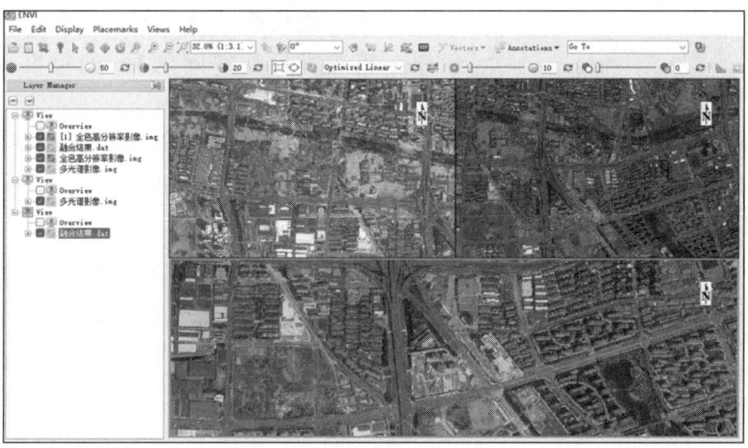

图 5-25-10　融合后的图像

在主菜单中单击"File(文件)\Data Manager(数据管理器)"可以查看融合后图像的信息,如图 5-25-11 所示。此时,融合后图像既保留了多光谱影像的多光谱特性,又提高了图像的空间分辨率。

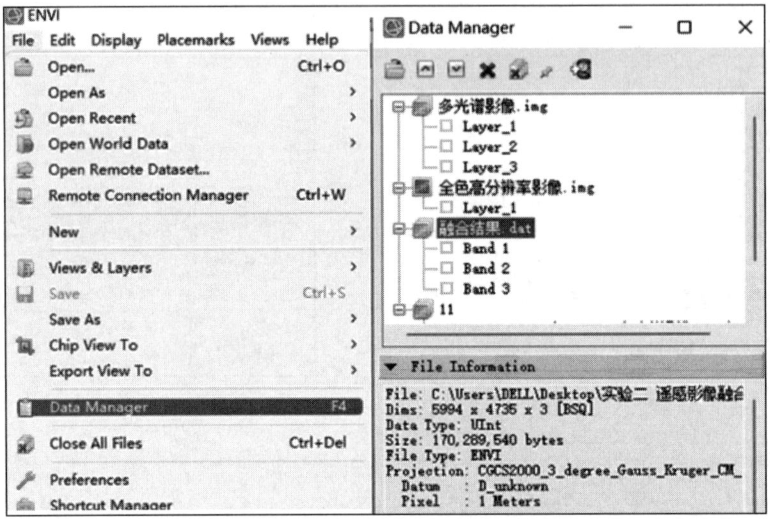

图 5-25-11 融合后的图像信息

七、融合效果评价

(1)主观评价。建立在视觉感官和经验知识的基础上,直观简洁,但不具备客观性,评价结果可能存在失误。人眼对色彩具有强烈的感知力,是定量化评价无法比拟的,因此主观评价是以人眼观察为依据,对图像质量性能进行判断。通过人眼,可以观察到合成后图像的边缘被锐化,图像颜色信息产生变化,总体色调偏暗。

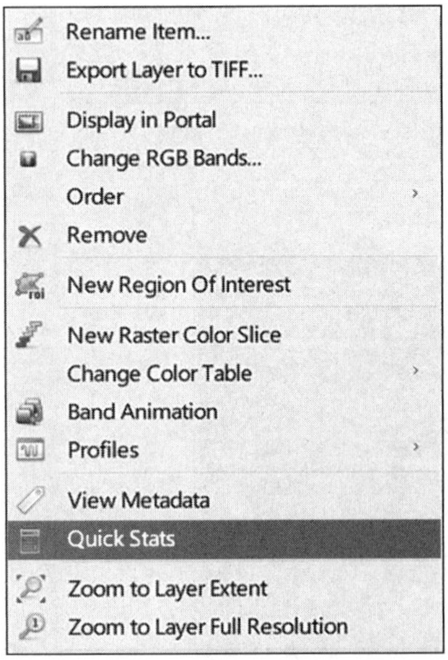

图 5-25-12 统计均值和标准差

(2)客观评价。客观评价是一种基于图像统计特征,定量地分析处理图像的方法。使用输入输出图像的统计值和信息量,可以充分地客观量化图像的属性。

客观评价指标主要分为四大类。

——第一类反映亮度信息,如均值。

——第二类反映空间信息,如标准差、信息熵、平均梯度。

——第三类反映光谱信息量,如扭曲度、偏差指数。

——第四类反映相关类评价参数,表示两幅图像的关联程度,如相关系数。

均值和标准差可以使用 ENVI 自带的统计功能进行查看,在图层列表上右键选择"Quick Stats"(快速统计)(图 5-25-12),单击打开,即可查看图像的均值和标准差,统计结果如表 5-25-1 所示。

表 5-25-1　图像的均值和标准差

影像类别	波段	均值	标准差
多光谱影像	1(R)	96.629 94	35.474 610
	2(G)	90.068 642	34.353 967
	3(B)	93.749 548	32.822 637
全色影像	1	127.472 314	46.596 052
融合后图像（Gram-Schmidt 变换）	1(R)	96.114 688	37.625 629
	2(G)	89.554 395	34.762 311
	3(B)	93.235 878	31.783 720
融合后图像（Brovey 变换）	1(R)	43.493 855	17.513 723
	2(G)	40.178 505	15.798 871
	3(B)	41.748 601	14.761 489

从数据上看，采用 Brovey 变换融合后图像的亮度与采用 Gram-Schmidt 变换融合后图像的亮度相比较低，且图像的变化程度也较低。

八、不同融合方法对比分析

遥感影像融合将不同空间或者光谱分辨率的遥感影像，按照一定的规则或算法进行处理，生成高分辨率多光谱影像，该图像具有比单一数据更精确、更丰富的信息。现将 Brovey 变换和 Gram-Schmidt 变换这两种常用融合方法进行实验对比。

(1)Brovey 变换。Brovey 变换又称彩色标准变换融合，该方法是将 RGB 图像中各波段乘以高分辨率数据与 RGB 图像波段综合的比值，然后利用最邻近、双线性或者三次卷积将三个波段重采样到高分辨率像元尺度下，获得高分辨率多光谱影像。

(2)Gram-Schmidt 变换。Gram-Schmidt 变换为光谱锐化图像融合，其步骤是首先采用光谱重采样的方法模拟产生第一分量，通过 Gram-Schmidt 变换将多光谱影像转换到正交空间中，然后利用高空间分辨率影像替换第一分量，最后通过 Gram-Schmidt 变换的反变换获得融合图像。

九、注意事项

(1)图像融合的效果依赖原始图像的质量及两幅图像的配准精度，在精度不能保证的情况下，无论采用何种融合方法和后处理措施都不能得到良好的结果。

(2)融合的目的在于集中反映多源数据的丰富信息，增强可判读性。因此，调整图像以不过多损失空间及光谱信息为主，不能以牺牲信息量为代价，而一味追求视觉效果。特别要保证各监测要素如居民点、道路、耕地、林地等能清晰显示，交叉时相融合得到的变异图斑要清晰可见。

(3)图像的质量和内容千差万别，不可能通过一种调整模式一步到位，要达到理想的效果必须使用多种模式，反复组合，逐渐趋近。

(4)融合处理是利用遥感影像实现监测的关键步骤，因此要求进行严格的质量控制，每一步必须严格把关，确保无失误和遗留问题后，方可进入下一步。每执行一次操作，均需要浏览检查整体图像，尽最大可能保证图像质量，为后续处理提供最佳的融合结果。

十、上交资料

实验结束后,各组提交电子版的原始数据文件和图形文件,将测量实验报告以小组为单位装订成册上交,测量实验报告见附录一。

实验二十六 遥感影像监督分类与信息提取

遥感影像信息提取是利用计算机对遥感影像中各类地物的光谱信息和空间信息进行分析,选择特征,将图像中每个像元按照某种规则或算法划分为不同的类别,从而获得遥感影像与实际地物的对应信息,实现遥感影像的分类。

遥感影像的监督分类是地物信息提取的重要方法之一,是基于遥感影像上样本区内地物类属的已有先验知识,以已知样本的特征作为依据,判断非样本数据类别的过程。本实验从研究区域选取有代表性的训练场地作为样本,根据已知训练区提供的样本,通过选择特征参数(如像元亮度均值、方差),建立判别函数,据此对样本像元进行分类,依据样本类别的特征来识别非样本像元的归属类别。本实验意在使同学们熟悉遥感影像监督分类过程与方法,了解如何从遥感影像中识别实际的地物类型,进而实现基于遥感影像数据源的地物信息获取。

一、实验性质

综合性实验,实验时数安排为 2～3 学时。

二、目的和要求

(1)学习和掌握遥感影像分类的基本原理、方法,明确地物分类的实际意义。

(2)掌握用 ENVI 软件对遥感影像进行监督分类的方法,并对分类结果进行定性和定量的对比分析。

(3)理解和巩固基础知识,熟悉动手操作的过程,提高综合分析问题的能力。

三、仪器和工具

计算机 1 台,ENVI 遥感影像处理软件 1 套。

四、方法步骤

(1)遥感影像数据源下载与预处理。数据下载推荐地理空间数据云、中国国家综合地球观测数据共享平台、美国地质调查局(United States Geological Survey,USGS)等网站,影像数据预处理包括辐射定标、大气校正、图像裁剪等。

(2)训练区和训练样本的选择。明确目标地物类型,通过“New Region Of Interest”(新建关注区)新建关注区,并选择训练样区;通过“Compute ROI Separability”(计算训练样本的可分离性)进行样本数据质量的评估,保存 ROI 文件。

(3)选择监督分类方法。在“Classification”(分类)\“Supervised Classification”(监督分类)下列表中选择不同的监督分类算法,以最大似然法为例,在“Maximum Likelihood Paraments”(最大似然法参数)对话框进行参数设置,并选择分类结果保存路径。

(4)监督分类结果的精度评价。通过使用真实地面的关注区(region of interest，ROI)和步骤(3)得到的分类结果计算混淆矩阵,定量地求出总精度(overall accuracy,OA)和 Kappa 系数,并判断精度是否能够满足要求。

(5)监督分类结果的后处理。对监督分类结果中存在的一些面积很小的图斑进行剔除或重新分类,包括聚类处理和最大值/最小值(majority/minority)分析,并对结果进行保存。

(6)不同监督分类方法的结果比较。重复实验,使用其他分类方法,如最小距离法、支持向量机、基于神经网络、马氏距离法、平行六面体法,进行监督分类。进行分类时使用的文件是步骤(2)中保存的 ROI 文件。对不同监督分类方法的实验结果进行评价分析。

(7)基于不同时相遥感影像的地物变化进行监测分析。采用步骤(1)至步骤(6)的方法进行不同时相(如 2015 年和 2022 年)遥感影像的监督分类,基于监督分类结果,通过"Change Detection"(变化检测)\"Change Detection Statistics"(变化检测统计)分析地物变化信息,并可通过像元、百分比、面积输出地物类型转移矩阵。

(8)制作遥感影像地物信息专题图和地物类型转移专题图,分析地物变化信息。

五、注意事项

(1)训练场地所包含的样本在种类上要与待分区域的类别一致。

(2)训练样本应在各类目标地物面积较大的中心处选取,这样才有代表性、准确性。

(3)训练样本的数目要足够多,应能够提供各类足够的信息,并克服各种偶然因素的影响。

(4)训练样本应尽可能均匀分布在整个图像上。

(5)监督分类必须以重采样后的图像为底图,否则坐标不一致。

(6)分离度越大说明计算机对两种地物的区分能力越好。训练样本中各类地物间的可分离度均需要大于 1.8,否则需要重新选择训练样本。

(7)监督分类时,需要对不同分类方法进行比较分析,选择合适研究区域的分类方法。

六、上交资料

实验结束后,将测量实验报告以小组为单位装订成册上交,测量实验报告见附录一。

第六章　测量教学实习

第一节　测量教学实习的特点与实习方案的制订

一、测量教学实习的目的

测量学教学实习是在学习“测量学”及“数字测图原理与方法”等相关课程理论知识及课间测量基础实验的基础上，在确定的实习地点和某一段时间内集中进行的综合性测量实践教学活动。通过测量教学实习，同学们可以将已学过的测量基本理论、基本知识综合起来进行一次系统的实践，不仅可以巩固、扩大和加深对从课堂上所获得的理论知识的理解，系统地掌握测量仪器操作、数据处理、地形图绘制等基本技能，获得测量实际工作的基本技能和初步经验，还可以了解基本测绘工作的全过程，在业务组织能力和实际工作能力方面得到锻炼，提高自身的独立思考、相互协作和解决实际问题的能力，为成为创新能力强、适应经济社会发展需要的测绘应用型人才打下基础。

二、测量教学实习的特点

测量教学实习是提高学生工程意识、工程素质、工程实践能力、创新能力和竞争力的关键性教学实践活动，是培养在校学生在德、智、体上全面发展的一个重要环节。测量教学实习在一定意义上是测量工作的预演和浓缩，因此可以将其视为真正的实际测量工作来对待。测量工作具有精细、工作强度大、工作环境艰苦等特点，因而在实习中除了要求同学们牢固地掌握测量理论知识外，在测量实习时还必须培养细心、吃苦耐劳、团结协作、独立完成任务的团队精神。

三、测量教学实习方案的制订

测量教学实习一般安排在学期末的几周（或新学期开学后的几周）进行（也可安排在暑假期间），这时理论课基本结束，学生能全身心投入实习中，以保证实习的效果。

测量教学实习的地点可视学校具体情况而定。有校外测量实习基地的学校，可将测量教学实习的地点安排在实习基地；也可以按“就地就近”原则在学校内或附近指定测区范围，作为测量教学实习的地点；能联系到生产任务或测量项目的学校，也可将测量教学实习与生产任务结合起来，将项目现场作为实习地点。

测量教学实习由所在院、系主管教学的领导负责，指导、协调、检查实习工作的落实及实施情况。各个班级配备指导教师负责班级的实习工作。

测量教学实习以测量实习小组为单元，每个小组由 4～5 位同学组成，并选出小组长。

测量教学实习的内容主要包括两大方面，即大比例尺地形图的测绘和图上设计及其应用（或测设）。

测量教学实习的工作性质分外业和内业两大类。

测量教学实习应根据测量教学的基本要求，结合测区的基本情况提前制订实习方案，上报实习经费预算并通过审批。

测量实习方案的主要内容包括：实习名称，实习班级名称，实习教师配备，实习时间，实习性质（教学实习或结合生产任务的实习），实习地点，实习目的与要求，实习内容、方法与技术要求，实习程序和进度，实习中的注意事项，实习技术总结报告与成果的要求，实习的考核方法及成绩评定，参考书与资料。

四、测量教学实习的内容

测量教学实习内容有大比例尺地形图的测绘、地形图的判读、建（构）筑物布置与测设、线路选线与测设、成果整理、技术总结和考核工作。

（一）大比例尺地形图的测绘

本项内容包括：准备工作，图根控制测量，碎部测量，拼接、检查和整饰。

1. 准备工作

准备工作的好坏是关系测量教学实习是否能够顺利进行的关键条件之一，因此应注意做好准备工作，为测量教学实习打好基础。准备工作主要指测区准备、仪器准备、资料准备及其他准备。测区准备一般在前期由教师进行，详述见本章第二节。

2. 图根控制测量

根据测量工作的组织程序和原则可知，进行常规测量工作都要首先进行整体布置，然后再分区、分期、分批实施，即需要首先建立平面和高程控制网，在此基础上进行地形图测绘及其他测量工作。对控制网进行布设、观测、计算，确定控制点的位置的工作称为控制测量。在测量教学实习中的控制测量工作主要有加密图根控制点、图根平面控制测量、图根高程控制测量，可采用常规仪器进行图根控制测量，也可用全站仪、GNSS设备或两者结合进行图根控制测量。

3. 碎部测量

碎部测量是测量教学实习的中心工作。用常规仪器通过碎部测量，把测定的碎部点人工展绘在图纸上，称为白纸测图。采用全站仪、RTK设备采集碎部点，将碎部点坐标上传到计算机内，利用计算机内的数字成图软件绘制地形图，即地面数字化测图。这两种方法都可作为测量教学实习中使用的碎部测量方法。

4. 地形图的拼接、检查和修整

当测区面积较大，须采用分幅测图，就需要进行图纸的拼接。拼接工作在相邻的图幅间进行，其目的是检查或消除因测量误差和绘图误差引起的、相邻图幅衔接处的地形偏差。如果实习属无图拼接，则可不进行此项工作。

为确保地形图的质量，在碎部测量完成后，需要对成图质量进行一次全面检查，分室内检查和室外检查两项。

以上工作全部完成后，按照大比例尺地形图规定的符号及格式，对地形图进行全面整饰，以达到真实、准确、清晰、美观及方便用图的目的。

（二）地形图的判读

野外判读地形图，就是要将地形图上的地物、地貌与实地一一对应起来，内容包括地形图定向和读图。

1. 地形图定向

在地形图上找到站立点的位置,再找一个距站立点较远的实地明显目标(如地物、山头、鞍部、控制点、道路交叉口),并在图上找到该点,使图上与实地的目标点在同一方向上。

2. 读图

读图的依据是地物、地貌的形状、大小及其相关位置关系。有意识地加强读图能力可为应用地形图和其他测量工作创造良好的条件。

(三)工程项目的图上布置及测设

可按要求在小组所测地形图上,或设计一个简单建筑物或构筑物,获取测设点位坐标后,进行放样数据计算,进行建筑物平面位置与高程位置放样;或设计一条线路,获取测设点位坐标后进行测设,放样道路。

(四)线路测量

线路测量的内容包括定线测量、中线测量、曲线测设、纵横断面测量等。

1. 定线测量

根据在地形图上设计出的含有转折点的线路中线,获取交点坐标后,进行放样数据计算。根据中线附近的控制点,测设出交点。

2. 中线测量

根据实际情况,中线测量可采用手头现有工具在现场定出百米桩,并在地形变化点、地质变化点、人工建筑物等处加桩。中线定线可采用全站仪或目测定向,桩点横向偏差应小于5 cm。中线量距可用钢尺丈量两次,线路纵向相对误差应小于1/1 000。

3. 曲线测设

首先计算圆曲线要素:切线长 T、曲线长 L、外矢距 E、曲线主点的里程。曲线计算中,角度取至分,距离取至厘米,并按设定的曲线长度计算细部点坐标。

根据曲线要素,在实地根据交点定出曲线起点 ZY、中点 QZ、终点 YZ,用全站仪测设出细部点。

4. 纵断面测量

一般以相邻两水准点为一测段,从一个水准点出发,逐个施测中桩的地面高程,附合到另一个水准点上。中间桩高程取至厘米。相邻水准点高差与检测的较差不应超过2 cm。

根据测得的各中间桩高程,可以绘制纵断面图。纵断面图采用的里程比例尺一般为1∶1 000,为显示出地面的起伏变化,高程比例尺取里程比例尺的10倍。

5. 横断面测量

在地面坡读变化较大的地方,每小组测4~5个中间桩的横断面。横断面的方向可用方向架测定。断面方向上变坡点的距离和高差可用水准仪按视距法测定。横断面施测宽度视具体情况而定,一般自中线向两侧各测20~30 m。

根据横断面测算成果绘制横断面图。横断面图的高差和距离比例尺相同,通常采用1/200。

(五)实习成果整理、技术总结和考核

在实习过程中,规定要求的外业观测数据应记在测量手簿(表格)上,如遇测错、记错或超限应按规定的方法改正;内业计算也应在规定的表格上进行。全部实习结束时,还要对测量实习进行技术总结报告。因此,在实习过程中应注意做好实习日志,为成果整理做好准备。实习成果由个人成果和小组成果构成。个人实习成果有计算成果表及技术总结报告；小组成果有仪器检校成果，控制测量观测记录手簿，成果计算表，碎部测量草图（记录手簿），1∶1 000（1∶2 000）比例尺地形图，线路纵、横断面测量记录计算表及纵、横断面图。

测量教学实习作为一门独立课程占有 2～4 个学分，故在实习结束后，应立即进行实习考核。考核的依据：实习中的思想表现，出勤情况，对测量学知识的掌握应用程度，实际作业技能的熟练程度，分析问题和解决问题的能力，完成任务的质量，所交成果资料及仪器工具维护的情况，实习报告的编写水平，等等。

成绩评定可以百分计，也可按优、良、中、及格、不及格计。

五、测量教学实习的程序和进度

测量教学实习的程序和进度应依据实际情况制定，既要保证在规定的时间内完成测量实习任务，又要注意保质保量地做好每一环节的工作，在实施中遇到雨、雪恶劣天气时，还要做到灵活调整，使测量教学实习能够顺利进行。测量实习的程序和进度可根据不同专业要求进行制定，表 6-1-1 是按两周实习时间进行的实习安排，可作为参考。

表 6-1-1　测量教学实习程序进度表

<table>
<tr><th>实习项目</th><th>时间</th><th>任务与要求</th></tr>
<tr><td>准备工作</td><td>1 天</td><td>实习动员、布置任务
设备及资料领取、规范的学习
仪器、工具的检验与校正</td></tr>
<tr><td>图根控制测量</td><td>2 天</td><td>测区划分、测区踏勘、选点
平面控制测量
高程控制测量
控制测量内业计算</td></tr>
<tr><td>地形图测绘</td><td>4 天</td><td>硬、软件（或图纸）准备
碎部测量
地形图的检查及整饰</td></tr>
<tr><td>地形图的判读</td><td>0.5 天</td><td>地形图定向
读图</td></tr>
<tr><td>工程项目的图上布置及测设</td><td rowspan="2">1 天</td><td>简单建筑物的设计
测设数据计算
平面位置测设
高程位置测设</td></tr>
<tr><td>线路测量</td><td>线路图上设计
定线测量
中线测量
圆曲线测设
纵、横断面图绘制</td></tr>
<tr><td>实习总结及考核</td><td>1 天</td><td>编写实习技术总结报告
考核：操作测试、笔试、口试</td></tr>
<tr><td>实习结束工作</td><td>0.5 天</td><td>仪器归还、成果上交</td></tr>
<tr><td>合计</td><td>10 天（两周）</td><td></td></tr>
</table>

表中所列内容有些属于各个专业必做的基本实习内容,有些内容可根据专业不同进行选择。

第二节 测量教学实习的准备工作

一、测区的准备

测区的准备一般是在测量实习之前由教师先行实施。在测量教学实习之前应对所选定的测区进行考察,全面了解测区的基本情况,并论证其作为测区的可行性。如果是结合生产任务的实习,还应确认测区是否满足测量实习的要求,并与生产单位签订测量实习协议书。

测区确定后,根据需要还应事先建立测区首级控制网,进行测区首级控制测量,以获得图根测量所需的平面控制点坐标及高程(已知数据)。将首级控制点的位置展绘在大图纸上,按测量教学实习要求进行地形图的分幅。图 6-2-1 为某校实习基地控制点位分布及地形图分幅示意图(图幅尺寸为 500 mm×500 mm)。

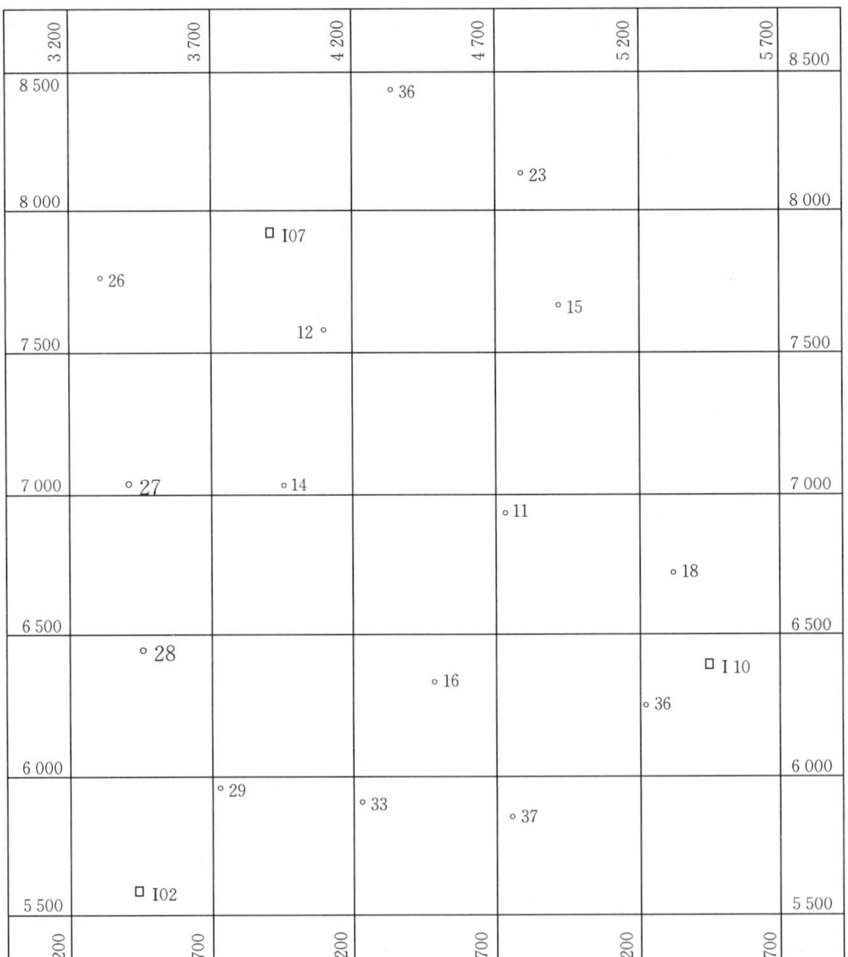

图 6-2-1 某实习基地控制点位分布及地形图分幅图示意

测区首级控制测量工作完成后，给各小组分发控制点成果表及测区地形图，为实习小组提供图根控制测量选点、测量、计算的依据。

二、测量实习动员

实习动员是测量教学实习的一个重要环节。因此，在进入实习场地前，应进行思想准备，对各项工作都必须做系统、充分的布置和安排。

实习动员由院、系领导主持，以大会的形式实施。第一，在思想上让同学们明确实习的重要性和必要性。第二，提出实习的任务和计划并布置任务，宣布实习组织结构、分组名单、管理方法，让同学们明确本次实习的任务和安排。第三，对实习的纪律做出要求，明确请假制度，清楚作息时间，建立考核制度。在动员中，要说明仪器、工具的借领方法和损耗赔偿规定，指出实习注意事项，特别是注意人身和仪器设备的安全，以保证实习的顺利进行。实习动员对整个实习的进行有很重要的作用，务必重视。

实习动员结束后，应安排专门的时间按小组进行相关测量规范、标准及技术文件的学习，并将测量规范内容列为考核内容。同时还要组织学习《测量实验实习须知》，以保证同学们在实习过程中严格执行有关规定。

三、测量实习仪器和工具的准备

（一）测量实习仪器和工具的领取

在测量教学实习中，需要做各种测量工作，不同的工作往往需要使用不同的仪器。测量小组可根据测量方法配备仪器和工具。

在进行图根控制测量时，图根控制网原则上可用常规方法建立导线，以使同学们全面掌握导线测量的各个环节。碎部测量时，可根据学校仪器设备的配置情况，采用数字测图的方法或常规模拟测图法。表 6-2-1、表 6-2-2、表 6-2-3 及表 6-2-4 给出了测量实习中一个小组需要使用的仪器的参考清单。

表 6-2-1　图根控制测量(经纬仪导线或红外线测距导线测量)设备一览表

仪器及工具	数量	用途
测区原有地形图	1 张	踏勘、选点、地形判读
控制点资料	1 套	已知数据
木桩、小钉	各约 6 根(个)	图根点的标志
斧头	1 把	钉桩
红油漆	0.1 升	标志点位
毛笔	1 支	画标志
水准仪及三脚架	1 套	水准测量
水准尺	2 根	水准测量
尺垫	2 个	水准测量
电子(光学)经纬仪及三脚架	1 套	水平角测量
标杆	2 根	水平角测量
测钎	1 套	水平角测量

续表

仪器及工具	数量	用途
红外测距仪带三脚架	1 套	距离测量
或钢尺	1 把	
反射棱镜带基座三脚架	2 套	距离测量
记录板	1 块	记录
记录、计算用品	1 套	记录及计算

表 6-2-2　图根控制测量(全站仪导线测量或 RTK 测量)设备一览表

仪器及工具	数量	用途
测区原有地形图	1 张	踏勘、选点、地形判读
控制点资料	1 套	已知数据
木桩、小钉	各约 6 根(个)	图根点的标志
斧头	1 把	钉桩
红油漆	0.1 升	标志点位
毛笔	1 支	画标志
水准仪及三脚架	1 套	水准测量
水准尺	2 根	水准测量
尺垫	2 个	水准测量
全站仪及三脚架	1 套	坐标测量
棱镜、三脚架及对中杆	各 1 套	
RTK 设备	1 套	
2 m 钢尺	1 把	仪器高
通信电缆	1 根	数据通信
记录板	1 块	记录
记录、计算用品	1 套	记录及计算

表 6-2-3　碎部测量(经纬仪测绘法)设备一览表

仪器及工具	数量	用途
测区地形图	1 张	地形判读、草图勾绘
聚酯薄膜	1 张	地形图测绘底图
电子(光学)经纬仪及三脚架	1 套	碎部测量
皮尺	1 把	量距、量仪器高
水准尺	2 根	碎部测量
斧子、小钉	1 把、若干	支点
记录用品	1 套	记录及计算
平板带三脚架	1 套	绘图
30 cm 半圆仪	1 个	绘图
三棱尺或复式比例尺	1 个	绘图
三角板	1 套	绘图
记录板	1 块	记录

续表

仪器及工具	数量	用途
10 件绘图仪	1 套	绘图
60 cm 直尺或丁字尺	1 根	绘制方格网
科学计算器	1 个	计算
模板、擦图片、玻璃棒	各 1 个(块)	地形图整饰
铅笔、橡皮、小刀、胶带纸、小针、草图纸	若干	地形图测绘及整饰

表 6-2-4　碎部测量(数字测图)设备一览表

仪器及工具	数量	用途	备注
测区地形图	1 张	地形判读、草图勾绘	外业
5″全站仪(带 SD 卡)	1 套	碎部点数据采集	外业
单棱镜两块(三脚架、对中杆)	2 套		外业
RTK 设备	1 台		外业
2 m 钢卷尺	1 把	量仪器高	外业
斧子	1 把	支点	外业
小钉	若干	支点	外业
记录板	1 块	绘草图、记录	外业
铅笔、三角板等	各 1 支(套)	绘草图、记录	外业
草图纸	1 本	勾绘草图	外业
计算机及相应的外围设备	1 套	地形图绘制及图形编辑打印成果	
串行通信电缆线	1 根	连接计算机与全站仪	
CAD 软件 数字成图软件	1 套	与全站仪数据通信、地形图绘制及图形编辑	

(二)测量仪器检验与校正

借领仪器后，首先应认真对照清单仔细清点仪器和工具的数量，核对编号，发现问题及时提出并解决。然后对仪器进行检查。

1. 仪器的一般性检查

(1)仪器检查。

仪器表面应无碰伤、盖板及部件结合整齐，密封性好；仪器与三脚架连接稳固无松动。

仪器转动灵活，制、微动螺旋工作良好。

水准器状态良好。

望远镜对光清晰、目镜调焦螺旋使用正常。

读数窗成像清晰。

全站仪、RTK 设备等电子仪器除上述检查外，还需要检查操作键盘的按键功能是否正常，反应是否灵敏；信号及信息显示是否清晰、完整，功能是否正常。

(2)三脚架检查。三脚架是否伸缩灵活自如，脚架紧固螺旋功能是否正常。

(3)水准尺检查。水准尺尺身平直，水准尺尺面分划清晰。

(4)反射棱镜检查。反射棱镜镜面完整无裂痕，反射棱镜与安装设备配套。

2. 仪器的检验与校正

仪器的检验与校正包括：

(1)水准仪的检验与校正。

(2)经纬仪的检验与校正。

(3)全站仪的检验与校正。

(4)RTK 接收机检查。

四、技术资料的准备

除了课本教材外，在测量实习中，所采用的技术标准是以测量规范为依据的，故测量规范是测量实习中指导各项工作不可缺少的技术资料。测量实习中所用到的规范有《1∶500 1∶1 000 1∶2 000 外业数字测图规程》(GB/T 14912—2017)、《国家基本比例尺地图图式 第1部分 1∶500 1∶1 000 1∶2 000 地形图图式》(GB/T 20257.1—2017)、《工程测量标准》(GB 50026—2020)、《全球定位系统(GPS)测量规范》(GB/T 18314—2009)。

第三节　图根控制和碎部点数据采集

各小组首先了解小组的测图范围、测区高级控制点的分布，在此基础上在小组的测图范围内建立图根控制网。在建立图根控制网时，大比例尺数字测图既可以采用传统的“从整体到局部、先控制后碎部”的数字化作业方法，也可以采用图根控制测量和碎部测量同时进行的一步测量法。

一、图根控制测量

(一)图根控制测量的内容

图根控制测量的内容包括图根平面控制测量和图根高程控制测量。图根平面控制测量是测量图根控制点的平面位置信息。图根高程控制测量是测量图根控制点的高程信息。

(二)图根控制测量的基本方法

1. 图根平面控制测量

图根平面控制测量可采用 RTK 图根平面控制测量、图根导线测量、极坐标法和边角交会等方法。

2. 图根高程控制测量

图根高程控制测量可采用图根水准测量、图根三角高程测量和 RTK 图根高程测量等方法。起算点的精度不应低于四等水准高程点的精度。

(三)图根控制测量的基本步骤

1. 图根平面控制测量

图根平面控制测量的基本步骤主要包括收集测区资料、踏勘选点、仪器设置、外业测量和内业平差计算。现分别以 RTK 图根平面控制测量和图根导线测量为例，介绍图根平面控制测量的基本步骤。

(1)RTK 图根平面控制测量。RTK 图根平面控制测量的作业流程如图 6-3-1 所示。

——收集测区资料。根据任务需要，确定采用的坐标系统、测区周边已有的平面控制点和高程控制点等。

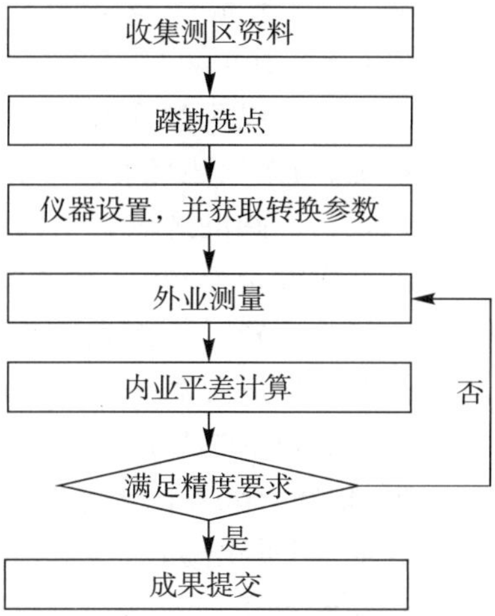

图 6-3-1　RTK 图根平面控制测量作业流程

——踏勘选点。平面控制点可以逐级布设、越级布设或一次性全面布设，每个控制点宜保证有一个以上的等级点与之通视。控制点应均匀分布在整个测区内。图根点的个数应满足表 6-3-1 所示的数量要求。

表 6-3-1　一般地区图根点的数量要求

测图比例尺	图幅尺寸/(mm×mm)	图根点数量/个
1∶500	500×500	1
1∶1 000	500×500	1～2
1∶2 000	500×500	2

——仪器设置，并获取转换参数。在已建立连续运行基准站网的地区，宜优先采用网络 RTK 技术进行测量。在信号不佳或条件不具备的区域，也可采用“1＋1”电台模式进行测量。在已获取测区坐标系统转换参数时，可以直接利用已知的参数。在没有已知转换参数时，可以根据已知控制点信息自行求解。求解转换参数时，应采用不少于 3 个起算点的两套坐标系成果。所选起算点应分布均匀，且能控制整个测区。转换时应根据测区范围及具体情况，对起算点进行可靠性检验，满足相应的精度要求。

——外业测量。在测量 RTK 图根控制点时，一般利用 RTK 设备的平滑采集功能进行测量，并确保得到的是固定解，且平面精度因子不大于±2 cm。

——内业平差计算。通过内业计算进行精度检核。用 RTK 技术施测的平面控制点成果应进行 100%的内业检查和不少于总点数 10%的外业检测，外业检测可采用相应等级的 RTK 技术测定坐标，使用全站仪测量边长和角度。检测点应均匀分布在测区内。检测结果应满足表 6-3-2 的要求。

表 6-3-2　RTK 平面控制点检测精度要求

边长校核		角度校核		坐标校核
测距中误差绝对值/mm	边长较差的相对误差	测角中误差绝对值/(″)	角度较差限差/(″)	坐标较差中误差绝对值/cm
≤15	≤1/14 000	≤5	14	≤5

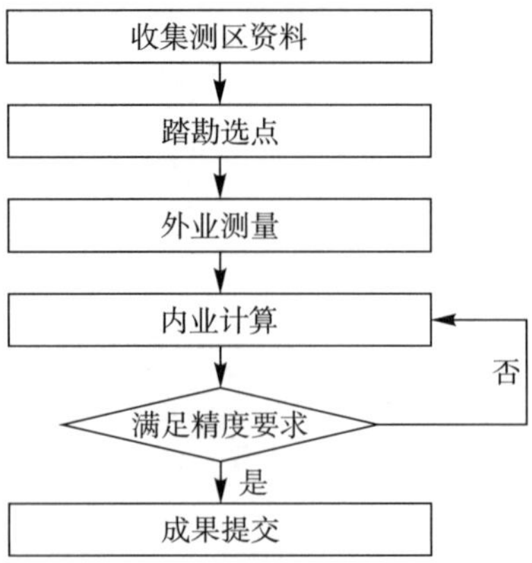

图 6-3-2　图根导线测量作业流程

(2)图根导线测量。图根导线测量的作业流程如图 6-3-2 所示。

——收集测区资料。根据任务需要,确定采用的坐标系统、测区周边已有的平面控制点和高程控制点等。

——踏勘选点。平面控制点可以逐级布设、越级布设或一次性全面布设,每个控制点宜保证有一个以上的等级点与之通视。控制点应均匀分布在整个测区内。图根点的个数应满足表 6-3-3 所示的数量要求。

点位的选择应注意以下几个方面:为了方便测角和量边,相邻导线点间要通视良好,视线远离障碍物,保证成像清晰;测量距离时,导线边应离开强电磁场和发热体的干扰,测线上不应有树枝、电线等障碍物;导线点应埋在地面坚实、不易被破坏处,一般应埋设标石或道钉;导线点要有一定的密度,以便控制整个测区;导线边长要大致相等,不能悬殊过大;导线点埋设后,要写明点名、编号,并绘制“点之记”方便寻找导线点。

表 6-3-3　一般地区图根点的数量要求

测图比例尺	图幅尺寸/(mm×mm)	图根点数量/个
1∶500	500×500	2
1∶1 000	500×500	3
1∶2 000	500×500	4

——外业测量。外业测量内容主要包括测角和量边。测角是指测量导线的水平转折角及连接角。对于附合导线,一般要求观测左角;闭合导线统一观测内角,根据前进方向不同,可以是左角,也可以是右角;支导线一般同时观测左角和右角,以增加检核条件。量边是指测量相邻导线点间的水平距离。导线边长观测可采用钢尺量距或测距仪观测等方法。目前导线测量多采用全站仪观测,可同时完成角度测量和距离测量,在保证精度的同时,工作效率也大大提高。

——内业计算。导线内业计算的主要目的,就是计算各导线点的平面坐标。进行计算之前,应全面检查导线外业观测记录及成果,有无遗漏或记错,是否符合测量的限差要求。确认无误并符合要求后,绘制导线略图,在图上注明实测边长、转折角、连接角等观测数据,以及已知点和导线点点号等。

导线计算内容主要是方位角推算、坐标正反算和闭合差调整等。导线计算的一般步骤如下:①准备工作,将已知数据和观测数据填入导线坐标计算表中;②计算角度闭合差并进行分配;③根据已知边方位角和调整后的角度推算导线边坐标方位角;④计算坐标在 x 方向上和 y 方向上的增量并计算闭合差和导线全长相对误差,满足精度要求后,对闭合差进行分配,对增量进行调整;⑤推算导线点坐标。

——精度检核。检查导线的各项指标是否满足相应的规范要求。若完全满足相应的精度要求,则成果可以使用。否则,应重新施测,直至其成果合格。

2. 图根高程控制测量

(1)图根水准测量。

——图根水准测量的主要技术要求如表 6-3-4 所示。

表 6-3-4　图根水准测量的主要技术要求

每千米高差全中误差限值/mm	附合路线长度/km	水准仪级别	视线长度/m	观测次数		往返较差、附合或环线闭合差限值/mm	
				附合或闭合路线	支水准路线	平地	山地
20	≤5	DS10	≤100	往一次	往返各一次	$10\sqrt{L}$	$12\sqrt{n}$

注：L 为往返测段、附合或环线水准路线的长度，取单位为 km 时的数值；n 为测站数。

——水准路线布设成支线时，路线长度不应大于 2.5 km。

——观测方法。图根水准测量的观测方法采用各版本教材中普遍介绍的普通水准测量方法。

(2)图根三角高程测量。

——图根三角高程测量的主要技术要求如表 6-3-5 所示。

表 6-3-5　图根三角高程测量的主要技术要求

每千米高差全中误差限值/mm	附合路线长度/km	仪器精度等级	中丝法测回数	指标差较差限值/(″)	垂直角较差限值/(″)	对向观测高差较差限值/mm	附合或环形闭合差限值/mm
20	≤5	6″级	2	25	25	$80\sqrt{D}$	$40\sqrt{\sum D}$

注：D 为电磁波测距边的长度，取单位为 km 时的数值。

——观测方法。图根三角高程测量的观测方法主要是对向观测。其具体实施步骤为：①全站仪安置于测线一端点 A 点上，用钢尺量取仪器高 i 两次，读数至 1 mm，两次之差不超过 3 mm 时，取其平均值记录；②瞄准目标 B 点，用钢尺量取棱镜高 v 两次，读数至 1 mm，两次之差不超过 3 mm 时，取其平均值记录；③测量 A、B 两点间的水平距离和竖直角，并记录；④ 将仪器迁至 B 点，在 A 点架设棱镜，按照上述相同的步骤测量 B、A 两点间的水平距离和竖直角，并记录。

——内业计算。外业观测结束后，应先检查外业成果有无错误，精度是否符合要求，所需数据是否齐全，经检核无误后，计算 B 点高程 H_B，即

$$H_B = H_A + D\tan\alpha + i - v$$

三角高程测量的计算可在表 6-3-6 中进行。

表 6-3-6　三角高程测量的计算表

觇法	往	返
测站点	A	B
觇标点	B	A
平距 D/m		
竖直角 α		
$D\tan\alpha$/m		
仪器高 i/m		
觇标高 v/m		
高差 h/m		
平均高差/m		

——成果检核与高程计算。根据规范规定，要求同一边往返测高差较差 $\Delta h \leqslant 0.04\sqrt{D}$

(单位为 m,此处 D 须取单位为 km 时的值),若符合要求,取平均值作为最后结果。三角高程线路应起闭于高级控制点上。若闭合差在容许范围内,则按与边长成正比的原则,将闭合差反号分配于各高差之中,再用改正后的高差计算各点高程。

二、碎部点数据采集

各小组在完成图根控制测量全部工作后,就可进入碎部点数据采集阶段。

(一)任务安排

(1)按所准备的仪器及工具,进行必要的检验与校正。

(2)在测站上,各小组可根据实际情况安排观测员 1 人、草图(领镜)员 1 人、跑镜(尺)员 1~2 人。

(3)根据测站周围的地形情况,全组人员集体商定跑尺路线,可由近及远,再由远及近,按顺(或逆)时针方向行进,合理有序,能防止漏测,保证工作效率,并方便绘图。

(4)提出一些对无法观测到的碎部点的处理方案。

(二)碎部点的选择

地物特征点的选择可遵循以下方法。

(1)能用比例符号表示的地物,碎部点应选在地物轮廓线的方向变化处。例如,建筑物的各个角点、主要道路的轮廓线方向转折点(直线段的起点、终点、曲线段的中点)。连接这些特征点,便得到与实地相似的地物形状。由于地物形状极不规则,一般规定主要地物凸凹部分在图上大于 0.4 mm 的,均应表示出来;小于 0.4 mm 的,可用直线连接。

(2)能用半比例符号表示的地物,如次要道路、围墙、电力线,当其宽度在图上无法按比例表达时,只对其位置和长度进行测定。它们的起终点、转折点应选为特征点(碎部点)。

(3)使用非比例符号表示的独立地物(如独立树、路灯、电力杆、通信杆、检查井),一般以其中心位置作为特征点。

地貌特征点的选择可遵循以下方法。

(1)对于能使用等高线表达的位置,碎部点选在最能反映地貌特征的山脊线、山谷线等地性线上,如山顶、鞍部、山脊、山谷、山坡、山脚等坡度变化及方向变化处。根据这些特征点的高程勾绘等高线,即可将地貌在图上表示出来。

(2)在地势相对平坦、无法用等高线表达地貌的位置,应选择能代表周边地貌特征的位置观测高程。绘图时注记高程点,道路中线图上每隔 5 cm 处或转折点,交叉口,高程起伏处,居民区的空地和胡同内部,小区、工厂的出入口处,地坪上、稻田、绿化带等中间代表性位置,都应该观测高程点。

(3)其他自然地貌或人工地貌,如石碓、山洞、溶洞、地裂缝。当面积较大时,观测其外轮廓,按比例绘制;当面积较小时,观测其中心位置,不按比例或半依比例绘制。为了能真实反映地貌特征,除了观测显著的地貌特征点外,还应保证一定的地貌点密度。

(三)碎部点数据采集方法

(1)一般地区碎部点采集宜采用 RTK 测图,也可采用全站仪测图。

(2)各类建(构)筑物及主要附属设施应进行测绘,并应符合下列规定。

——居民区可根据测图比例尺大小或用图需要确定测绘内容和取舍范围。

——建(构)筑物宜用外轮廓表示,房屋外廓宜以墙角为准。当建(构)筑物轮廓凸凹部分在 1∶500 比例尺图上小于 1 mm 或在其他比例尺图上小于 0.5 mm 时，可用直线连接。

——对于 1∶500、1∶1 000 比例尺测图应注明建筑物的结构和层数，对于 1∶2 000、1∶5 000 比例尺测图宜注明层数。

——临时性建筑可不测绘。

(3)独立地物的测绘。对于能依比例尺表示的，应实测外廓并填绘符号；对于不能依比例尺表示的，应表示独立地物的定位点或定位线。

(4)管线转角部分应实测。居民区的低压电力线和通信线，可选择主干线测绘；当管线直线部分的支架、线杆和附属设施交错时，可取舍；当多种线路在同一杆柱上时，应择要表示。

(5)交通及附属设施应按实际形状测绘。铁路应测注轨面高程，在曲线段应测注内轨面高程；涵洞应测注洞底高程。对于 1∶2 000 及 1∶5 000 比例尺地形图，可适当舍去火车站范围内的附属设施。小路可选择测绘。

(6)水系及附属设施应按实际形状测绘，水涯线宜按当日水位测定，并应记录和标注观测日期。堤、坝应测注顶部及坡脚高程，水井应测注井台高程，水塘应测注塘顶边及塘底高程。当河沟、水渠在地形图上的宽度小于 1 mm 时，可用单线表示。

(7)地貌宜用等高线表示。崩塌、残蚀等地貌、坡、坎和其他地貌，可用相应符号表示。山顶、鞍部、凹地、山脊、谷底及地形变换处，应测注高程点。露岩、独立石、土堆、陡坎等应注记高程或比高。

(8)植被的测绘应按植被的经济价值和面积大小进行取舍，并应符合下列规定。

——农业用地的测绘可按稻田、旱地、菜地、水生作物地、经济作物地等进行区分，并应配置相应符号。

——当地类界与线状地物重合时，可只绘线状地物符号。

——当梯田坎的坡面投影宽度在地形图上大于 2 mm 时，应实测坡脚；当其小于 2 mm 时，可量注比高；当两坎间距在 1∶500 比例尺地形图上小于 10 mm、在其他比例尺地形图上小于 5 mm 时或坎高小于基本等高距的 1/2 时，可做取舍。

——稻田应测出田间的代表性高程，当田埂宽在地形图上小于 1 mm 时，可用单线表示。

(9)地形图上各种名称的注记，应采用现有的法定名称。

(四)数据编码

野外数据采集仪采集碎部点的位置(点的坐标信息)是不能满足计算机绘图要求的，还必须将地物点的连接关系和地物属性信息(地物类别)记录下来。通常是用按一定规则构成的符号串来表示地物属性和连接关系等信息的，这种有一定规则的符号串称为数据编码。

(五)全站仪数据采集

全站仪坐标数据采集实质上是极坐标方法的应用，即通过测定出已知点与待求点之间的相对关系，结合已知点的坐标，解算出待求点的三维坐标 (X,Y,Z)。在建筑物或树木等障碍物较多地区，用全站仪进行数据采集有较大优势。用全站仪采集地面点坐标数据的一般步骤如下。

1. 全站仪安置

将全站仪安置于已知点上，严格对中整平，量取仪器高并记录，在输入测站坐标时输入全站仪。

2. 参数设置

测定测站环境的温度、气压,并输入全站仪。选择测距模式(棱镜、反射片、无合作目标),当选择棱镜时,应设置配套的棱镜常数。检查 SD 卡是否安装,检查各基本量的单位设置。

3. 新建文件

可选择用于存储采集数据的文件,便于后续数据处理,一般可根据习惯和需要对文件名称进行个性化设置,可采用日期和项目名称来命名,如“20220930HF”。

4. 建站

分别输入测站点坐标和后视点坐标(或后视方位角),并完成后视定向操作。利用测站点和后视点建立统一的坐标系统。建站一般包括设置测站、后视定向、测站检核等内容。

5. 坐标测量

根据特征点的选择和地物点的取舍原则,令跑镜员在选择好的特征点上立镜,观测员利用全站仪进行测量,采集碎部点的三维坐标。采集坐标时,不仅需要记录点位的点号,还需要记录点位的编码,并按照地面点位的现状关系绘制草图。

6. 保存数据并导出数据

全站仪具有自动保存测量数据功能。在完成碎部测量后,可利用 SD 卡或者数据线将全站仪中的测量数据传输到电脑里。一般导出为南方 CASS“. dat”格式,即

点号 1,编码 1,Y_1,X_1,Z_1

点号 2,编码 2,Y_2,X_2,Z_2

点号 3,编码 3,Y_3,X_3,Z_3

⋮

如果导出的数据不是“. dat”格式的,还需要用数据转换软件,将导出数据转换为“. dat”格式。

(六)RTK 数据采集

RTK 即载波相位差分技术,它能够实时地提供测站点在指定坐标系中的三维坐标,并达到厘米级精度。采用 RTK 采集地面点坐标数据的一般步骤如下。

1. 安置基准站

将 GNSS 接收机安置在一个坐标已知点上作为基准站(也可安置在信号开阔的未知点上),设置相应的参数。

2. 设定移动站

用手簿连接移动站,设置移动站相关参数。

3. 求取转换参数

新建项目文件,设定坐标系统,当移动站出现固定解时,在测区范围内选取至少两个已知点采集其坐标。利用测量的坐标和已知坐标求转换参数,从而把坐标转换到目标坐标系中。

4. 碎部点数据采集

利用 RTK 采集碎部点坐标的同时绘制草图,其工作与全站仪测图基本相似。测量碎部点更加快捷,无需人工干预,仅数秒钟就能完成。

5. 保存数据并导出数据

在完成碎部测量后,在手簿上进行数据交换,然后可利用内存卡或者数据线将测量数据传

输到电脑里。一般导出为南方 CASS“.dat”格式。如果导出的数据格式不是“.dat”格式，还需要用数据转换软件做格式转换。

第四节　数字化成图

各小组在完成碎部点采集工作以后，就可进入数字化成图阶段。数字化成图是指利用专业的测图软件将获取的碎部点坐标位置数据按照相应的符号编辑成地形图。数字化成图主要的测图软件有广东南方数码科技有限公司开发的 CASS 软件、北京山维科技股份有限公司开发的 EPS 软件、北京威远图仪器有限责任公司开发的 SV300 软件等。其中南方 CASS 软件是基于 CAD 平台开发的一套集地形、地籍、空间数据建库、工程应用、土石方算量等功能为一体的软件系统。

本节以南方 CASS10.1 版本为例，介绍数字化成图的内容和方法。

一、CASS10.1 认识和使用

(一)CASS10.1 软件认识

CASS10.1 的操作主界面如图 6-4-1 所示。主要有菜单栏、属性面板、图形编辑区、屏幕菜单栏、命令行。

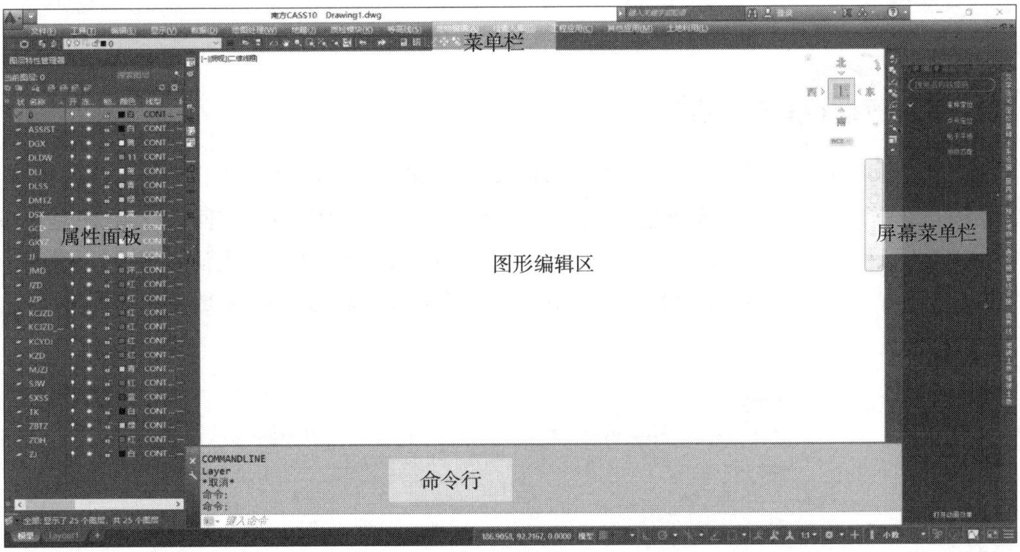

图 6-4-1　CASS10.1 的主界面

(1)菜单栏还有下一级菜单，包括文件、工具、编辑、显示、数据、绘图处理、地籍、质检模块、等高线、地物编辑、检查入库、工程应用、其他应用、土地利用等 14 个下拉菜单。利用这些功能，可满足地形图绘制、编辑、应用、管理等操作的需要。

(2)属性面板集图层管理、常用工具、检查信息、实体属性为一体，分别有图层、常用、信息、快捷地物、属性 5 个选项。

(3)图形编辑区是图像显示窗口，用户在该区域内可进行图像编辑操作。

(4)屏幕菜单栏在操作界面右侧，是用于绘制各类地物的交互式菜单。

(二) CASS10.1 绘图参数设置

在内业绘图前,一般应根据要求对 CASS10.1 有关参数进行设置,采用统一的参数设置来设置 CASS10.1 中的常用参数。

操作方法是单击“文件”菜单下的“CASS10.1 参数配置”,系统会弹出“CASS 参数设置对话框”,如图 6-4-2 所示。在该对话框中,按相应要求设置参数即可(一般可选择默认)。

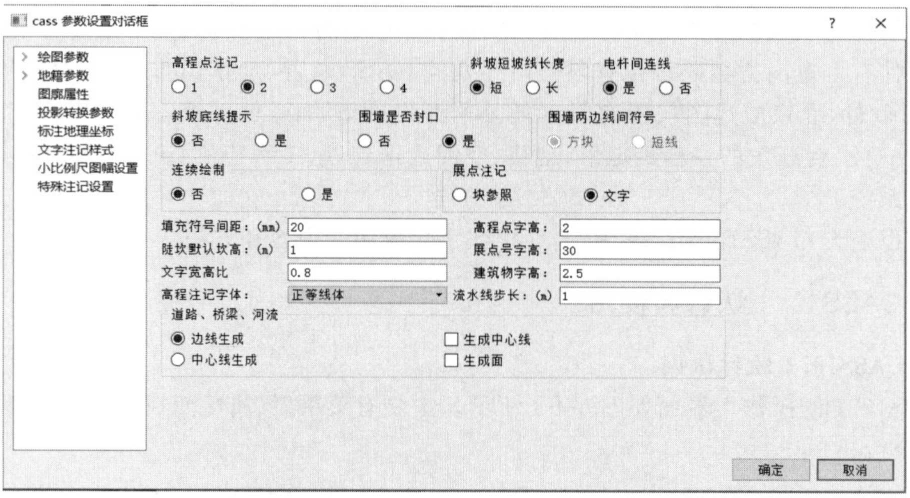

图 6-4-2 CASS10.1 参数设置

二、导入数据(屏幕展点)

数据导入方法如下。首先单击“绘图处理”菜单下的“定显示区”,弹出“输入坐标数据文件名”对话框,如图 6-4-3 所示。选择数据采集的文件,如“STUDY.DAT”回车。定好显示区后,再次单击“绘图处理”菜单下的“展野外测点点号”。在底部命令行,输入测图比例尺分母(默认为 1∶500),回车,弹出“输入坐标数据文件名”对话框(图 6-4-3)。选择数据采集文件后,点号会显示在屏幕上。

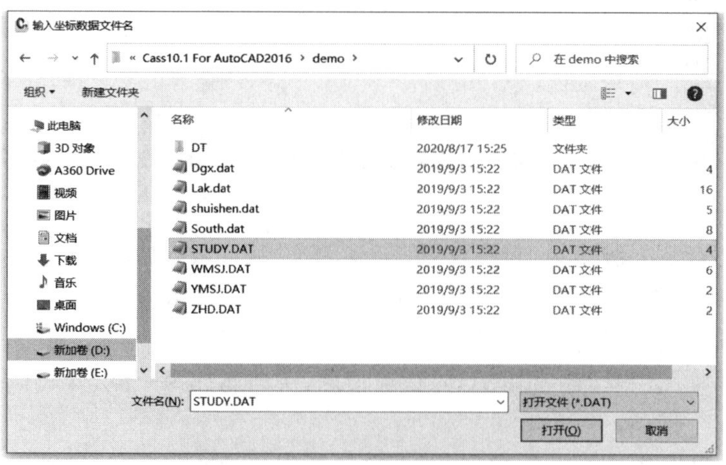

图 6-4-3 输入坐标数据文件名

三、绘制地形图

(一)地物的绘制

根据野外作业时绘制的草图,移动鼠标至右侧屏幕菜单栏中选择相应的地形图图式符号,按照平面图做图方式,在屏幕上将地物特征点连接,绘制出相应地物。系统中所有地形图图式符号都是按照图层分层放置的,如所有表示测量控制点的符号都放在“KZD”(控制点)层,所有表示独立地物的符号都放在“DLDW”(独立地物)层。

例如,要绘制由 49、50、51、52、53 连成的多点房屋(图 6-4-4),利用 CASS10.1 绘制该多点房屋的步骤如下。

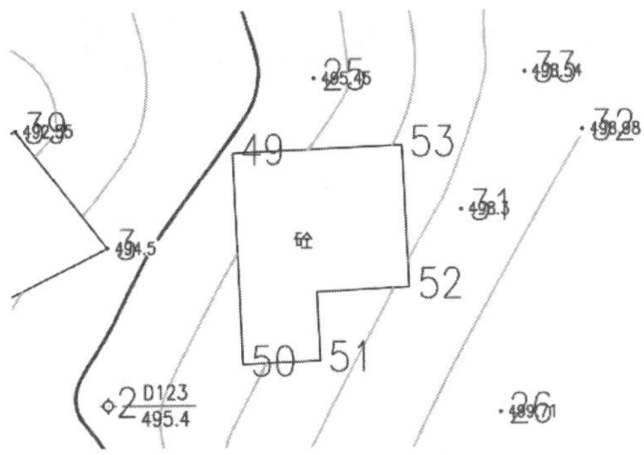

图 6-4-4 房屋绘制

单击右侧屏幕菜单栏“居民地”,选择“一般房屋”,再选择“多点砼房屋”。根据命令行提示,依次选择 49 号点、53 号点、52 号点、51 号点、50 号点完成多点砼房屋的绘制(图 6-4-5)。

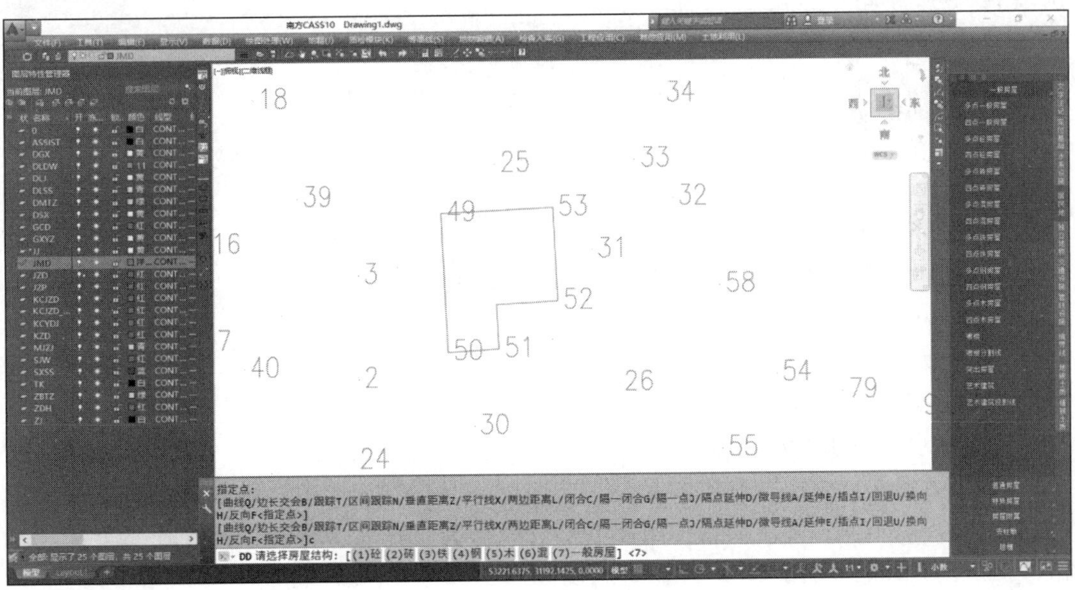

图 6-4-5 绘制多点砼房屋

绘制地物时,一定要注意以下几点。

(1)绘制时,点位的选择必须按照顺时针或逆时针的顺序绘制。

(2)绘制如图 6-4-4 所示的砼房屋时,52 号点和 51 号点之间的直角是没有点位的。出现这种情况时,可以在选择 52 号点后,在命令行输入"J",即隔一点绘制,接着选择 51 号点即可完成该直角的绘制。

(3)在选择 50 号点后,可在命令行输入"C",即闭合命令,完成房屋形状的绘制(图 6-4-5)。

(4)命令行会提示选择房屋结构,对照草图,在命令行输入"1",即砼,则软件会自动在刚绘制的图形里标注该房屋的结构。

依次类推,根据草图表示的地物类别,选择相应的地类将各类地物绘制出来,重复上述操作便可以将所有测点用地图图式符号绘制出来,形成完整的地物图,如图 6-4-6 所示。

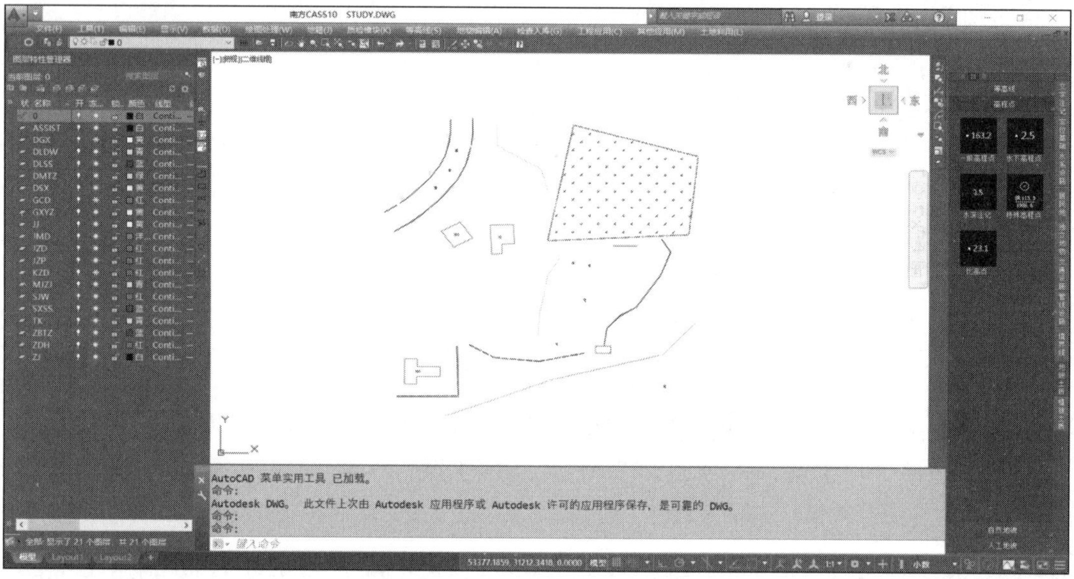

图 6-4-6 地物图的绘制

(二)地貌的绘制

地貌的表达主要有等高线、高程点、自然地貌和人工地貌等。自然地貌和人工地貌的绘制与地物的绘制类似,这里不再赘述。

1. 高程点的绘制

使用"绘图处理"菜单下的"展高程点"命令,可批量绘制一般高程点。

2. 等高线的绘制

(1)建立数字地面模型。在使用 CASS10.1 自动生成等高线时,应先建立数字地面模型。可通过两种方式建立数字地面模型。单击"等高线"菜单下的"建立三角网"命令,弹出如图 6-4-7 所示的"建立 DTM"对话框。

选择"由数据文件生成",此时需要在"坐标数据文件名"选项中选定数据采集文件。若选择"由图面高程点生成",则需要选择图面上已经展绘的高程点来构建。设置好后单击"确定"按钮,即可自动生成三角网,如图 6-4-8 所示。

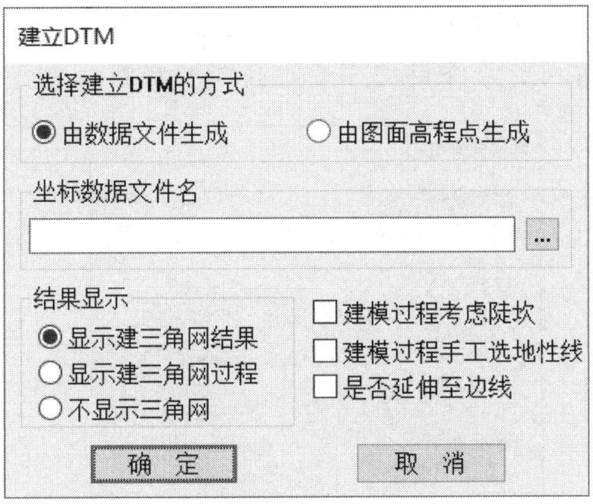

图 6-4-7　建立 DTM

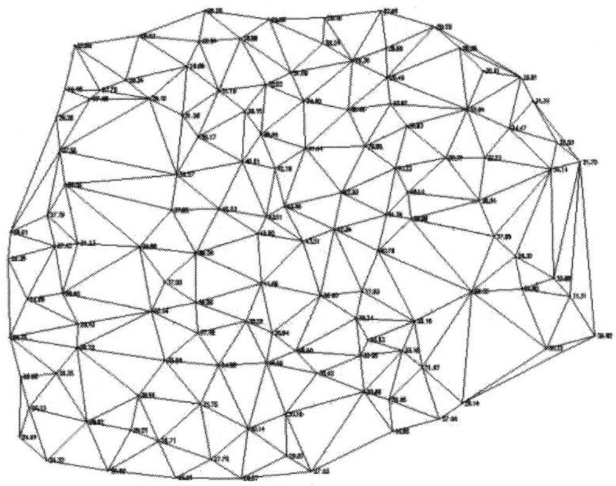

图 6-4-8　三角网

(2)修改三角网。一般情况下，由于地形条件的限制，外业采集的碎部点很难一次性生成理想的等高线。另外，因现实地貌的多样性和复杂性，自动构成的数字地面模型与实际地貌会有不太一致的情况。这时可以通过修改三角网来修改这些局部不合理的地方。

(3)绘制等高线。单击“等高线”菜单下的“绘制等高线”命令，弹出“绘制等值线”对话框，如图 6-4-9 所示。此时，应根据地形和比例尺设置等高距，绘制等高线。

一般选择“三次 B 样条拟合”，也可选择用标准“SPLINE 拟合”，“样条曲线容差”直接选用默认值。SPLINE 拟合的优点在于即使其被断开后仍然是样条曲线，可以进行后续编辑和修改，缺点是较三次 B 样条拟合更容易发生线条交叉现象。

(4)删三角网。等高线绘制出来后，单击“等高线”菜单下的“删三角网”命令，消除图上的三角网，完成等高线的绘制，屏幕上展现的等高线如图 6-4-10 所示。

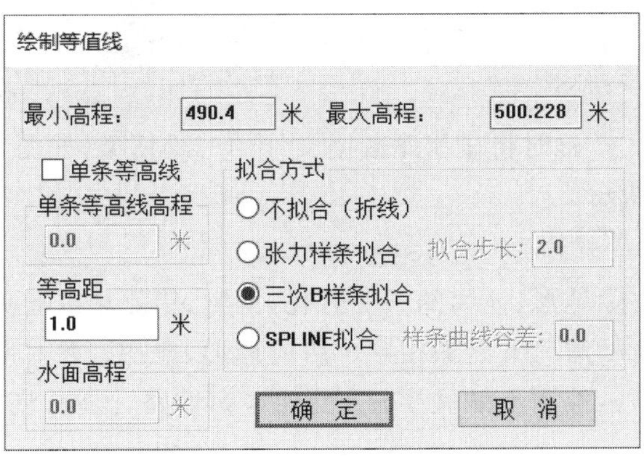

图 6-4-9　绘制等值线

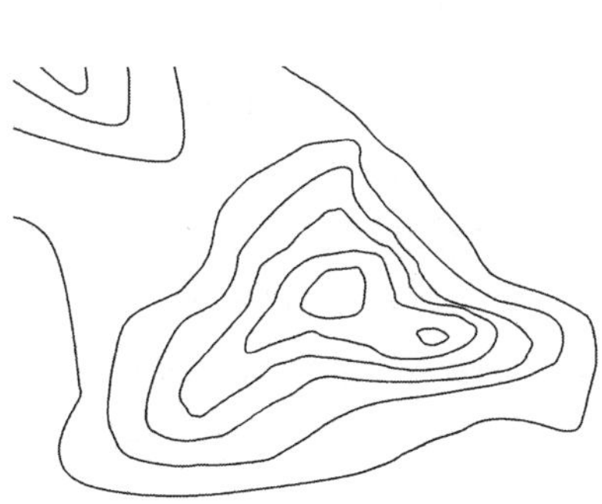

图 6-4-10　等高线

3. 等高线的修饰

(1)等高线注记。单击“等高线”下的“等高线注记”子菜单中的“单个高程注记”或“沿直线注记”命令，可单个或批量注记等高线高程，如图 6-4-11 所示，等高线注记沿直线注在图上。

(2)等高线修剪。单击“等高线”下的“等高线修剪”子菜单中的“批量修剪等高线”命令，弹出“等高线修剪”对话框，如图 6-4-12 所示。

首先选择是“整图处理”或“手工选择”,然后选择修剪地物的类型,最后在“修剪类型”中选择“消隐”或“剪切”。单击“确定”按钮后,会根据输入的条件自动完成等高线的修剪。

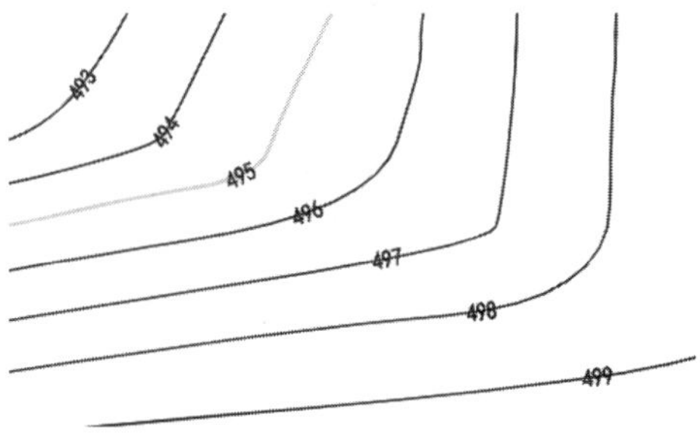

图 6-4-11 沿直线注记等高线

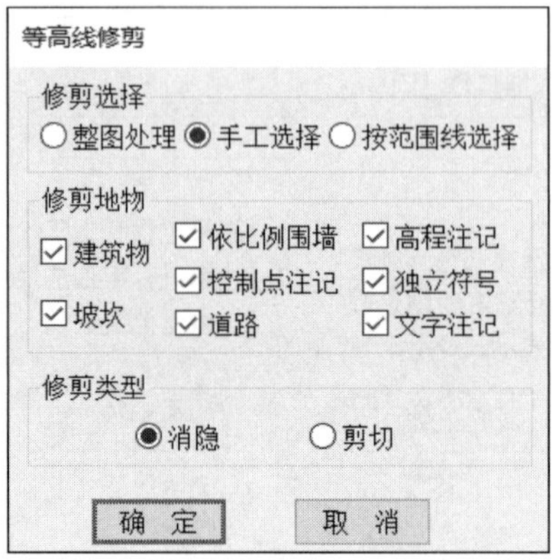

图 6-4-12 等高线修剪

(3)绘制三维模型。建立了 DTM 之后,还可以生成三维模型。在“等高线”下拉菜单中选择“绘制三维模型”,命令区提示:

输入高程乘系数〈1.0〉:输入 5。

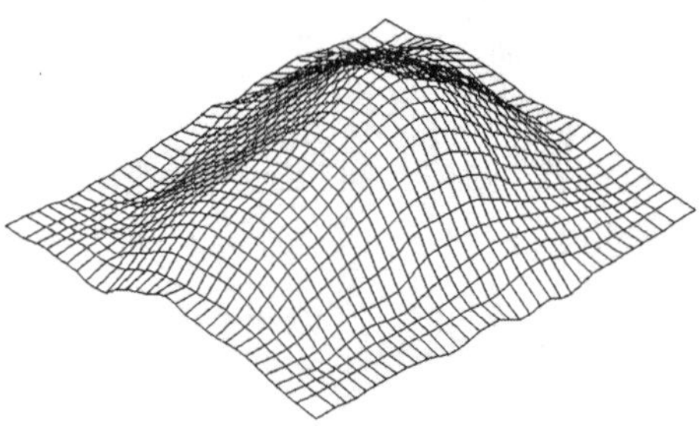

图 6-4-13 三维效果

如果用默认值,建成的三维模型与实际情况一致。如果测区内的地势较为平坦,可以输入较大的值,将地形的起伏状态放大。因本图坡度变化不大,输入高程乘系数“5”将其夸张显示。此时,命令区提示:

是否拟合?(1)是 (2)否 /〈1〉 回车,默认选1,拟合。

这时将显示此数据文件的三维模型,如图 6-4-13 所示。

(三)图形的编辑

在大比例尺数字测图的过程中,由于实际地形、地物的千变万化,漏测、错测难以避免。这时可通过图形编辑功能进行修改,在保证精度情况下消除相互矛盾的地形、地物。并对漏测或错测的部分及时进行外业补测或重测。另外,地图上的文字注记说明(如道路、河流、街道)也很重要。

1. 图形的编辑

CASS10.1 提供了“编辑”和“地物编辑”两种下拉菜单。其中,“编辑”是由 CAD 软件提供的编辑功能,包括图元编辑、删除、断开、延伸、修剪、移动、旋转、比例缩放、复制、偏移拷贝等;“地物编辑”是由 CASS10.1 系统提供的专门对地物进行编辑的功能,包括线型换向、植被填充、土质填充、批量删剪、批量缩放等。实习中可根据绘图需要灵活使用。

2. 文字注记

对于文字注记说明,CASS10.1 也有相应的工具。单击右侧屏幕菜单栏“文字注记”下的

"通用注记",在弹出对话框中设置相应内容,单击"确认"按钮后在屏幕合适位置注记即可。

(四)图形的分幅与整饰

1. 图形的分幅

单击"绘图处理"菜单下的"批量分幅"命令,选择"建方格网",根据命令行提示选择图幅尺寸,接着选择测区范围后,软件自动分幅,并自动以各个分幅图的左下(西南)角的坐标命名。

单击"绘图处理"菜单下的"批量分幅"命令,选择"批量输出到文件",在弹出的对话框中确定输出图幅的存储目录名,然后单击"确定"即可批量输出图形到指定的目录。

2. 图形的整饰

打开图形分幅时所保存的图形,单击"绘图处理"菜单下的"标准图幅(50 cm × 50 cm)"命令,弹出图 6-4-14 所示的"图幅整饰"对话框。输入图名、接图表,输入图纸左下角坐标,或单击右侧图片,用鼠标单击图纸左下角点,在"删除图框外实体"前打钩可删除图框外实体。最后单击"确认"按钮完成图幅整饰。

图 6-4-14　图幅整饰

进一步全面详细检查,在"文件"菜单"CASS 系统配置"中进行图框设置,设置图框信息确定后,一幅地形图就绘制完成了。

第五节　工程项目的图上布置及实地测设

一、建(构)筑物或线路的图上布置

在地形图的测绘工作完成并得到合格的地形图后,就可以在地形图上适合的位置设计一个简单的建筑物或构筑物,图解建筑物轴线交点或构筑物主点坐标,计算测设数据后则可实施放样。在数字测图中,建(构)筑物的图上布置可以直接在计算机上进行。在开始设计之前,首先要了解并掌握各种有关的外部条件和客观情况:自然条件,包括地形、气候、地质、自然环境等;城市规划对建筑物的要求,包括用地范围的建筑红线、建筑物高度和密度的控制等;城市的人为环境,包括交通、供水、排水、供电、供燃气、通信等各种条件和情况;使用者对拟建建筑物的要求,特别是对建筑物所应具备的各项使用内容的要求;对工程经济估算依据和所能提供的资金、材料施工技术和装备等。另外,还包括可能影响工程的其他客观因素。

道路勘测设计的内容是根据设计任务书提出的公路路线,或按照城市规划所拟定的城市道路路线,通过查勘与测量,取得必要的勘测设计资料,以便按照规定编制设计文件。设计要体现国家有关的方针、政策,切合实际,技术先进,经济合理,安全、适用、美观并符合交通工程的要求。公路还应综合考虑山、水、田、林、路等,统筹安排,布置协调。设计标准应根据工程的不同性质、不同要求,区别对待。

(一)在计算机上实施建筑物的布置

利用计算机进行建筑物的规划布置,是规划设计部门常用的方法之一。设计者在设计之前应考虑多种因素,其中建筑红线是必须参考的因素之一。红线一般是指各种用地的边界线。建筑红线是城市道路两侧控制沿街建筑物或构筑物(如外墙、台阶)靠临街面的界线,又称建筑控制线,是建筑物的外立面不能超出的界线。它可与道路红线重合,也可退于道路红线之后,但绝不许超越道路红线,在建筑红线以外不允许建任何建筑物。小区的建筑设计范围应在建筑红线内。

设计者应该根据规划部门放样的建筑红线控制桩来进行设计、施工和放样。下面利用CASS进行说明。

(1)在CASS中打开所做的图形文件,锁定已编辑的图层,建立一个新图层作为当前设计图层。

(2)利用CAD软件的绘图功能在屏幕显示的图上适合的位置设计一个简单的建(构)筑物或一条线路,注意所设计的对象最好在控制点附近,以便利用控制点进行测设。

(3)单击“工程应用\查询指定点坐标”,打开“捕捉”功能,用鼠标分别点取建筑物的轴线交点或者构筑物的主点或者道路交点,即特征点,则CASS系统在命令行给出指定点的测量坐标值(x,y)。

(4)单击“工程应用\查询两点距离及方位”,打开“捕捉”功能,用鼠标分别点取建筑物附近的控制点与特征点,则CASS系统在命令行显示所点取两点间的水平距离及方位角。

(5)如果用全站仪采用极坐标法进行放样,还可以用得到的方位角与已知方向相比较得出测设角度β。

(二)在计算机上实施线路的布置

线路选线经过实地勘察,核查其实施的可能和必要条件,先作一般的技术经济调查并收集有关资料。在总的线路规划指导下勘察线路起讫点和控制点(如必须通过的城镇、工矿企业),沿线地形、地貌、河流水文、工程地质和水文地质、筑路材料,选择大中桥桥位,以及与铁路和其他道路的交叉等。按照技术标准考虑行车便捷、安全、畅通的要求,经过技术、经济等多方面的方案分析论证和比较,选定合理的路线,同时应适当考虑与周围景物的协调。

图 6-5-1　公路曲线计算

下面通过南方CASS软件,说明线路在图上的布置或规划。

1. 单个交点情况

(1)单击“工程应用\公路曲线设计\单个交点”。屏幕上弹出“公路曲线计算”对话框(图6-5-1),输入起点、交点和各曲线要素,单击“开始”按钮。

(2)屏幕上会显示公路曲线和平曲线要素表,如图6-5-2所示。

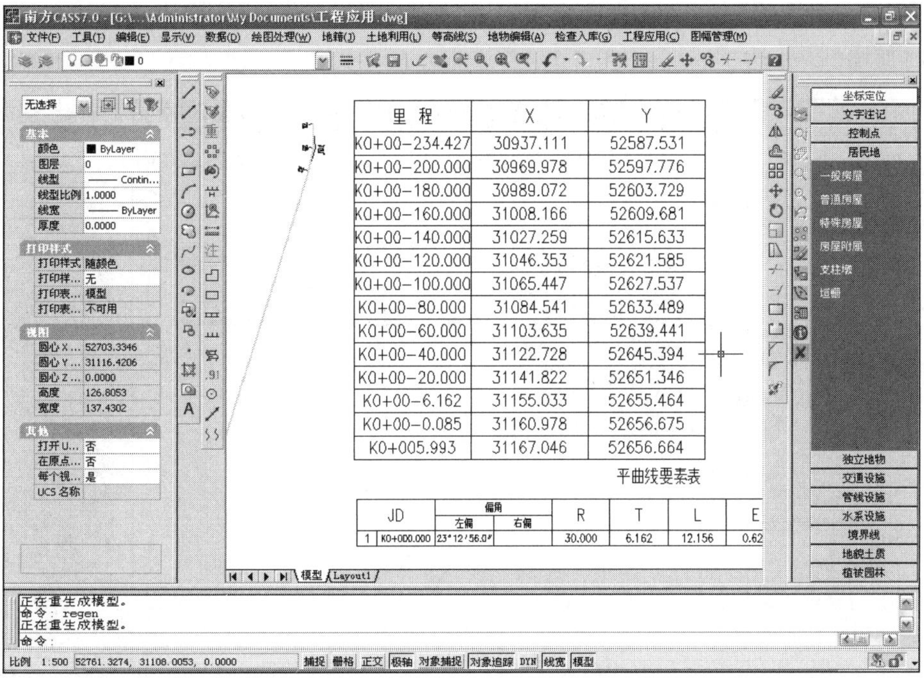

图 6-5-2　公路曲线细部点坐标

2. 多个交点情况

(1)曲线要素文件录入，单击“工程应用\公路曲线设计\要素文件录入”，命令行提示：

(1)偏角定位 (2)坐标定位:〈1〉

选偏角定位，弹出如图 6-5-3 所示要素输入框。将所有的交点及其曲线要素输入，单击“确定”按钮。

(2)要素文件处理。单击“工程应用\公路曲线设计\曲线要素处理”，弹出如图 6-5-4 所示对话框。

图 6-5-3　公路曲线要素录入

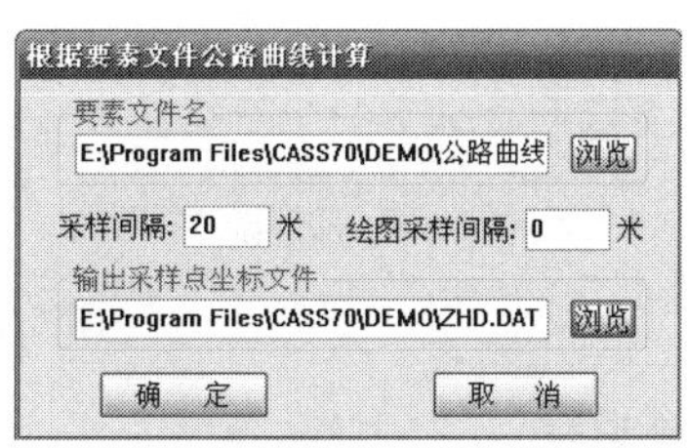

图 6-5-4　根据要素文件公路曲线计算

在要素文件名栏中输入事先录入的要素文件路径，再输入采样间隔、绘图采样间隔。“输出采样点坐标文件”为可选。单击“确定”按钮后,在屏幕指定平曲线要素表位置后可绘出曲线及要素表,如图 6-5-5 所示。

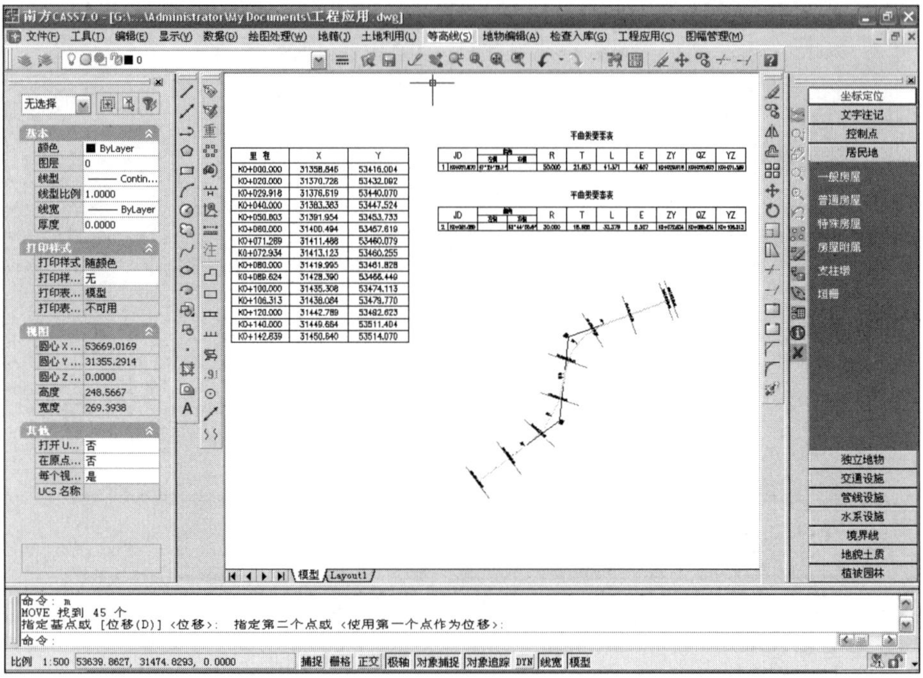

图 6-5-5　公路曲线设计要素表

二、建(构)筑物或线路的实地测设

(一)用全站仪进行建筑物的实地测设

1. 测设任务

利用已有的一段建筑红线 AB,测设一民用建筑物 1234 的轴线于地面,控制点数据和设计数据如图 6-5-6 所示。

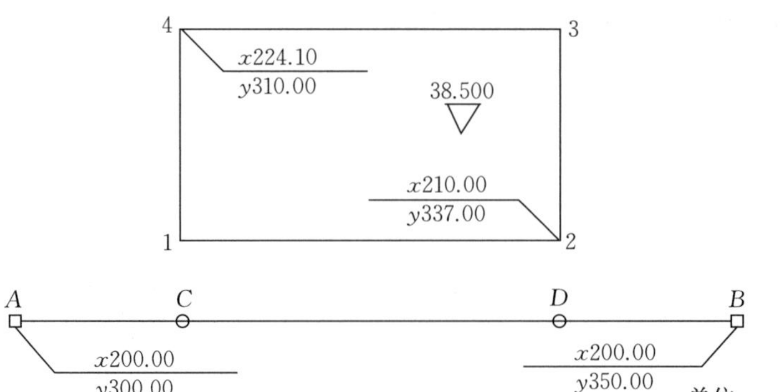

图 6-5-6　建筑物位置示意

2. 实验步骤

(1)测设前计算放样数据,主要有距离 AC、BD、$C1$、$D2$、12、23、14 和 34,并在合适的场地打下 A、B 木桩,作为标志,使 $AB=50$ m。

(2)安置全站仪于 A 点，完成对中、整平工作。瞄准 B 点，在望远镜视线方向上，放样水平距离 AC，插下测钎，在测钎处打下木桩。重新在视线方向放样水平距离 AC，并在木桩上钉入小钉做出标志 C。同法在视线方向放样距离 CD，定出 D 点量取 CD 距离进行检核。

(3)把全站仪移至 C 点，安置好，盘左瞄准 B 点，旋转度盘变换手轮使水平度盘读数为 $0°00'00''$，转动照准部，使水平度盘读数为 $270°00'00''$；旋紧制动螺旋，在视线方向放样距离 $C1$，并钉桩，用铅笔在桩顶标记出点 $1'$；在盘右位置，同法在同一木桩上标记出点 $1''$，当两点 $1'1''$的长度在允许范围内时，取平均位置定下点 1，并钉入一小钉。同法标出点 4。

(4)将全站仪移至 D 点，后视 A 点，采用类似方法标定出点 2、3。

(5)检核。分别测量水平角∠4、∠3，观测值与设计值的差 $\Delta\alpha$ 不应超过 $\pm 1'$；测量 34 水平距离 d，计算 $e = \frac{\Delta\alpha}{\rho} \cdot d$ 及相对误差，相对误差不超过 1/1 000。

(二)用 RTK 技术进行线路中线的实地测设

用 RTK 技术进行公路中线放样，流动站与基准站之间的联系是建立在无线电通信基础上的，作业区域内的站点之间不需要通视。对流动站来讲，仪器会引导作业员去相应桩号的位置，如不合适，可自由调整桩号，无需交流，从而提高作业的速度。对于测设的精度来说，RTK 技术测量时，起点位的精度是实时显示的，且每一根中桩放样过程一致，所测放的点位精度大致相同，且能很好地满足规范要求，不存在累积误差，因此保证了中桩点位精度的可靠性和均匀性。下面以任意架设参考站为例说明 RTK 测设线路中线的步骤。

1. 准备工作

(1)数据准备。包括线路控制点的坐标及线路中线里程桩的坐标。

(2)将线路测设点的设计坐标输入(上传)到 RTK 手簿中。

2. 外业测设

(1)参考站架设于视野开阔、交通方便的地方，做好 GNSS 接收机、数据链电台及电池等的连线工作，启动参考站设备进入工作状态。

(2)流动站安装，启动设备，建立与参考站的数据通信链接，使其进入工作状态。

(3)设置转换参数。流动站在 3 个线路控制点上进行 WGS-84 坐标数据采集，并与该 3 个点的线路坐标进行点校正，求出转换参数。建立该线路的坐标系统，并到其他已知控制点进行检查，无误后，启用。

(4)测设线路中线里程桩。启动流动站的放样功能，调出设计坐标进行线路中线的实地测设工作，测设完毕后，流动站应到已知点上进行检查。

第六节　测量教学实习的技术总结

测量教学实习是一项综合性的实践活动，在一定意义上测量教学实习又是实际测量工作的预演和浓缩。除了保质保量地进行前述各项工作外，做好测量教学实习的技术总结也是一个不可缺少的环节，它对于培养学生在今后的学习中书写科研论文及在专业工作中撰写工作报告及技术总结有着不可估量的作用，也是培养学生实际工作能力的一个重要方面。因此，必须做好测量教学实习的技术总结工作。

一、技术总结报告

测量教学实习结束后,每位同学都应按要求编写《测量实习技术总结报告》(格式见附录二),其内容如下。

(1)概述,包括项目名称、任务来源、施测内容、目的、作业区域范围、任务量、完成期限,如果是生产任务还需要说明生产单位等。

(2)作业区自然地理概况和已有资料情况,包括作业区自然地理概况、已有资料情况、引用标准、规范及其他技术文件、成果主要技术指标(坐标系统、高程基准、比例尺、分带、投影方法、分幅编号、数据基本内容、数据格式、数据精度等)等。

(3)测区位置与范围,测区环境及条件。

(4)测区已有的地面控制点情况及选点、埋石情况。

(5)设计方案,包括软硬件配置要求(施测仪器、设备的类型、数量及检验结果),数据处理设备、数据存储设备、数据传输网络,交通、通信联络及应用软件。

(6)技术路线、工艺图。施测组织、作业时间安排情况。

(7)外业观测记录。

(8)观测数据检核的内容、方法。重测、补测情况,实测中发生或存在问题说明。

(9)图根控制网展点图。

(10)数字成图选用的软件及结果分析。

(11)建(构)筑物或线路等的图上设计说明。

(12)测设方案及测设数据的准备和计算。

(13)测设成果检查数据。

(14)成果中存在的问题及需要说明的其他问题。

(15)测量教学实习中的心得体会。

(16)对测量教学实习实施的意见、建议等。

二、上交成果

测量教学实习完成后,需要上交实习成果。实习成果分小组成果和个人成果。小组成果内容如下。

(1)测量实习任务书及技术设计书。

(2)控制网展点图。

(3)控制点点之记。

(4)观测计划。

(5)仪器检校记录表。

(6)外业观测记录,包括测量手簿、原始观测数据等。

(7)外业观测数据的处理及成果。

(8)内业成图生成的图纸、成果表和电子文档或经过整饰的实测地形图。

(9)测设方案实施报告。

(10)成果检查报告。

个人成果内容见《测量实习技术总结报告》(格式见附录二)。

三、成绩评定

实习考核由实习指导教师根据每组及每位同学所提交的实习成果的质量、实习期间的表现(包括出勤情况)、实习考查的成绩、实习纪律、仪器完好状况等进行综合评定,可按优、良、中、及格、不及格五级评分制评定成绩,也可按百分计。

参考文献

陈丽华,2002.测量学实验与实习教材[M].杭州:浙江大学出版社.

陈永奇,2016.工程测量学[M].4版.北京:测绘出版社.

程效军,须鼎兴,刘春,2005.测量实习教程[M].上海:同济大学出版社.

傅祥儒,韩明月,1992.矿山测量实习指导书[M].北京:煤炭工业出版社.

顾孝烈,鲍峰,2003.测量学实验[M].上海:同济大学出版社.

顾孝烈,鲍峰,程效军,1999.测量学[M].上海:同济大学出版社.

国家测绘局职业技能鉴定指导中心,2009.测绘管理与法律法规[M].北京:测绘出版社.

合肥工业大学,1996.测量学[M].北京:中国建筑工业出版社.

胡伍生,朱小华,2004.测量实习指导书[M].南京:东南大学出版社.

孔祥元,郭际明,刘宗泉,2009.大地测量学基础[M].武汉:武汉大学出版社.

李博,徐敬海,2020.无人机倾斜摄影测量土方计算及精度评定[J].测绘通报(2):102-112.

李青岳,陈永奇,2008.工程测量学[M].3版.北京:测绘出版社.

李晓莉,2013.测量学实验与实习[M].2版.北京:测绘出版社.

南京工业大学测绘工程教研室,2005.测量学实验[M].北京:国防工业出版社.

宁津生,陈俊勇,李德仁,等,2008.测绘学概论[M].武汉:武汉大学出版社.

潘正风,杨正尧,程效军,等,2009.数字测图原理及方法[M].2版.武汉:武汉大学出版社.

王依,过静珺,2009.现代普通测量学[M].2版.北京:清华大学出版社.

严莘稼,李晓莉,邹积亭,2007.建筑测量学教程[M].2版.北京:测绘出版社.

杨晓明,沙从术,郑崇启,等,2009.数字测图[M].北京:测绘出版社.

翟翊,赵夫来,杨玉海,等,2016.现代测绘学[M].2版.北京:测绘出版社.

张保成,1990.测量学课间实习指导书[M].北京:人民交通出版社.

张锡越,朱照荣,齐永良,等,2018.结合无人测量船的什刹海西海水下地形测绘[J].测绘通报(A01):121-123.

张正禄,李广云,潘国荣,等,2005.工程测量学[M].武汉:武汉大学出版社.

中国测绘学会测绘教育委员会,1991.测量学实验与实习[M].北京:测绘出版社.

中国地质大学教研室,1992.矿山测量实习指导书[M].北京:地质出版社.

SAMAMA N,2008. Global positioning: technologies and performance[M]. New Jersey: John Wiley & Sons.

WELLENHOF B H,LICHTENEGGER H,WASLE E,2007. GNSS-global navigation satellite systems: GPS, GLONASS, Galileo & more[M]. Wien:Springer.

附录一　测量实验报告

实验报告一　水准仪的认识与使用

姓名＿＿＿＿＿＿学号＿＿＿＿＿班级＿＿＿＿＿指导教师＿＿＿＿＿＿日期＿＿＿＿＿＿

[实验名称]

[目的与要求]

[仪器和工具]

[主要步骤]

[各部件名称及作用]

部　件　名　称	功　能
准星和照门	
目镜调焦螺旋	
物镜对光螺旋	
制动螺旋(自动安平水准仪无)	
微动螺旋	
脚螺旋	
微倾螺旋(自动安平水准仪、电子水准仪无)	
圆水准器	
管状水准器(自动安平水准仪、电子水准仪无)	

[观测记录]

水准仪观测记录

班组______ 仪器号______ 观测员______ 记录员______

点名	后视读数/m	前视读数/m	高 差/m	备 注
1			h_{12} =	
2				
3			h_{23} =	
4			h_{34} =	
5			h_{45} =	
6			h_{56} =	

[体会及建议]

[教师评语]

实验报告二　普通水准测量

姓名____________学号__________班级__________指导教师____________日期____________

[实验名称]

[目的与要求]

[仪器和工具]

[主要步骤]

[水准测量路线草图]

[**观测记录**]

普通水准测量记录

仪器号__________ 天气__________ 班组__________ 观测员____________ 记录员____________

<table>
<tr><th rowspan="2">测站</th><th rowspan="2">点号</th><th rowspan="2">后视读数 a /m</th><th rowspan="2">前视读数 b /m</th><th colspan="2">高差 h/m</th><th rowspan="2">平均高差 /m</th><th rowspan="2">高程 /m</th><th rowspan="2">备注</th></tr>
<tr><th>+</th><th>−</th></tr>
<tr><td rowspan="2"></td><td></td><td rowspan="2"></td><td rowspan="2"></td><td rowspan="2"></td><td rowspan="2"></td><td rowspan="2"></td><td></td><td rowspan="17"></td></tr>
<tr><td></td><td rowspan="13"></td></tr>
<tr><td rowspan="2"></td><td></td><td rowspan="2"></td><td rowspan="2"></td><td rowspan="2"></td><td rowspan="2"></td><td rowspan="2"></td></tr>
<tr><td></td></tr>
<tr><td rowspan="2"></td><td></td><td rowspan="2"></td><td rowspan="2"></td><td rowspan="2"></td><td rowspan="2"></td><td rowspan="2"></td></tr>
<tr><td></td></tr>
<tr><td rowspan="2"></td><td></td><td rowspan="2"></td><td rowspan="2"></td><td rowspan="2"></td><td rowspan="2"></td><td rowspan="2"></td></tr>
<tr><td></td></tr>
<tr><td rowspan="2"></td><td></td><td rowspan="2"></td><td rowspan="2"></td><td rowspan="2"></td><td rowspan="2"></td><td rowspan="2"></td></tr>
<tr><td></td></tr>
<tr><td rowspan="2"></td><td></td><td rowspan="2"></td><td rowspan="2"></td><td rowspan="2"></td><td rowspan="2"></td><td rowspan="2"></td></tr>
<tr><td></td></tr>
<tr><td rowspan="2"></td><td></td><td rowspan="2"></td><td rowspan="2"></td><td rowspan="2"></td><td rowspan="2"></td><td rowspan="2"></td></tr>
<tr><td></td></tr>
<tr><td rowspan="2"></td><td></td><td rowspan="2"></td><td rowspan="2"></td><td rowspan="2"></td><td rowspan="2"></td><td rowspan="2"></td><td rowspan="2"></td></tr>
<tr><td></td></tr>
<tr><td>检核</td><td></td><td colspan="6">$\sum a =$ $\sum b =$
$\sum a - \sum b =$ $\sum h =$</td></tr>
</table>

[数据处理]

水准测量成果计算表

点号	距离 /m	测站	实测高差 /m	高差改正数 /mm	改正后高差 /m	高程 /m	辅助计算
							$f_h =$
							$f_{h容} =$
$\sum$							

[体会及建议]

[教师评语]

实验报告三　四等水准测量

姓名____________学号__________班级__________指导教师____________日期____________

[实验名称]

[目的与要求]

[仪器和工具]

[主要步骤]

[四等水准测量路线图]

[**观测记录**]

四等水准测量记录

仪器号__________ 班组__________ 日期__________ 观测员__________ 记录员__________

<table>
<tr><td rowspan="4">测站编号</td><td rowspan="4">测点</td><td rowspan="2">后尺</td><td>下丝</td><td rowspan="2">前尺</td><td>下丝</td><td rowspan="4">方向及尺号</td><td colspan="2" rowspan="2">水准尺读数</td><td rowspan="4">黑+K−红
K_1=4.687
K_2=4.787</td><td rowspan="4">平均高差</td></tr>
<tr><td>上丝</td><td>上丝</td></tr>
<tr><td colspan="2">后视距</td><td colspan="2">前视距</td><td rowspan="2">黑面尺</td><td rowspan="2">红面尺</td></tr>
<tr><td colspan="2">视距差</td><td colspan="2">视距差累计</td></tr>
<tr><td rowspan="4"></td><td rowspan="4">↓</td><td colspan="2">(1)</td><td colspan="2">(4)</td><td>后</td><td>(3)</td><td>(8)</td><td>(14)=(3)+K_2−(8)</td><td rowspan="3">(18)=[(15)+(16)±0.100]/2</td></tr>
<tr><td colspan="2">(2)</td><td colspan="2">(5)</td><td>前</td><td>(6)</td><td>(7)</td><td>(13)=(6)+K_1−(7)</td></tr>
<tr><td colspan="2">(9)=100×[(1)−(2)]</td><td colspan="2">(10)=100×[(4)−(5)]</td><td>后−前</td><td>(15)=(3)−(6)</td><td>(16)=(8)−(7)</td><td>(17)=(15)−(16)±0.1=(14)−(13)</td></tr>
<tr><td colspan="2">(11)=(9)−(10)</td><td colspan="2">(12)=上站(12)+本站(11)</td><td></td><td colspan="4"></td></tr>
<tr><td rowspan="4"></td><td rowspan="4">↓</td><td colspan="2"></td><td colspan="2"></td><td>后</td><td></td><td></td><td></td><td rowspan="3"></td></tr>
<tr><td colspan="2"></td><td colspan="2"></td><td>前</td><td></td><td></td><td></td></tr>
<tr><td colspan="2"></td><td colspan="2"></td><td>后−前</td><td></td><td></td><td></td></tr>
<tr><td colspan="2"></td><td colspan="2"></td><td></td><td colspan="4"></td></tr>
<tr><td rowspan="4"></td><td rowspan="4">↓</td><td colspan="2"></td><td colspan="2"></td><td>后</td><td></td><td></td><td></td><td rowspan="3"></td></tr>
<tr><td colspan="2"></td><td colspan="2"></td><td>前</td><td></td><td></td><td></td></tr>
<tr><td colspan="2"></td><td colspan="2"></td><td>后−前</td><td></td><td></td><td></td></tr>
<tr><td colspan="2"></td><td colspan="2"></td><td></td><td colspan="4"></td></tr>
<tr><td rowspan="4"></td><td rowspan="4">↓</td><td colspan="2"></td><td colspan="2"></td><td>后</td><td></td><td></td><td></td><td rowspan="3"></td></tr>
<tr><td colspan="2"></td><td colspan="2"></td><td>前</td><td></td><td></td><td></td></tr>
<tr><td colspan="2"></td><td colspan="2"></td><td>后−前</td><td></td><td></td><td></td></tr>
<tr><td colspan="2"></td><td colspan="2"></td><td></td><td colspan="4"></td></tr>
<tr><td rowspan="4"></td><td rowspan="4">↓</td><td colspan="2"></td><td colspan="2"></td><td>后</td><td></td><td></td><td></td><td rowspan="3"></td></tr>
<tr><td colspan="2"></td><td colspan="2"></td><td>前</td><td></td><td></td><td></td></tr>
<tr><td colspan="2"></td><td colspan="2"></td><td>后−前</td><td></td><td></td><td></td></tr>
<tr><td colspan="2"></td><td colspan="2"></td><td></td><td colspan="4"></td></tr>
<tr><td rowspan="4"></td><td rowspan="4">↓</td><td colspan="2"></td><td colspan="2"></td><td>后</td><td></td><td></td><td></td><td rowspan="3"></td></tr>
<tr><td colspan="2"></td><td colspan="2"></td><td>前</td><td></td><td></td><td></td></tr>
<tr><td colspan="2"></td><td colspan="2"></td><td>后−前</td><td></td><td></td><td></td></tr>
<tr><td colspan="2"></td><td colspan="2"></td><td></td><td colspan="4"></td></tr>
<tr><td colspan="2">检核</td><td colspan="9"></td></tr>
<tr><td colspan="2">备注</td><td colspan="9"></td></tr>
</table>

[数据处理]

四等水准测量成果计算表

点号	距离/m	测站	实测高差/m	高差改正数/mm	改正后高差/m	高程/m	辅助计算
							$f_h=$
							$f_{h容}=$
$\sum$							

[体会及建议]

[教师评语]

实验报告四　二等水准测量

姓名＿＿＿＿＿＿学号＿＿＿＿＿班级＿＿＿＿＿指导教师＿＿＿＿＿＿日期＿＿＿＿＿＿

［**实验名称**］

［**目的与要求**］

［**仪器和工具**］

［**主要步骤**］

［**二等水准测量路线图**］

[二等水准测量观测记录]

二等水准测量记录(精密水准仪适用)

仪器号_________ 班组_________ 日期_________ 观测员_________ 记录员_________

<table>
<tr><td rowspan="4">测站编号</td><td rowspan="4">测点</td><td rowspan="2">后尺</td><td>下丝</td><td rowspan="2">前尺</td><td>下丝</td><td rowspan="4">方向及尺号</td><td colspan="2">标尺读数</td><td rowspan="4">基+K−辅</td><td rowspan="4">备注
$K = 3.0155$</td></tr>
<tr><td>上丝</td><td>上丝</td><td rowspan="3">基本分划（第一次）</td><td rowspan="3">辅助分划（第二次）</td></tr>
<tr><td colspan="2">后距</td><td colspan="2">前距</td></tr>
<tr><td colspan="2">视距差 d</td><td colspan="2">视距差累计 $\sum d$</td></tr>
<tr><td rowspan="4"></td><td rowspan="4">↓</td><td colspan="2"></td><td colspan="2"></td><td>后</td><td></td><td></td><td></td><td rowspan="4"></td></tr>
<tr><td colspan="2"></td><td colspan="2"></td><td>前</td><td></td><td></td><td></td></tr>
<tr><td colspan="2"></td><td colspan="2"></td><td>后一前</td><td></td><td></td><td></td></tr>
<tr><td colspan="2"></td><td colspan="2"></td><td>h</td><td colspan="2"></td><td></td></tr>
<tr><td rowspan="4"></td><td rowspan="4">↓</td><td colspan="2"></td><td colspan="2"></td><td>后</td><td></td><td></td><td></td><td rowspan="4"></td></tr>
<tr><td colspan="2"></td><td colspan="2"></td><td>前</td><td></td><td></td><td></td></tr>
<tr><td colspan="2"></td><td colspan="2"></td><td>后一前</td><td></td><td></td><td></td></tr>
<tr><td colspan="2"></td><td colspan="2"></td><td>h</td><td colspan="2"></td><td></td></tr>
<tr><td rowspan="4"></td><td rowspan="4">↓</td><td colspan="2"></td><td colspan="2"></td><td>后</td><td></td><td></td><td></td><td rowspan="4"></td></tr>
<tr><td colspan="2"></td><td colspan="2"></td><td>前</td><td></td><td></td><td></td></tr>
<tr><td colspan="2"></td><td colspan="2"></td><td>后一前</td><td></td><td></td><td></td></tr>
<tr><td colspan="2"></td><td colspan="2"></td><td>h</td><td colspan="2"></td><td></td></tr>
<tr><td rowspan="4"></td><td rowspan="4">↓</td><td colspan="2"></td><td colspan="2"></td><td>后</td><td></td><td></td><td></td><td rowspan="4"></td></tr>
<tr><td colspan="2"></td><td colspan="2"></td><td>前</td><td></td><td></td><td></td></tr>
<tr><td colspan="2"></td><td colspan="2"></td><td>后一前</td><td></td><td></td><td></td></tr>
<tr><td colspan="2"></td><td colspan="2"></td><td>h</td><td colspan="2"></td><td></td></tr>
<tr><td rowspan="4"></td><td rowspan="4">↓</td><td colspan="2"></td><td colspan="2"></td><td>后</td><td></td><td></td><td></td><td rowspan="4"></td></tr>
<tr><td colspan="2"></td><td colspan="2"></td><td>前</td><td></td><td></td><td></td></tr>
<tr><td colspan="2"></td><td colspan="2"></td><td>后一前</td><td></td><td></td><td></td></tr>
<tr><td colspan="2"></td><td colspan="2"></td><td>h</td><td colspan="2"></td><td></td></tr>
<tr><td rowspan="4"></td><td rowspan="4">↓</td><td colspan="2"></td><td colspan="2"></td><td>后</td><td></td><td></td><td></td><td rowspan="4"></td></tr>
<tr><td colspan="2"></td><td colspan="2"></td><td>前</td><td></td><td></td><td></td></tr>
<tr><td colspan="2"></td><td colspan="2"></td><td>后一前</td><td></td><td></td><td></td></tr>
<tr><td colspan="2"></td><td colspan="2"></td><td>h</td><td colspan="2"></td><td></td></tr>
<tr><td>检核</td><td colspan="10"></td></tr>
</table>

二等水准测量记录(精密电子水准仪适用)

仪器号＿＿＿＿　班组＿＿＿＿　日期＿＿＿＿　观测员＿＿＿＿　记录员＿＿＿＿

测站编号	测点	后视距	前视距	方向及尺号	标尺读数		两次读数之差	备注
		视距差	视距差累计		第一次	第二次		
				后				
	↓			前				
				后－前				
				平均高差				
				后				
	↓			前				
				后－前				
				平均高差				
				后				
	↓			前				
				后－前				
				平均高差				
				后				
	↓			前				
				后－前				
				平均高差				
				后				
	↓			前				
				后－前				
				平均高差				
				后				
	↓			前				
				后－前				
				平均高差				
				后				
	↓			前				
				后－前				
				平均高差				
检核								

二等水准测量成果计算表

点号	距离/m	测站	实测高差/m	高差改正数/mm	改正后高差/m	高程/m	辅助计算
							$f_h=$ $f_{h容}=$
$\sum$							

[**体会及建议**]

[**教师评语**]

实验报告五 经纬仪的认识与使用

姓名____________学号__________班级__________指导教师____________日期____________

[**实验名称**]

[**目的与要求**]

[**仪器和工具**]

[**主要步骤**]

[观测数据及处理]

经纬仪观测记录

<table>
<tr><td colspan="8">仪器号________　天气________　班组________　观测员________　记录员________</td></tr>
<tr><td>测站</td><td>竖盘位置</td><td>目标</td><td>水平度盘读数/(°　′　″)</td><td>水平角/(°　′　″)</td><td>竖直度盘读数/(°　′　″)</td><td>竖直角/(°　′　″)</td><td>略图</td></tr>
<tr><td rowspan="4"></td><td rowspan="2">左</td><td></td><td></td><td rowspan="2"></td><td></td><td></td><td rowspan="8"></td></tr>
<tr><td></td><td></td><td></td><td></td></tr>
<tr><td rowspan="2">右</td><td></td><td></td><td rowspan="2"></td><td></td><td></td></tr>
<tr><td></td><td></td><td></td><td></td></tr>
<tr><td rowspan="4"></td><td rowspan="2">左</td><td></td><td></td><td rowspan="2"></td><td></td><td></td></tr>
<tr><td></td><td></td><td></td><td></td></tr>
<tr><td rowspan="2">右</td><td></td><td></td><td rowspan="2"></td><td></td><td></td></tr>
<tr><td></td><td></td><td></td><td></td></tr>
</table>

[体会及建议]

[教师评语]

实验报告六　测回法观测水平角

姓名____________学号__________班级__________指导教师____________日期____________

[实验名称]

[目的与要求]

[仪器和工具]

[主要步骤]

［**观测数据及处理**］

测回法观测记录

仪器号________ 天气________ 班组________ 观测员________ 记录员________

测站	测回	目标	竖盘位置	水平度盘读数 /(° ′ ″)	半测回角值 /(° ′ ″)	一测回角值 /(° ′ ″)	各测回平均角值 /(° ′ ″)	备注

［**体会及建议**］

［**教师评语**］

实验报告七　竖直角观测与竖盘指标差的检验与校正

姓名____________学号__________班级__________指导教师____________日期____________

[实验名称]

[目的与要求]

[仪器和工具]

[主要步骤]

[**观测数据及处理**]

竖直角观测记录

仪器号__________ 天气__________ 班组__________ 观测员__________ 记录员__________

测站	目标	竖盘位置	竖盘读数 /(° ′ ″)	半测回竖直角 /(° ′ ″)	两倍指标差 /(′ ″)	一测回竖直角 /(° ′ ″)	盘右正确读数 /(° ′ ″)
		左					
		右					
		左					
		右					
		左					
		右					
		左					
		右					
		左					
		右					

[**体会及建议**]

[**教师评语**]

实验报告八　全站仪的认识与使用

姓名____________学号__________班级__________指导教师____________日期____________

[**实验名称**]

[**目的与要求**]

[**仪器和工具**]

[**全站仪的主要组成部分**]

[**观测记录**]

水平角、竖直角、距离、坐标测量观测记录

班组__________仪器号__________天气__________观测员__________记录员__________

测站名________坐标：$x=$________m　$y=$________m　$H=$________m　仪器高 $i=$________m

后视点名______坐标：$x=$_____m　$y=$_____m　$H=$_____m　棱高 $b=$_____m　后视方位角_____

目标	棱高/m	水平盘读数/(° ′ ″)	竖盘读数/(° ′ ″)	竖直角/(° ′ ″)	距离及坐标测量				
					斜距/m	平面距离/m	x/m	y/m	H/m

[**体会及建议**]

[**教师评语**]

实验报告九　GNSS 静态测量与手持 GNSS 接收机的认识与使用

姓名____________学号__________班级__________指导教师____________日期____________

［**实验名称**］

［**目的与要求**］

［**仪器和工具**］

［**GNSS 组成及单点定位原理**］

［**手持 GNSS 接收机采样及导航过程与步骤**］

［**静态 GNSS 外业测量方法与步骤**］

[GNSS 静态观测数据及处理]

测量手簿记录格式

<table>
<tr><td>点号</td><td></td><td>点名</td><td></td><td>图幅编号</td><td></td></tr>
<tr><td>观测员</td><td></td><td>日期段号</td><td></td><td>观测日期</td><td></td></tr>
<tr><td>接收机名称
编号</td><td></td><td>天线类型
及其编号</td><td></td><td>数据文件名</td><td></td></tr>
<tr><td>近似经度</td><td>° ′ ″</td><td>近似纬度</td><td>° ′ ″</td><td>近似高程</td><td>m</td></tr>
<tr><td>采样间隔</td><td>s</td><td>开始记录
时间</td><td>h min</td><td>结束记录
时间</td><td>h min</td></tr>
<tr><td colspan="2">天线高测定</td><td colspan="2">天线高测定方法及略图</td><td colspan="2">点位略图</td></tr>
<tr><td colspan="2">测前： 测后：
测定值______ m
修正值______ m
天线高______ m
平均值______ m</td><td colspan="2"></td><td colspan="2"></td></tr>
</table>

[体会及建议]

[教师评语]

实验报告十 GNSS 接收机坐标位置解算

姓名____________学号___________班级___________指导教师____________日期____________

[实验名称]

[目的与要求]

[仪器和工具]

[接收机位置解算原理]

[实验过程与步骤]

[数据整理]

解算数据记录

GPS/BDS 时间						
星号						
伪距						
伪距率						
高度角(角度)						
卫星 X 轴位置						
卫星 Y 轴位置						
卫星 Z 轴位置						
卫星 X 轴速度						
卫星 Y 轴速度						
卫星 Z 轴速度						
用户位置						

[体会及建议]

[教师评语]

实验报告十一　用全站仪及 RTK 进行点位的测设

姓名____________学号__________班级__________指导教师____________日期____________

[**实验名称**]

[**目的与要求**]

[**仪器和工具**]

[**主要步骤**]

[**放样参数计算**]

[**观测记录**]

点位测设数据记录

班组＿＿＿＿ 仪器号＿＿＿＿ 观测员＿＿＿＿ 记录员＿＿＿＿							
点号	设计坐标/m		实测坐标/m		偏差/mm		备注
	X	Y	X	Y	ΔX	ΔY	
1							
2							
3							
4							
测站数据			检核数据				

[**体会及建议**]

[**教师评语**]

实验报告十二　测量机器人的认识与使用

姓名____________学号__________班级__________指导教师____________日期____________

[**实验名称**]

[**目的与要求**]

[**仪器和工具**]

[**系统组成**]

[**工作原理**]

[**测站及观测点位分布图**]

[**自动观测过程与步骤**]

[**体会及建议**]

[**教师评语**]

实验报告十三 图根导线测量

姓名____________学号__________班级_________指导教师____________日期____________

[**实验名称**]

[**目的与要求**]

[**仪器和工具**]

[**主要步骤**]

[**图根控制网图**]

[**观测数据及处理**]

距离测量记录

仪器号____________ 班组____________ 观测员____________ 记录员____________

导线边长	观测平距/m		平均距离/m	相对误差
	往			
	返			
	往			
	返			
	往			
	返			
	往			
	返			
	往			
	返			
	往			
	返			

测回法水平角观测记录

仪器号＿＿＿＿＿＿　班组＿＿＿＿＿＿　观测员＿＿＿＿＿＿　记录员＿＿＿＿＿＿

测站	测回	竖盘位置	目标	水平度盘读数 /(°　′　″)	半测回角值 /(°　′　″)	一测回角值 /(°　′　″)	备　注

图根闭合导线坐标计算表

班组________ 计算________ 检查________

点名	观测角值/(° ′ ″)	改正数/(″)	改正后角值/(° ′ ″)	坐标方位角/(° ′ ″)	边长/m	坐标增量/m		改正后增量/m		最后坐标/m	
						Δx	Δy	Δx	Δy	x	y
$\sum$											

辅助计算	$f_\beta =$ $f_{\beta容} =$ $v_{\beta_i} =$ $f_x =$ $f_y =$ $f =$ $k =$ $k_容 =$ $v_x =$ $v_y =$	导线略图	

[**体会及建议**]

[**教师评语**]

实验报告十四　用水准仪进行高程及坡度测设

姓名____________学号__________班级__________指导教师____________日期____________

［实验名称］

［目的与要求］

［仪器和工具］

［高程及坡度测设原理］

［测设高程步骤］

高程测设记录

测站	已知水准点		后视读数	视线高程/m	待测设点		前视尺应有读数	填挖数/m	检测	
	点号	高程/m			点号	设计高程/m			实际读数	误差/m

[**体会及建议**]

[**教师评语**]

实验报告十五　线路纵、横断面测量

姓名____________学号__________班级__________指导教师____________日期____________

[**实验名称**]

[**目的与要求**]

[**仪器和工具**]

[**主要步骤**]

[观测数据及处理]

中线水准测量记录

地点＿＿＿＿＿＿＿ 观测员＿＿＿＿＿＿＿ 记录员＿＿＿＿＿＿＿

测站	测点	水准尺读数/m			视线高程/m	高程/m	备注
		后视读数	中视读数	前视读数			
	BM						BM:水准点
							检核： $f_{h容}=$

横断面测量记录

左侧点号	高差/距离	桩号	右侧点号	高差/距离

[体会及建议]

[教师评语]

实验报告十六　线路曲线测设

姓名＿＿＿＿＿＿学号＿＿＿＿＿班级＿＿＿＿＿指导教师＿＿＿＿＿＿日期＿＿＿＿＿＿

［**实验名称**］

［**目的与要求**］

［**仪器和工具**］

［**主要步骤**］

[测设数据处理]

圆曲线测设记录表

<table>
<tr><td colspan="6">班组________ 仪器号________ 观测员________ 记录员________</td></tr>
<tr><td>主要仪器及工具</td><td colspan="5"></td></tr>
<tr><td>已知数据</td><td colspan="5">JD 里程＝K1＋456.32
路线右转角 α ＝
圆曲线半径 R ＝100 m
弧长 l ＝10 m</td></tr>
<tr><td>圆曲线要素/m</td><td colspan="5">切线长 T ＝
曲线长 L ＝
外矢距 E ＝
切曲差 q ＝</td></tr>
<tr><td>主点里程</td><td colspan="3">ZY 点里程＝
QZ 点里程＝
YZ 点里程 ＝</td><td colspan="2">检核：
JD 里程＝</td></tr>
<tr><td rowspan="7">细部点测设</td><td>桩号</td><td>弧长
/m</td><td>圆心角
/(° ′ ″)</td><td>x
/m</td><td>y
/m</td></tr>
<tr><td></td><td></td><td></td><td></td><td></td></tr>
<tr><td></td><td></td><td></td><td></td><td></td></tr>
<tr><td></td><td></td><td></td><td></td><td></td></tr>
<tr><td></td><td></td><td></td><td></td><td></td></tr>
<tr><td></td><td></td><td></td><td></td><td></td></tr>
<tr><td></td><td></td><td></td><td></td><td></td></tr>
<tr><td>圆曲线草图</td><td colspan="5"></td></tr>
</table>

[体会及建议]

[教师评语]

实验报告十七　碎部测量及CASS成图软件的使用

姓名____________学号__________班级__________指导教师____________日期____________

[**实验名称**]

[**目的与要求**]

[**硬件和软件**]

[**数据采集方法**]

[**数据传输及转换**]

[**CASS 软件的主要功能**]

[**在 CASS 平台下编辑成图步骤**]

[**地形图成果**](可粘贴)

[**体会及建议**]

[**教师评语**]

实验报告十八　三维激光扫描仪的认识与使用

姓名____________学号__________班级__________指导教师____________日期____________

[**实验名称**]

[**目的与要求**]

[**仪器和工具**]

[**三维扫描仪系统组成**]

［扫描原理］

［扫描过程与步骤］

［成果处理简述］

［体会及建议］

［教师评语］

实验报告十九　探地雷达的认识与使用

姓名____________学号__________班级__________指导教师____________日期____________

[**实验名称**]

[**目的与要求**]

[**仪器和工具**]

[**探地雷达系统组成**]

[**探地雷达工作原理**]

[**探地雷达扫描过程与步骤**]

[**成果处理及解释的方法**]

[**体会及建议**]

[**教师评语**]

实验报告二十　地形剖面测量

姓名＿＿＿＿＿＿学号＿＿＿＿＿班级＿＿＿＿＿指导教师＿＿＿＿＿＿日期＿＿＿＿＿＿

[实验名称]

[目的与要求]

[仪器和工具]

[主要步骤]

[观测数据及处理]

剖面测量记录

日期____________ 观测员____________ 记录员____________

测站	测站高程 H /m	仪器高 i /m	剖面点					备　注
			觇标高 v /m	竖直角 /(° ′ ″)	斜距 D /m	平距 L /m	高差 h /m	

[体会及建议]

[教师评语]

实验报告二十一　无人机倾斜摄影测量

姓名__________学号__________班级__________指导教师__________日期__________

［实验名称］

［目的与要求］

［仪器和工具］

［像控点位分布图］

［航线规划］

［航摄质量控制成果归档］

[体会及建议]

[教师评语]

实验报告二十二　倾斜摄影测量数据处理

姓名＿＿＿＿＿＿学号＿＿＿＿＿班级＿＿＿＿＿指导教师＿＿＿＿＿＿日期＿＿＿＿＿＿

[实验名称]

[目的与要求]

[仪器和工具]

[数据整理]

[空三计算精度报告]

[三维模型格式文件等成果资料]

[**体会及建议**]

[**教师评语**]

实验报告二十三　无人船水下地形测量

姓名＿＿＿＿＿＿学号＿＿＿＿＿班级＿＿＿＿＿指导教师＿＿＿＿＿＿日期＿＿＿＿＿＿

[实验名称]

[目的与要求]

[仪器和工具]

[主要步骤]

[计划线设计]

[数据质量控制成果归档]

[体会及建议]

[教师评语]

实验报告二十四　激光铅垂仪与激光扫平仪的认识和使用

姓名＿＿＿＿＿＿学号＿＿＿＿＿班级＿＿＿＿＿指导教师＿＿＿＿＿＿日期＿＿＿＿＿＿

［实验名称］

［目的与要求］

［仪器和工具］

［工作原理］

［各部件名称及作用］

部件名称	功能
氦氖激光器	
竖轴	
发射望远镜	
管状水准器	
基座	

［使用步骤］

[**成果处理方法**]

[**体会与建议**]

[**教师评语**]

实验报告二十五　多源遥感影像的融合

姓名____________学号__________班级__________指导教师____________日期____________

[**实验名称**]

[**目的与要求**]

[**仪器和工具**]

[**遥感影像获取**]

[**遥感影像预处理**]

[**融合分类方法步骤**]

[**融合结果分析**]

[**体会及建议**]

[**教师评语**]

实验报告二十六　遥感影像监督分类与信息提取

姓名____________学号__________班级__________指导教师____________日期____________

[**实验名称**]

[**目的与要求**]

[**仪器和工具**]

[**遥感影像获取与预处理**]

[**训练样区的选择与评价**]

[**监督分类方法步骤**]

[**分类结果评价**]

[**实例测试**](地物变化监测与分析)

[**体会及建议**]

[**教师评语**]

附录二　测量实习技术总结报告

学　　校____________________________

专　　业____________________________

班　　组____________________________

学　　号____________________________

姓　　名____________________________

实习地点____________________________

实习日期____________________________

指导教师____________________________

填表说明

1. 填写内容要实事求是、言简意赅。

2. 观测记录数据应用铅笔填写。

3. 表中空间不够时,可另附页,但页码要清楚。

4. 该报告是评定学生个人实习成绩的重要依据之一。

5. 目录中“前言”部分可填写:项目名称,任务来源,施测与精度要求;测区位置与范围,测区环境及条件;测区已有地面控制点情况及选点情况;施测技术依据规范;施测组织、时间安排、技术要求及作业人员情况。

6. 目录中“技术总结”部分可填写:实测时的观测方法,重测、补测情况,实测中发生或存在问题说明;观测数据检核的内容、方法;数字成图选用的软件及结果分析;工作量情况;成果中存在的问题及需要说明的其他问题;测量实习中的心得体会;对测量教学实习实施的意见、建议等。

前 言

水准仪检验与校正记录

日期＿＿＿＿＿＿ 天气＿＿＿＿＿＿ 班级＿＿＿＿＿＿ 小组＿＿＿＿＿＿

仪器号＿＿＿＿＿＿ 地点＿＿＿＿＿＿ 检验员＿＿＿＿＿＿ 记录员＿＿＿＿＿＿

1. 一般性检验

三　脚　架：＿＿＿＿＿＿

制动、微动螺旋：＿＿＿＿＿＿

微 倾 螺 旋：＿＿＿＿＿＿

对 光 螺 旋：＿＿＿＿＿＿

脚　螺　旋：＿＿＿＿＿＿

望 远 镜 成 像：＿＿＿＿＿＿

目镜调焦螺旋：＿＿＿＿＿＿

水　准　尺：＿＿＿＿＿＿

2. 圆水准器的检验与校正

检验(旋转望远镜 180°)次数	气泡偏离情况	处理结果

3. 十字丝横丝的检验与校正

检验次数	偏离情况	处理结果

4. 视准轴平行于管状水准器管轴的检验与校正

单位：m

仪器的位置	项目	第一次	第二次
在 A、B 两点中间位置测高差	后视 A 尺读数 a_i 前视 B 尺读数 b_i A、B 两点高差 $h_{AB}=a_i-b_i$	$a_1=$ $b_1=$ $h'_{AB}=$	$a_2=$ $b_2=$ $h''_{AB}=$
	A、B 两点高差均值 $\bar{h}_{AB}$	$\bar{h}_{AB}=(h'_{AB}+h''_{AB})/2=$	
在离 B 点 3 m 处测高差（D_{AB} 为 A、B 两点距离）	B 点尺上读数 b_2 A 点尺上应有读数 a_2 A 点尺上实际读数 a'_2 误差 Δ 两轴不平行误差 i	$b_2=$ $a_2=b_2+\bar{h}_{AB}$ $a'_2=$ $\Delta=a'_2-a$ $i=\dfrac{\Delta\rho}{D_{AB}\pm 3}$	

经纬仪检验与校正记录

日期________________ 天气____________ 班级______________ 小组______________

仪器号______________ 地点____________ 检验员____________ 记录员_____________

1. 一般性检验

三　脚　架：____________________

水平制动、微动螺旋：____________________

望远镜制动与微动螺旋：____________________

照 准 部 转 动：____________________

望 远 镜 转 动：____________________

望 远 镜 成 像：____________________

脚　螺　旋：____________________

竖盘指标水准器微动螺旋：____________________

度盘变换机构：____________________

2. 照准部管状水准器的检验与校正

检验(旋转照准部 180°)次数	气泡偏离情况	处理结果

3. 十字丝竖丝的检验与校正

检验次数	偏离情况	处理结果

4. 视准轴的检验与校正

检验次数	尺上读数		$\frac{B_2-B_1}{4}$ /m	正确读数 $B_3=B_2-\frac{1}{4}(B_2-B_1)$ /m	视准轴误差 $C=\frac{B_2-B_1}{4D}\rho''$ /(″)
	盘左 B_1 /m	盘右 B_2 /m			

注：D 为仪器到尺之间的水平距离。DJ6 经纬仪 $C>60''$时，必须校正。

5. 横轴的检验与校正

检验次数	P_1P_2 距离 $D_{P_1P_2}$/m	竖盘读数 /(° ′ ″)	竖直角 α /(° ′ ″)	仪器到墙面距离 D /m	横轴误差 $i=\dfrac{D_{P_1P_2}\cdot C\cdot \tan\alpha}{2D}\rho''$/(″)

注：$D_{P_1P_2}$ 为用盘左、盘右所投点间的距离。DJ6 经纬仪 $i>20''$ 时，必须校正。

6. 竖盘指标差的检验与校正

检验次数	竖盘位置	竖盘读数 /(° ′ ″)	竖直角 /(° ′ ″)	指标差 /(′ ″)	盘右正确读数 /(° ′ ″)

全站仪检验与校正记录

日期________ 天气________ 班级________ 小组________
仪器号________ 地点________ 检验员________ 记录员________

1. 一般性检验

三　脚　架：________

制动与微动螺旋：________

望远镜成像：________

照准部转动：________

望远镜转动：________

脚　螺　旋：________

电 池 电 量：________

显示器状态：________

棱镜及信号：________

2. 圆水准器的检验与校正

检验(旋转照准部 180°)次数	气泡偏离情况	处理结果

3. 管状水准器的检验与校正

检验(旋转照准部 180°)次数	气泡偏离情况	处理结果

4. 十字丝竖丝的检验与校正

检验次数	偏离情况	处理结果

5. **视准轴的检验与校正**

<table>
<tr><th>仪器位置</th><th>目标</th><th>盘位</th><th>水平度盘读数/(° ′ ″)</th><th>两倍视准轴误差 $2C=$左$-$(右$\pm180°$)/(″)</th><th>处理意见及方法</th><th>处理结果</th></tr>
<tr><td rowspan="2"></td><td rowspan="2"></td><td>左</td><td></td><td rowspan="2"></td><td rowspan="2"></td><td rowspan="2"></td></tr>
<tr><td>右</td><td></td></tr>
</table>

6. **光学对中器的检验与校正**

光学对中器旋转照准部 180°投点结果	处理意见及方法	处理结果
B A　C D		

7. **仪器加常数的检验**

<table>
<tr><th>次数</th><th>仪器的位置</th><th>棱镜的位置</th><th>观测距离(10 次平均值)/m</th><th>计算 K 值 $K=D-(D_1+D_2)$/m</th><th>处理意见及方法</th><th>处理结果</th></tr>
<tr><td rowspan="3">1</td><td>A 点</td><td>B 点</td><td>$D=$</td><td rowspan="3"></td><td rowspan="9"></td><td rowspan="9"></td></tr>
<tr><td rowspan="2">C 点</td><td>A 点</td><td>$D_1=$</td></tr>
<tr><td>B 点</td><td>$D_2=$</td></tr>
<tr><td rowspan="3">2</td><td>A 点</td><td>B 点</td><td>$D=$</td><td rowspan="3"></td></tr>
<tr><td rowspan="2">C 点</td><td>A 点</td><td>$D_1=$</td></tr>
<tr><td>B 点</td><td>$D_2=$</td></tr>
<tr><td rowspan="3">3</td><td>A 点</td><td>B 点</td><td>$D=$</td><td rowspan="3"></td></tr>
<tr><td rowspan="2">C 点</td><td>A 点</td><td>$D_1=$</td></tr>
<tr><td>B 点</td><td>$D_2=$</td></tr>
<tr><td colspan="5">K 值平均值 $\overline{K}=$</td><td colspan="2"></td></tr>
</table>

四等水准测量记录

仪器型号____________ 班组____________ 日期____________ 观测____________ 记录____________

<table>
<tr><td rowspan="4">测站编号</td><td rowspan="4">测点</td><td rowspan="2">后尺</td><td>下丝</td><td rowspan="2">前尺</td><td>下丝</td><td rowspan="4">方向及尺号</td><td colspan="2" rowspan="2">水准尺读数</td><td rowspan="4">黑＋K－红
K_1＝4.687
K_2＝4.787</td><td rowspan="4">平均高差</td></tr>
<tr><td>上丝</td><td>上丝</td></tr>
<tr><td colspan="2">后视距</td><td colspan="2">前视距</td><td rowspan="2">黑面尺</td><td rowspan="2">红面尺</td></tr>
<tr><td colspan="2">视距差</td><td colspan="2">视距差累计</td></tr>
<tr><td rowspan="4"></td><td rowspan="4">↓</td><td colspan="2">(1)</td><td colspan="2">(4)</td><td>后</td><td>(3)</td><td>(8)</td><td>(14)＝(3)＋K_2－(8)</td><td rowspan="3">(18)＝[(15)＋(16)±0.100]/2</td></tr>
<tr><td colspan="2">(2)</td><td colspan="2">(5)</td><td>前</td><td>(6)</td><td>(7)</td><td>(13)＝(6)＋K_1－(7)</td></tr>
<tr><td colspan="2">(9)＝100×[(1)－(2)]</td><td colspan="2">(10)＝100×[(4)－(5)]</td><td>后－前</td><td>(15)＝(3)－(6)</td><td>(16)＝(8)－(7)</td><td>(17)＝(15)－(16)±0.1＝(14)－(13)</td></tr>
<tr><td colspan="2">(11)＝(9)－(10)</td><td colspan="2">(12)＝上站(12)＋本站(11)</td><td></td><td colspan="4"></td></tr>
<tr><td rowspan="4"></td><td rowspan="4">↓</td><td colspan="2"></td><td colspan="2"></td><td>后</td><td></td><td></td><td></td><td rowspan="3"></td></tr>
<tr><td colspan="2"></td><td colspan="2"></td><td>前</td><td></td><td></td><td></td></tr>
<tr><td colspan="2"></td><td colspan="2"></td><td>后－前</td><td></td><td></td><td></td></tr>
<tr><td colspan="2"></td><td colspan="2"></td><td></td><td colspan="4"></td></tr>
<tr><td rowspan="4"></td><td rowspan="4">↓</td><td colspan="2"></td><td colspan="2"></td><td>后</td><td></td><td></td><td></td><td rowspan="3"></td></tr>
<tr><td colspan="2"></td><td colspan="2"></td><td>前</td><td></td><td></td><td></td></tr>
<tr><td colspan="2"></td><td colspan="2"></td><td>后－前</td><td></td><td></td><td></td></tr>
<tr><td colspan="2"></td><td colspan="2"></td><td></td><td colspan="4"></td></tr>
<tr><td rowspan="4"></td><td rowspan="4">↓</td><td colspan="2"></td><td colspan="2"></td><td>后</td><td></td><td></td><td></td><td rowspan="3"></td></tr>
<tr><td colspan="2"></td><td colspan="2"></td><td>前</td><td></td><td></td><td></td></tr>
<tr><td colspan="2"></td><td colspan="2"></td><td>后－前</td><td></td><td></td><td></td></tr>
<tr><td colspan="2"></td><td colspan="2"></td><td></td><td colspan="4"></td></tr>
<tr><td rowspan="4"></td><td rowspan="4">↓</td><td colspan="2"></td><td colspan="2"></td><td>后</td><td></td><td></td><td></td><td rowspan="3"></td></tr>
<tr><td colspan="2"></td><td colspan="2"></td><td>前</td><td></td><td></td><td></td></tr>
<tr><td colspan="2"></td><td colspan="2"></td><td>后－前</td><td></td><td></td><td></td></tr>
<tr><td colspan="2"></td><td colspan="2"></td><td></td><td colspan="4"></td></tr>
<tr><td rowspan="4"></td><td rowspan="4">↓</td><td colspan="2"></td><td colspan="2"></td><td>后</td><td></td><td></td><td></td><td rowspan="3"></td></tr>
<tr><td colspan="2"></td><td colspan="2"></td><td>前</td><td></td><td></td><td></td></tr>
<tr><td colspan="2"></td><td colspan="2"></td><td>后－前</td><td></td><td></td><td></td></tr>
<tr><td colspan="2"></td><td colspan="2"></td><td></td><td colspan="4"></td></tr>
<tr><td colspan="2">检核</td><td colspan="9"></td></tr>
<tr><td colspan="2">备注</td><td colspan="9"></td></tr>
</table>

仪器型号＿＿＿＿＿＿　班组＿＿＿＿＿＿　日期＿＿＿＿＿＿　观测＿＿＿＿＿＿　记录＿＿＿＿＿＿

测站编号	测点	后尺 下丝	前尺 下丝	方向及尺号	水准尺读数		黑＋K－红 K_1＝4.687 K_2＝4.787	平均高差
		后尺 上丝	前尺 上丝					
		后视距	前视距		黑面尺	红面尺		
		视距差	视距差累计					
		(1)	(4)	后	(3)	(8)	(14)＝(3)＋K_2－(8)	(18)＝[(15)＋(16)±0.100]/2
		(2)	(5)	前	(6)	(7)	(13)＝(6)＋K_1－(7)	
	↓	(9)＝100×[(1)－(2)]	(10)＝100×[(4)－(5)]	后－前	(15)＝(3)－(6)	(16)＝(8)－(7)	(17)＝(15)－(16)±0.1＝(14)－(13)	
		(11)＝(9)－(10)	(12)＝上站(12)＋本站(11)					
				后				
				前				
	↓			后－前				
				后				
				前				
	↓			后－前				
				后				
				前				
	↓			后－前				
				后				
				前				
	↓			后－前				
				后				
				前				
	↓			后－前				
检核								
备注								

普通水准测量记录

日期________ 天气________ 班级________ 小组________

仪器号________ 地点________ 观测员________ 记录员________

测站	测点	后视读数 a /m	前视读数 b /m	高差 $(h=a-b)$/m		高程 H /m	备注
				+	−		
检核		$\sum$	$\sum$	$\sum$			

水准测量路线成果计算表

日期____________ 班级____________ 小组____________ 计算者____________

测点	距离 D /m	测站数 n	实测高差 h /m	改正数 v /mm	改正后高差 ($\bar{h}=h+v$) /m	最后高程 H /m	备注
$\sum$							

辅助计算：

$f_h =$

$f_{h容} =$

每站改正数 =

水平角观测记录(测回法)

日期________ 天气________ 班级________ 小组________

仪器号________ 地点________ 观测员________ 记录员________

测站	盘位	目标	水平度盘读数/(° ′ ″)	半测回角值/(° ′ ″)	一测回角值/(° ′ ″)	备注

距离测量记录

日期________　天气________　班组________　地点________

仪器号________　棱镜号________　观测员________　记录员________

测段	测量	边长/m	相对误差 k	平均边长/m	备注
	往				
	返				
	往				
	返				
	往				
	返				
	往				
	返				
	往				
	返				
	往				
	返				
	往				
	返				
	往				
	返				
	往				
	返				
	往				
	返				
	往				
	返				
	往				
	返				
	往				
	返				
	往				
	返				

图根导线点坐标计算表

日期__________ 班级__________ 小组__________ 计算者__________

点名	观测角/(° ′ ″)	改正数/(″)	改正后角值/(° ′ ″)	坐标方位角/(° ′ ″)	距离/m	增量计算值/m		改正后增量/m		最后坐标/m	
						Δx	Δy	(Δx)	(Δy)	x/m	y/m
$\sum$											

辅助计算

$f_\beta =$

$f_{\beta容} =$

$f_x =$

$f_y =$

$f =$

$k =$

$k_{容} =$

图根导线控制网展点图

经纬仪法碎部点测量记录

日期________ 班级________ 小组_________ 观测员_________记录员_________

测站点名__________测站高程______________后视点_________仪器高_________

测点	水平角值 /(° ′)	下丝读数 a 上丝读数 b	中丝读数 v	视距间隔 $l=a-b$	竖盘读数 /(° ′)	竖角 /(° ′)	改正数 $i-v$	高差 /m	高程 /m	水平距离 /m	备注

经纬仪法碎部点测量记录

日期__________ 班级__________ 小组__________ 观测员__________记录员__________

测站点名__________测站高程_______________后视点__________仪器高__________

测点	水平角值 /(° ′)	下丝读数 a 上丝读数 b	中丝读数 v	视距间隔 $l=a-b$	竖盘读数 /(° ′)	竖角 /(° ′)	改正数 $i-v$	高差 /m	高程 /m	水平距离 /m	备注

经纬仪法碎部点测量记录

日期_________ 班级_________ 小组_________ 观测员_________ 记录员_________

测站点名_________ 测站高程_________ 后视点_________ 仪器高_________

测点	水平角值/(° ′)	下丝读数 a 上丝读数 b	中丝读数 v	视距间隔 $l=a-b$	竖盘读数/(° ′)	竖角/(° ′)	改正数 $i-v$	高差/m	高程/m	水平距离/m	备注

经纬仪法碎部点测量记录

日期________ 班级________ 小组________ 观测员________ 记录员________

测站点名________ 测站高程________ 后视点________ 仪器高________

测点	水平角值 /(° ′)	下丝读数 a 上丝读数 b	中丝读数 v	视距间隔 $l=a-b$	竖盘读数 /(° ′)	竖角 /(° ′)	改正数 $i-v$	高差 /m	高程 /m	水平距离 /m	备注

测设数据计算表

<table>
<tr><td colspan="2">测设方法选择及理由：</td></tr>
<tr><td>测设数据计算：</td><td>测设草图：</td></tr>
<tr><td colspan="2">测设过程简述：</td></tr>
<tr><td colspan="2">检核情况：</td></tr>
</table>

测量实习技术总结

（空间不够时可另附页）

测量实习技术总结

教师评语：